Two-Dimensional Layered
Vermiculite Composite
Functional Material

二维层状蛭石
复合功能材料

田维亮　尤厚美　张克伟　等 著

化学工业出版社
·北京·

内容简介

  《二维层状蛭石复合功能材料》简要介绍了纳米功能材料及层状功能材料的性质和应用，系统归纳了层状蛭石的性质、结构及其在膨胀、剥离、吸附、催化、储能、建筑、畜牧业、农业、医药等方面的应用，以及蛭石与类水滑石、碳纳米管插层组装形成的新型复合材料的研究成果，为读者提供层状蛭石复合功能材料的总体概况和研究进展。

  《二维层状蛭石复合功能材料》可作为化工、材料专业相关科研人员的参考书，也可供相关专业本科生、研究生学习参考。

图书在版编目（CIP）数据

二维层状蛭石复合功能材料 / 田维亮等著. —北京：
化学工业出版社，2021.2
ISBN 978-7-122-38022-7

Ⅰ.①二…　Ⅱ.①田…　Ⅲ.①蛭石-复合材料-功能
材料-介绍　Ⅳ.①TB34

中国版本图书馆 CIP 数据核字（2020）第 241321 号

责任编辑：任睿婷　杜进祥　　　　　　　　　装帧设计：韩　飞
责任校对：王鹏飞

出版发行：化学工业出版社（北京市东城区青年湖南街 13 号　邮政编码 100011）
印　　装：北京盛通数码印刷有限公司
710mm×1000mm　1/16　印张 15　字数 271 千字　2021 年 5 月北京第 1 版第 1 次印刷

购书咨询：010-64518888　　　　　　　　　售后服务：010-64518899
网　　址：http://www.cip.com.cn
凡购买本书，如有缺损质量问题，本社销售中心负责调换。

定　　价：88.00 元

前　言

　　蛭石是我国优势特色非金属矿产之一，储量约占世界的 1/6，因其特殊的结构和理化性质被广泛应用于工业、农业和建筑业等方面。近年来国内外对蛭石的研究也越来越多，但介绍蛭石应用与研究的专著鲜见。本书是基于这样的背景，兼顾基础理论和应用实践两个方面，并融入国内外相关专家和行业的研究成果进行编写，旨在为蛭石行业从业人员提供相关的参考和借鉴，进一步促进蛭石产业的发展及其产品质量和数量的提升，提高蛭石的深加工水平。

　　本书简述了纳米和层状功能材料的发展历程，介绍了层状蛭石的晶体结构和性质、膨胀蛭石的剥离及其在改性、吸附、催化、建筑和医药等领域的研究进展。通过综述层状蛭石的研究现状，概括了蛭石复合功能材料的研究和应用，分析了目前层状蛭石构建复合功能材料的优势和难点。

　　全书共分为 13 章，分别对功能材料，蛭石——天然二维材料，蛭石的膨胀与剥离，蛭石在改性、吸附、催化、无机-有机复合材料、建筑业、农业、畜牧业、储能和医药等方面的应用，并且对新型蛭石复合功能材料等内容进行了论述。

　　本书由田维亮、尤厚美和张克伟等著，李仲、吕喜风、赵苏亚、戴勋、丁慧萍、秦岩、张英雄、程小亚、但宏宇、张潞航、雷振华、胡攀、程财、陶媛、张祥坤等人为图书的编写做了大量的工作，新疆尉犁新隆蛭石有限责任公司和中国非金属矿工业协会提供了帮助，北京化工大学、青岛大学和石河子大学等兄弟院校的老师也参与了内容讨论，并提出许多宝贵意见，在此一并感谢。

　　由于编者水平和经验有限，书中难免存在疏漏，恳请读者和同行批评指正，使其日臻完善。

著者

2020 年 9 月 2 日

目 录

第1章
层状功能材料概述

　　材料对人们的生存和发展有着重要的影响，与人类社会发展、经济繁荣密切相关。随着科技的快速发展，越来越多的学者已将研究重心从原子尺度、分子尺度转向纳米尺度的材料研究。由此可见，纳米尺度功能材料在发展制造先进功能材料中的作用已经越来越重要。通过对材料表面进行修饰、对某一组分含量进行调控或改变材料结构可合成具有特定功能的复合材料，特别是利用层状材料如石墨烯、水滑石和蛭石生产制备可应用于光、电功能与防护涂层、催化、传感、生物医学、建筑等领域的复合功能材料[1~5]。与普通材料相比，这些纳米级的复合材料具有小型化、多功能、高性能以及低能耗的特点。

　　层状材料是一个庞大的体系，包含石墨、黏土、过渡金属硫化物、金属氧化物、过渡金属氧化物、金属卤化物等，层状材料可用于开发比表面积高、孔尺寸和孔体积可调控的纳米结构新材料[6~14]。

1.1　纳米功能材料

　　纳米科技是在 0.1～100nm 的尺度上，研究原子、分子和其他类型物质的运动及变化的科学，同时在这一尺度范围内对原子、分子等进行操作和加工的技术，又称为纳米技术。具有特殊特性和优异功能的纳米功能材料是指在加工过程中至少有一个维度达到纳米尺度范围，即控制在 100nm 以内（1nm＝10^{-9}m，约为 4～5 个原子排列起来的长度[15]），或以其纳米尺度的基本单元所构成的三维材料[16]。这些纳米材料具有小尺寸效应、量子效应、表面效应、宏观量子隧道效应，这些特性使纳米材料表现出许多不同寻常的物理、化学性质，如超导电性、超强机械强度和超磁性等[17]。Kuang[18] 合成出能够高效处理废水的纳米 MnO_2，Lin 等[19] 合成出具有光催化特性的纳米材料，Sun 等[20] 合成出具有优良电化学特性的石墨烯纳米复合材料，Wang 等[21] 合成出可应用于肿瘤治疗的发光纳米材料。

　　根据在三维空间中未被纳米尺度约束的自由度，纳米材料可分为三类，包括纳米功能物体［零维（0D）］，是指在空间中三个维度都处于纳米尺度范畴的材料，为量子点，如单原子、纳米纤维和富勒烯等[22]；纳米线物体［一维（1D）］，是指在空间中有两个维度处于纳米尺度的材料，为纳米线，如碳纳米管和无机纳米线等；层状物体［二维（2D）］，是指在三维（3D）空间有一个维度处于纳米尺度的材料，为纳米片或纳米薄膜，如层状水滑石纳米片、MoS_2 和石墨烯等[23]。纳米材料按其结构可分为四类[24]，包括零维纳米材料，即具有原子簇和原子束结构；一维纳米材料，即具有纤维结构；二维纳米材料，即具有层状结构；三维纳米材料，即其晶粒尺寸至少在一个方向上处于纳米尺度范围。此外，以上各种形式的复合材料按化学组成可分为：纳米金属、纳米晶体、纳米陶瓷、纳米玻璃、纳米高分子和纳米复合材料[25]。而 3D 宏观纳米复合材料可由 0D、1D 和 2D 材料通过自组装、超分子组装、堆积、热压、化学交联和反应等方式进行构建或由其基本单元组成，如石墨、蛭石和水滑石等[26]。图 1-1 描绘了碳材料中 0D、1D、2D 和 3D 纳米功能材料分类结构示意图。

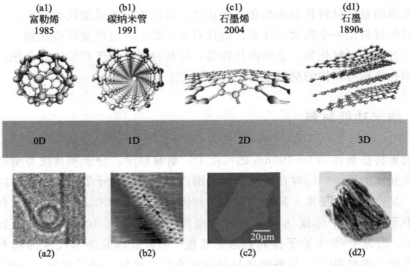

图 1-1　碳材料中 0D、1D、2D 和 3D 纳米功能材料分类结构示意图[26]

　　事实上，具有 3D 块体形式的纳米材料比 2D 及 2D 以下材料具有更优异的实际应用价值。尽管在石墨烯、碳纳米管等相关低维材料的合成和基本性质研究方面做出了巨大的努力并取得了良好的进展，但它们的技术潜力尚未完全发挥出来，纳米片、纳米管和量子点等低维材料也并没有发挥出它们的潜力。如果低维材料要作为实际宏观器件中的关键部件大规模使用，可通过在分子尺度上精确控制它们的取向和空间排列或对其进行修饰等实现纳米材料之间的耦合[23]，从而由单个纳米材料的特性转化为构建多级结构的 3D 宏观纳米复合材料的特性[27]。Chen 等[28]受天然生物材料具有独特的微观结构和优异的力学性能的启发，采用多尺度软-硬聚合物双网络（SRPDN）界面设计的方法，以低成本的蒙脱土二维材料作为基本组装单元，通过将超薄蒙脱土纳米片进行堆叠、热压和桥联，成功构建了可在高湿度和高温条件下增强力学性能和环境耐久性的高性能 3D 仿珍珠体纳米复合材料。如图 1-2 所示为珍珠体纳米复合材料的多尺度界面设计、制备以及 MTM 纳米片与聚合物（PVA 和酚醛树脂）之间相互作用的分子动力学模拟，桥联相邻蒙脱土（MTM）纳米片的界面网

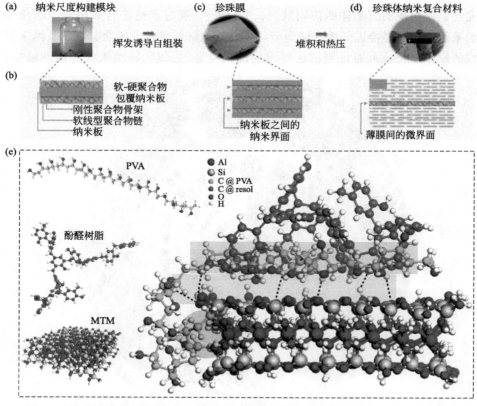

图 1-2　珍珠体纳米复合材料的多尺度界面设计、制备以及 MTM 纳米片与聚合物（PVA 和酚醛树脂）之间相互作用的分子动力学模拟

络主要通过氢键和软质的聚乙烯醇（PVA）分子链与刚性酚醛树脂骨架之间的物理缠结作用得以构成。

经过近 30 年的快速发展，对纳米材料的需求越来越多，纳米技术已经渗透到各个研究领域，形成了跨学科融合点。图 1-3 展示了近年来纳米功能材料在各个领域的分类与应用。众所周知，自然界是人类最好的导师，存在很多由纳米单元组成的宏观体，具有优异的性能，例如贝壳、珊瑚、荷叶、壁虎脚和刺猬刺等。近年来，仿生纳米科学技术已成为纳米功能材料研究领域的热点之一，引起了国内外学者的广泛关注。比如，荷叶表面的疏水性、仿生细胞壁的可控离子通道、啄木鸟头部抵抗环境的震动等[26,29]。目前，纳米技术已形成两大关键研究问题[30]：一方面将纳米功能材料从微米尺度扩展到纳米尺度，甚至到原子、分子尺度上，研究它们的表面效应和小尺寸效应；另一方面以 0D、1D、2D 为基本单元，构建宏（微、介）观尺度的多级结构功能材料，研究它们所构成的组装体的协同效应。Yu 等[31] 通过水热法合成超细二氧化铈纳米线载体，经冷冻干燥、煅烧后，在二氧化铈纳米线上成功实现了金纳米颗粒的原位生长，再通过浸渍法将海绵浸润在金/二氧化铈纳米线分散溶液中，

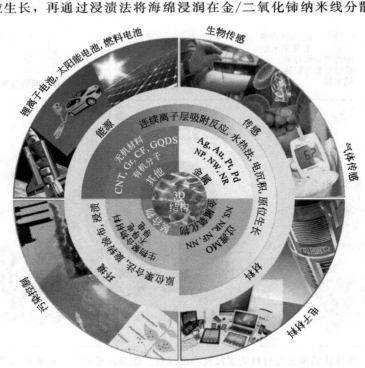

图 1-3　纳米功能材料在各个领域的分类与应用[26,29]

成功构建了以海绵为载体负载金/二氧化铈纳米线的三维催化剂材料。该三维材料利用了二氧化铈纳米线的高比表面积，不仅能够使金纳米颗粒稳定分散而防止团聚，而且能够增强二氧化铈纳米线与金纳米颗粒之间的协同效应，从而带来高的反应活性和良好的稳定性。

当物体大小降到纳米尺度时，物体表面积变大，缺陷位增多，与传统物体相比，会有不同寻常的物化性质，即纳米效应。各国学者和科学家做了大量的研究工作，来研究纳米颗粒的表面效应[32]、小尺寸效应[33]和宏观量子隧道效应[34]等。这些不同于宏观物体的性质在人们工业化生产和日常生活中发挥了巨大的作用，其机理有待于进一步研究。D'elia 等[32]基于合成羟基磷灰石（HA）和二氧化钛（TiO_2）纳米颗粒的不同纳米结构基底的生物活性，讨论了白蛋白在生物磷灰石涂层演变中的选择作用，同时用分光光度法分析牛血清白蛋白的存在对生物活性的影响。结果表明，材料的表面反应性能和界面水合作用是影响蛋白质吸附过程的键合位点和表面电荷密度分布的重要因素。Sakai 等[33]以硅片作为衬底材料，聚苯乙烯（PS）颗粒作为介电小颗粒，研究了米氏散射理论中尺寸参数与小颗粒聚苯乙烯纳米加工性能的关系，用三维 FDTD 方法数值模拟了近场分布和增强的局域场随尺寸参数的变化。结果表明，改变颗粒大小可以控制图案化纳米孔的直径和深度，即小尺寸效应，如果尺寸参数保持在 π 附近，即使在光谱的紫外（UV）区域也可以有效地进行纳米孔图案化。此外，随着入射激光波长的减小，硅的消光系数降低也会影响入射到硅衬底的能量传递，从而使制备的纳米孔由深变浅。Mao 等[34]利用含时密度泛函理论研究了两个银板之间的量子隧穿效应。结果表明，隧穿主要取决于板间空隙的间距和初始局域场。间隔越小，局域场越大，电子越容易穿透空隙。数值计算表明，当间距小于 0.6nm 时，量子隧穿显著降低了纳米颗粒之间空隙的增强能力。

纳米复合功能材料是由两种或两种以上物理和化学性质不同的纳米材料组合而成的复合材料。它所表现出来的功能并不是各物质性质的简单加和，而是在各组分保持相对独立性的基础上，使各组分间具有协同作用，拥有刚性大、强度高、质量轻等单一材料无法比拟的优异性能[35]。纳米复合材料的强度和韧性比单一组分纳米材料提高 2～5 倍，具有广阔的应用前景。它比普通复合材料具有更优越的力学性能，可作为聚合物-无机超韧高强结构材料、高温黏结剂和耐刮涂料等。同时可通过有机改性制得具有优良绝热隔声性能的透明材料及有机改性玻璃。在层状硅酸盐夹层中嵌入丙烯腈，在层间聚合为聚丙烯腈，再碳化为碳纤维，可制得分子复合的碳纤维增韧陶瓷。也可将导电聚合物嵌入无机层状物中合成具有明显各向异性的电子导电或离子导电材料，通过

MoO₃、WO₃ 等无机层状物和 PPy 形成的嵌入型无机纳米复合材料合成电致发光材料和电致变色材料。还可以利用聚乙炔的衍生物和沸石等无机层状物形成的嵌入型 OINC 制得非线性光学材料。除以上用途外，纳米复合材料还可以应用于催化剂、固定化酶、磁性材料和光学耦合生物传感器等方面。

1.2 层状功能材料

在过去的几十年里，二维层状材料已经成为纳米材料科学中的热点研究领域之一[36~38]。众所周知，二维氧化物[39] 和黏土[40] 已经被研究了很多年，直到具有优异性能和广阔应用前景的石墨烯出现，再次推动二维层状材料进入快速发展的新轨道。伴随石墨烯研究的深入[41,42]，再次使二维层状材料的研究领域迅速扩大，比如氮化硼（BN）、二硫化钼（MoS₂）[43] 等，也促使具有各向异性的新层状材料出现，例如硅烯（硅树脂）、黑磷等。这种具有优异物理和化学特性的层状材料，例如石墨烯等，推动这一研究领域迅速扩大，也成为科学界最活跃的研究领域之一。二维纳米功能材料现已具有多样化的庞大的研究和应用体系，从单层碳到硫化物再到硅酸盐矿物等，其形貌和化学组成如图 1-4 和表 1-1 所示[36,44]。

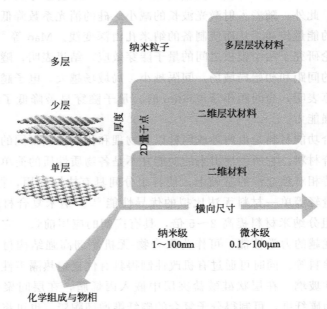

图 1-4 二维层状材料分类化学组成图

表 1-1　二维层状材料化学组成

单硫系化合物	三硫系化合物	硫代磷酸盐	卤化物	硫酸盐,磷酸盐
$GeSe, GeTe$	Bi_2Se_3, Bi_2Te_3	$NiPS_3, MgPS_3$	$FeCl_3, FeCl_2$	$Pb_2O(SO_4)$
$GaSe, GaS, InSe$	Si_2Te_3, Sb_2Te_3	$VPS_3, CoPS_3, PdPS_3$	$MgCl_2, CoCl_2$	$(IO)_2SO_4, Pb_3(PO_4)_2$
$AuSe, Hf_2S,$	Bi_2S_3, In_2Se_3	$ZnPS_3, CdPS_3$	$VCl_2, CrCl_3$	层状硅酸盐
Hf_2Se, BiO_2Se	In_2Te_3, As_2S_3	$SnPS_3, CuPS_4$	$MoCl_3, TiCl_2$	硅酸酮
SnS, SiS, Ti_2S	As_2Se_3, As_2Te_3	$GePS_4, AlPS_4$	$AlCl_3, CdCl_2$	膨润土
$NiTe, CuTe$	$NbSe_3, Ga_2Se_3$	$ZnIn_2S_4$	$FeBr_3, InBr_3$	肾硅锰矿
$PbTe, SnTe$	$TiS_3, ZrS_3, ZrSe_3$		$CrBr_3, VBr_2$	铁蛇纹石
$PtTe, HfTe, FeS$	$ZrTe_3, HfS_3$	磷酸盐	$MoBr_3$	硅镁镍矿
	$HfSe_3, HfTe_3$	$CrPSe_3, NiPSe_3$	$TiBr_3, InBr$	海泡石
双硫系化合物	$NbS_3, TaS_3, TaSe_3$	$FePSe_3, CdPSe_3$	PbI_2, VI_2, CdI_2	辉锑铁矿,镁绿泥石
VSe_2, TiS_2, ZrS_2	$NpSe_3, USe_3, US_3$	$MgPSe_3, PdPSe$	$TlCl, AuTe_2Cl$	锰镁绿泥石
SnS_2, HfS_2, ReS_2	$B_2S_3, NpS_3, ThTe_3$	$PdPS$	$ZrCl, ZrCl_4$	灰白铁矿
PtS_2, NbS_2, TaS_2	UTe_3		UCl_5, WCl_6	钙长石
MoS_2, WS_2		卤化物	$HfCl, SnCl_2$	镍滑石
$GeS_2, TiSe_2$	其他硫系化合物	$BiOCl, FeOCl$	$CuCl_2, HgCl_2$	水镁石
$ZrSe_2, HfSe_2$	$MnInSe_4, Fe_3S_4$	$HoOCl, ErOCl$	$PbCl_2, AuBrCl_2$	地开石
$ReSe_2, PtSe_2$	Y_2Te_5, Nd_2Te_5	$AlOCl$	$AuICl_2, BCl_3$	三羟铝石衍生物
$SnSe_2, TaSe_2$	La_2Te_5, Ce_2Te_5	$PdFCl, AlSeCl$	$TbCl_3, GaCl_3$	硅硼锂铝石
$MoSe_2, WSe_2$	Pr_2Te_5, Sm_2Te_5	$InTeCl, Cd(OH)Cl$	InI, TiI, AuI	原氯酸盐
$TcSe_2, TiTe_2$	Cd_2Te_5, Tb_2Te_5	$TmOCl, YbOCl$	$HgI_2, AuCl_2$	滑石
$ZrTe_2, VTe_2$	Dy_2Te_5, Ho_2Te_5	$LnOCl, WO_2Cl_2$	LaI_2, CeI_2, PTI_2	亚氯酸盐
$NbTe_2, TaTe_2$	$Ge_2Bi_2Te_6$	WO_2I_2	NdI_2, ZrI_2, ThI_2	斜绿泥石
$MoTe_2, WTe_2$	$GeSb_4Te_7$		BiI_3, TiI_3, InI_3	脆绿泥石
$CoTe_2, RhTe_2$		氧化物	$ThI_4, NbI_5, TlBr$	锂绿泥石
$IrTe_2, NiTe_2$	氢氧化物	MoO_3, MnO_2, V_2O_5	$AuTe_2Br$	
$PdTe_2, PtTe_2$	$B(OH)_3$	PbO, SnO, Nb_2O_5	Sn_2SBr_2, TiF	其他
$SiTe_2, CuBiSe_2$	$SnPO_3(OH)$		$SnPO_3F, CuBr_2$	$MoSi_2, PtBi_2, GeAs_2$
$CuSbS_2, CuBiS_2$	$Mo_2O_5(OH)$	氮化物	$HgBr_2, AuClBr_2$	$SiAs_2, NiPo_2, TiB_2$
$PdS_2, ReSSe$	$Cd(OH)Cl$	BN	$CdBr_2, AuBr_3$	ScB_2, MnB_2, AlB_2
Sb_2OS_2, TcS_2			$AlBr_3, PuBr_3$	HfB_2, P_2Sn_3
$SiS_2, PdSeTe$	磷化物	IV族	$UBr_4, ZrBr_4$	$Au_4In_3Sn_3, Th(NH)_2$
$PtSeTe, TaSeTe$	SiP, SnP, GeP	石墨烯	$HfBr_4, NpBr_4$	CrB
$CuAgTe_2, CuTe_2$	SiP_2, GeP_3, SnP_3	硅烯类化合物	SnF_4, PbF_4	$SiAs, GeAs$
	In_2AsP	锗烷	NbF_4	

鉴于层状功能材料是由具有独特功能的纳米片组成的，可以用其构建具有导向性的新功能材料，其性能是可控的[45]。在科学研究和实际应用中，许多科学家和制造商借助层状功能材料这种特殊结构进行发明创新。例如，通过插层不同分子，对具有二维结构的高温超导体铋铜酸盐的超导性进行研究[46,47]；发现了具有大比表面积半导体层状材料 TiO_2 或 MoS_2 的新的主晶格，具有明显的异质结构，被广泛用作光催化剂[48,49]；在石油化学工业中，酸处理的黏土广泛用于加氢裂解处理的催化过程；类水滑石层状氢氧化物广泛用作加氢催化剂[50]，以及用作 Ziegler-Natta 和溴处理催化剂的载体[51,52]。近年来，层状功能材料在环境和生物上的应用也发挥着巨大的作用。层状功能材料的广泛应用都源于它的内部结构，进行其组成的基本单元的研究是层状材料的重要研究方向之一。

在三维空间中一个维度远远小于其他两个维度的物体被称为层状物体。分子层状材料也称为 2D 层状材料，是指具有几纳米厚度的片层，对应大约一个或几个晶体单元。层板原子主要通过强的共价键连接，然而层间相互作用主要通过非常弱的范德华力相互连接，层板之间非常脆弱，而且非常易碎[53~55]。层状固体是由片层构成的多级宏观体，这些宏观体是利用弱的范德华力，通过周期性、有组织地把片层组装起来而形成的[56]。在保持层状材料片层原始结构的情况下，可以通过各种改性和修饰方式来打断层间弱的范德华力。层状材料改性和修饰的主要作用是扩大层间间距和获得多级结构材料，层间可以插入分子或离子是 2D 层状材料的主要特征，也是构建其他结构和化学新材料的前提[57~59]。这些插入的分子和离子被称为客体，片层被称为主体。从主体晶格来看，层状材料的结构维度等于 2[58]。从连续的共价的特性来说，二维材料的单层被视为（宏观）分子。除了 3D 的宏观结构外，主晶格的其他结构（包括主体和客体）都可以通过插层进行改性[60,61]。事实上，与 0D 和 1D 材料相比，2D 层状材料很容易调控和处理。2D 层状材料不变形的层板和定向相互作用与性能能够使人们根据实际需要去设计和合成新的功能材料[53]。

自从获得单层石墨烯以来，原子层厚度的 2D 层状功能材料具有的特殊物理和化学特性[62~65] 得到了国内外学术界的广泛关注。具有新颖特性的 2D 层状功能材料不断推动基础研究发展和科技进步，在电子学[66~69]、超导体[70]、光子学[71]、催化剂[72~78]、压电装置[79]、能量储存[80~84] 与转换装置[85] 等领域具有广泛的应用。除了研究 2D 层状功能材料本身固有的特性外，各种各样的修饰方法也用于 2D 层状功能材料，使其具有特殊的性能。2D 层状功能材料的修饰方法主要有：①尺寸大小调控[86~88]；②垂直/侧面异质结的构建[89,90]；③合铸与交联[91,92]；④插层[93~97]；⑤外磁场调控[98,99]；⑥组装[100]；

⑦应力与力学性能调控[101] 等。无论在基础研究还是在实际应用中，以上每一种方法对于 2D 层状功能材料的深入研究都具有独特视角和优势。例如二硫化钼尺寸调控，从多层到单层二硫化钼，实现了从间接能隙到直接能隙的转变，改变了该材料的能带结构，这一改变显著提高了该材料的光电性能[102]。宽度变窄也可以打开石墨烯的带隙。由于没有悬空键的 2D 层状功能材料在空气中非常稳定，而且可以存放于任意基底上，因此，可以把不同的 2D 层状功能材料堆在一起，构建新的具有异质结结构的 2D 层状新功能材料。

层状材料插层是基于范德华力在层间插入其他种类的物质来构建新物质的方法。尽管已经对宏观体的层状材料进行了广泛的研究，但直到 2D 层状功能材料出现，才再次在这个领域注入新的活力[103~109]。只要超过一个单原子层厚度，插层就是可能的。大量的实验研究结果显示：纳米尺度层状材料插层显著不同于宏观体层状材料的插层，这些不同将显著提高所制备器件的性能，使其获得了广泛的应用[110]。究其原因，在纳米尺度（0.1～100nm）对电子或声子的限制会影响材料的电学、光学、力学和其他性能[111,112]。

在所有修饰方法中，插层具有用独特方法来调控层状材料的性能，原因如下：①插层能最大限度通过掺杂或相变调控原始 2D 层状材料，特别是少层层状材料；②插层通常是可逆的，也是 2D 层状材料性能持续改变的过程；③插层是可控的，例如通过电化学电压可以在大范围里调控插层离子的浓度；④在材料的制备过程中，插层材料的改变是随时可以监控的；⑤插层可以引起结构改变，比如晶格膨胀或相态的改变，从而提高或者获得新颖的物理和化学性能；⑥插层方法可以结合其他修饰方法，提供一个新的自由度优化的 2D 层状材料。从图 1-5 的中心可以看出，外来物质可以插到具有范德华力的层间。在第二个环中，插层可以是离子、无机分子、有机分子、金属原子等。这些插层分子或原子可以通过不同的方法插入不同的 2D 层状材料中去。通过插层后，这些插层物质展示出超过原先插层主体的优异性能，构筑高性能的光电装置、能源和电子装置等。

蛭石属于层状材料，它是具有层状结构的黏土矿物，由两层硅氧四面体（部分硅被铝取代）和一层铝氧八面体（有氢氧根离子和镁等）构成，形成具有限定结构的层状堆叠。由于蛭石特殊的结构使其具有独特的性质，比如高温易膨胀；层间由弱相互作用构建使其具有强大的阳离子交换性；膨胀后的蛭石由于体积迅速增大，孔隙率增加，热导率降低，具有强大的吸附性、隔热隔声性和耐火耐冻性，化学性质稳定，具有缓释保湿的作用。蛭石这些独特的性质使其广泛应用于吸附、催化、储能、建筑、畜牧业、农业、生物医药等众多领域[13,14]。

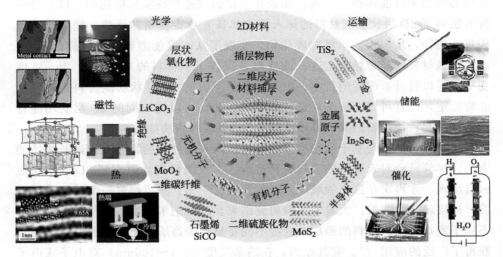

图 1-5　2D 层状材料插层可调节示意图和插层主客体及其特性和应用汇总图[112~116]

参考文献

[1] Qin B, Chen H Y, Liang H, et al. Reversible photoswitchable fluorescence in thin films of inorganic nanoparticle and polyoxometalate assemblies [J]. Journal of the American Chemical Society, 2010, 132 (9): 2886-2888.

[2] Lee S J, Lee J E, Seo J, et al. Optical sensor based on nanomaterial for the selective detection of toxic metal ions [J]. Advanced Functional Materials, 2007, 17 (17): 3441-3446.

[3] Barboiu M, Cerneaux S, Lee A V D, et al. Ion-driven ATP pump by self-organizedhybrid membrane materials [J]. Journal of the American Chemical Society, 2004, 126 (11): 3545-3550.

[4] Sturm M B, Roday S, Schramm V L. Circular DNA and DNA/RNA hybrid molecules asscaffolds for ricin inhibitor design [J]. Journal of the American Chemical Society, 2007, 129: 5544-5550.

[5] Qiu X Q, Li L P, Tang C L, et al. Meta-semiconductor hybrid nanostructure Ag-Zn$_{0.9}$Co$_{0.1}$O: synthesis and room-temperature ferromagnetism [J]. Journal of the American Chemical Society, 2007, 129: 11908-11909.

[6] Nicolosi V, Chhowalla M, Kanatzidis M G, et al. Liquid exfoliation of layered materials [J]. Science, 2013, 340 (6139): 1420.

[7] Radisavljevic B, Radenovic A, Brivio J, et al. Single-layer MoS$_2$ tansistors [J]. Nature Nanotechnology, 2011, 6: 147-150.

[8] Lee C, Yan H, Brus L E, et al. Anomalous lattice vibrations of single-and few-layer MoS$_2$ [J]. ACS Nano, 2010, 4: 2695-2700.

[9] Ramakrishna M H S S, Gomathi A, Manna A K, et al. MoS$_2$ and WS$_2$ analogues of graphene

[J]．Angewandte Chemie, 2010, 122: 4153-4156.

[10] Eda G, Yamaguchi H, Voiry D, et al. Photoluminescence from chemically exfoliated MoS_2 [J]．Nano Letters, 2011, 11: 5111-5116.

[11] Kaner R B, Kouvetakis J, Warble C E, et al. Boron-carbon nitrogen materials of graphite-like structure [J]．Materials Research Bulletin, 1987, 22: 399-404.

[12] Posternak M, Baldereschi A, Freeman A J, et al. Prediction of electronic surface states in layered materials: graphite [J]．Physical Review Letters, 1984, 52: 863-866.

[13] 田维亮．蛭石复合功能材料设计合成与性能研究 [D]．北京：北京化工大学, 2017.

[14] 王丽娟．蛭石结构改性、有机插层及微波膨胀研究 [D]．北京：中国地质大学（北京）, 2014.

[15] Sharma N, Ojha H, Bharadwaj A, et al. Preparation and catalytic applications of nanomaterials: a review [J]．Rsc Advances, 2015, 5（66）: 53381-53403.

[16] Santhosh C, Velmurugan V, Jacob G, et al. Role of nanomaterials in water treatment applications: a review [J]．Chemical Engineering Journal, 2016, 306: 1116-1137.

[17] 秦纪华．几种纳米功能材料的制备及性能研究 [D]．广州：广州大学, 2016.

[18] Kuang P Y. Anion-assisted one-pot synthesis of 1D magnetic α-and β-MnO_2 nanostructures for recyclable water treatment application [J]．New Journal of Chemistry, 2015, 39（4）: 2497-2505.

[19] Lin C, Song Y, Cao L, et al. Effective photocatalysis of functional nanocompositesbased on carbon and TiO_2 nanoparticles [J]．Nanoscale, 2013, 5（11）: 4986-4992.

[20] Sun M, Liu H, Liu Y, et al. Graphene-based transition metal oxide nanocomposites for the oxygen reduction reaction [J]．Nanoscale, 2014, 7（4）: 1250-1269.

[21] Wang C, Xu L, Liang C, et al. Immunological responses triggered by photothermaltherapy with carbon nanotubes in combination with Anti-CTLA-4 therapy to inhibitcancer metastasis [J]．Advanced Materials, 2014, 26（48）: 8154-8162.

[22] Park C M, Chu K H, Heo J, et al. Environmental behavior of engineered nanomaterials in porous media: a review [J]．Journal of Hazardous Materials, 2016, 309: 133-150.

[23] Thorkelsson K, Bai P, Xu T. Self-assembly and applications of anisotropic nanomaterials: a review [J]．Nano Today, 2015, 10（1）: 48-66.

[24] 赵紫军．（MCM-41）-La_2O_3 纳米复合材料的制备、表征及光学性质研究 [D]．长春：长春理工大学, 2010.

[25] 李嘉, 尹衍升, 张金升, 等. 纳米材料的分类及基本结构效应 [J]．现代技术陶瓷, 2003,（2）: 26-30.

[26] Huang H J, Wu Z, Zhi L H. Architectural design of bionic structure and biomimetic materials [J]．Advanced Materials Research, 2011, 314-316: 1991-1994.

[27] Shehzad K, Xu Y, Gao C, et al. Three-dimensional macro-structures of two-dimensional nanomaterials [J]．Chemical Society Reviews, 2016, 45（20）: 5541-5588.

[28] Chen S M, Gao H L, Sun X H, et al. Superior biomimetic nacreous bulk nanocomposites by a multiscale soft-rigid dual-network interfacial design strategy [J]．Matter, 2019, 1（2）: 412-427.

[29] Lv H Q, Tang W X, Song Q H. Dynamic analysis of bionic vibration isolation platform based

on viscoelastic materials [J] . Advanced Materials Research, 2014, 852: 467-471.

[30] Fattakhova-Rohlfing D, Zaleska A, Bein T. Three-dimensional titanium dioxide nanomaterials [J] . Chemical Reviews, 2014, 114 (19): 9487-9558.

[31] Yu X F, Mao L B, Ge J, et al. Three-dimensional melamine sponge loaded with Au/ceria nanowires for continous reduction of p-nitrophenol in a consecutive flow system [J] . Science Bulletin, 2016, 61: 700-705.

[32] D'elia N L, Gravina N, Ruso J M, et al. Albumin-mediated deposition of bone-like apatite on-to nano-sized surfaces: effect of surface reactivity and interfacial hydration [J] . Journal of Colloid and Interface Science, 2017, 494: 345-354.

[33] Sakai T, Tanaka Y, Nishizawa Y, et al. Size parameter effect of dielectric small particle me-diated nano-hole patterning on silicon wafer by femtosecond laser [J] . Applied Physics A-Materials Science & Processing, 2010, 99 (1): 39-46.

[34] Mao L, Li Z P, Wu B, et al. Effects of quantum tunneling in metal nanogap on surface enhanced Raman scattering [J] . Applied Physics Letters, 2009, 94 (24): 243102.

[35] 许荔, 江晓禹. 纳米复合材料特性分析及界面研究 [J] . 材料科学与工程学报, 2005, 6 (23): 933-938.

[36] Backes C, Higgins T M, Kelly A, et al. Guidelines for exfoliation, characterization and pro-cessing of layered materials produced by liquid exfoliation [J] . Chemistry of Materials, 2017, 29 (1): 243-255.

[37] Chhowalla M, Shin H S, Eda G, et al. The chemistry of two-dimensional layered transition metal dichalcogenide nanosheets [J] . Nature Chemistry, 2013, 5 (4): 263-275.

[38] Wang Q H, Kalantar-Zadeh K, Kis A, et al. Electronics and optoelectronics of two-dimen-sional transition metal dichalcogenides [J] . Nature Nanotechnology, 2012, 7 (11): 699-712.

[39] Osada M, Sasaki T. Exfoliated oxide nanosheets: new solution to nanoelectronics [J] . Journal of Materials Chemistry, 2009, 19 (17): 2503-2511.

[40] Ray S S, Okamoto M. Polymer/layered silicate nanocomposites: a review from preparation to processing [J] . Progress in Polymer Science, 2003, 28 (11): 1539-1641.

[41] Geim A K, Novoselov K S. The rise of graphene [J] . Nature Materials, 2007, 6 (3): 183-191.

[42] Novoselov K S, Fal'ko V I, Colombo L, et al. A roadmap for graphene [J] . Nature, 2012, 490 (7419): 192-200.

[43] Lembke D, Kis A. Breakdown of high-performance mono layer MoS_2 transistors [J] . Acs Nano, 2013, 7 (4): 3730.

[44] Wang Z Y, Zhu W P, Qiu Y, et al. Biological and environmental interactions of emerging two-dimensional nanomaterials [J] . Chemical Society Reviews, 2016, 45 (6): 1750-1780.

[45] Oh J M, Biswick T T, Choy J H. Layered nanomaterials for green materials [J] . Journal of Materials Chemistry, 2009, 19 (17): 2553-2563.

[46] Choy J H, Kwon S J, Park G S. High-Tc superconductors in the two-dimensional limit [J] . Science, 1998, 280 (5369): 1589-1592.

[47] Kwon S J, Choy J H. A novel hybrid of Bi-based high-Tc superconductor and molecular complex [J]. Inorganic Chemistry, 2003, 42 (25): 8134-8136.

[48] Choy J H, Lee H C, Jung H, et al. Exfoliation and restacking route to anatase-layered titanate nanohybrid with enhanced photocatalytic activity [J]. Chemistry of Materials, 2002, 14 (6): 2486-2491.

[49] Paek S M, Jung H, Park M, et al. An inorganic nanohybrid with high specific surface area: TiO_2-pillared MoS_2 [J]. Chemistry of Materials, 2005, 17 (13): 3492-3498.

[50] Occelli M L, Rennard R J. Hydrotreating catalysts containing pillared clays [J]. Catalysis Today, 1988, 2 (2): 309-319.

[51] Sels B, Vos D D, Buntinx M, et al. Layered double hydroxides exchanged with tungstate as biomimetic catalysts for mild oxidative bromination [J]. Nature, 1999, 400: 855-857.

[52] Vaccari A. Preparation and catalytic properties of cationic and anionic clays [J]. Catalysis Today, 1998, 41 (1-3): 53-71.

[53] Roth W J, Gil B, Makowski W, et al. Layer like porous materials with hierarchical structure [J]. Chemical Society Reviews, 2016, 45 (12): 3400-3438.

[54] Atwood J L, Davies J E D, Mac Nichol D D, et al. Comprehensive supramolecular chemistry [M]. Oxford: Pergamon, 1996: 1-23.

[55] Auerbach S M, Carrado K A, Dutta P K. Handbook of layered materials [M]. New York: Marcel Dekker, 2004.

[56] Schwieger W, Machoke A G, Weissenberger T, et al. Hierarchy concepts: classification and preparation strategies for zeolite containing materials with hierarchical porosity [J]. Chemical Society Reviews, 2016, 45 (12): 3353-3376.

[57] Bruce D W, O'hare D. Inorganic materials [M]. New York: Wiley, 1997: 172-254.

[58] MüLler-Warmuth W, Schö Llhorn R. Progress in intercalation research [M]. Dordrecht: Kluwer, 1994.

[59] Whittingham M S, Jacobson A J. Intercalation chemistry [M]. New York: Academic Press, 1982.

[60] Masters A F, Maschmeyer T. Zeolites-from curiosity to cornerstone [J]. Microporous and Mesoporous Materials, 2011, 142 (2-3): 423-438.

[61] Breck D W. Zeolite molecular sieves: structure, chemistry, and use [M]. New York: Wiley, 1973.

[62] Butler S Z, Hollen S M, Cao L Y, et al. Progress, challenges, and opportunities in two-dimensional materials beyond graphene [J]. Acs Nano, 2013, 7 (4): 2898-2926.

[63] Li H, Wu J, Yin Z, et al. Preparation and applications of mechanically exfoliated single-layer and multilayer MoS_2 and WSe_2 nanosheets [J]. Accounts of Chemical Research, 2014, 47 (4): 1067-1075.

[64] Wan J Y, Lacey S D, Dai J Q, et al. Tuning two-dimensional nanomaterials by intercalation: materials, properties and applications [J]. Chemical Society Reviews, 2016, 45 (24): 6742-6765.

[65] Zhang H. Ultrathin two-dimensional nanomaterials [J]. Acs Nano, 2015, 9 (10): 9451-9469.

[66] Bonaccorso F, Sun Z, Hasan T, et al. Graphene photonics and optoelectronics [J]. Nature Photonics, 2010, 4(9): 611-622.

[67] Ge J F, Liu Z L, Liu C H, et al. Superconductivity above 100K in single-layer FeSe films on doped $SrTiO_3$ [J]. Nature Materials, 2015, 14(3): 285-289.

[68] Yin Z, Li H, Li H, et al. Single-layer MoS_2 phototransistors [J]. Acs Nano, 2012, 6(1): 74-80.

[69] Yin Z, Zhang X, Cai Y, et al. Preparation of MoS_2-MoO_3 hybrid nanomaterials for light-emitting diodes [J]. Angewandte Chemie-International Edition, 2014, 53(46): 12560-12565.

[70] Grigorenko A N, Polini M, Novoselov K S. Graphene plasmonics [J]. Nature Photonics, 2012, 6(11): 749-758.

[71] Deng D H, Novoselov K S, Fu Q, et al. Catalysis with two-dimensional materials and their heterostructures [J]. Nature Nanotechnology, 2016, 11(3): 218-230.

[72] Chen J Z, Wu X J, Yin L S, et al. One-pot synthesis of CdS nanocrystals hybridized with single-layer transition-metal dichalcogenide nanosheets for efficient photocatalytic hydrogen evolution [J]. Angewandte Chemie-International Edition, 2015, 54(4): 1210-1214.

[73] Huang X, Zeng Z Y, Bao S Y, et al. Solution-phase epitaxial growth of noble metal nanostructures on dispersible single-layer molybdenum disulfide nanosheets [J]. Nature Communications, 2013, 4(2): 1444-1452.

[74] Tan C L, Zhang H. Two-dimensional transition metal dichalcogenide nanosheet-based composites [J]. Chemical Society Reviews, 2015, 44(9): 2713-2731.

[75] Wu W Z, Wang L, Li Y L, et al. Piezoelectricity of single-atomic-layer MoS_2 for energy conversion and piezotronics [J]. Nature, 2014, 514(7523): 470-474.

[76] Yin Z Y, Chen B, Bosman M, et al. Au nanoparticle-modified MoS_2 nanosheet-based photoelectrochemical cells for water splitting [J]. Small, 2014, 10(17): 3537-3543.

[77] Zeng Z Y, Tan C L, Huang X, et al. Growth of noble metal nanoparticles on single-layer TiS_2 and TaS_2 nanosheets for hydrogen evolution reaction [J]. Energy & Environmental Science, 2014, 7(2): 797-803.

[78] Zhou W J, Yin Z Y, Du Y P, et al. Synthesis of few-layer MoS_2 nanosheet-coated TiO_2 nanobelt heterostructures for enhanced photocatalytic activities [J]. Small, 2013, 9(1): 140-147.

[79] Chen D, Tang L H, Li J H. Graphene-based materials in electrochemistry [J]. Chemical Society Reviews, 2010, 39(8): 3157-3180.

[80] Bae S, Kim H, Lee Y, et al. Roll-to-roll production of 30-inch graphene films for transparent electrodes [J]. Nature Nanotechnology, 2010, 5(8): 574-578.

[81] Cao X H, Tan C L, Zhang X, et al. Solution-processed two-dimensional metal dichalcogenide-based nanomaterials for energy storage and conversion [J]. Advanced Materials, 2016, 28(29): 6167-6196.

[82] Huang X, Tan C L, Yin Z Y, et al. 25th Anniversary article: hybrid nanostructures based on two-dimensional nanomaterials [J]. Advanced Materials, 2014, 26(14): 2185-2204.

[83] Raccichini R, Varzi A, Passerini S, et al. The role of graphene for electrochemical energy

storage [J]. Nature Materials, 2015, 14 (3): 271-279.

[84] Xu C H, Xu B H, Gu Y, et al. Graphene-based electrodes for electrochemical energy storage [J]. Energy & Environmental Science, 2013, 6 (5): 1388-1414.

[85] Li X L, Wang X R, Zhang L, et al. Chemically derived, ultrasmooth graphene nanoribbon semiconductors [J]. Science, 2008, 319 (5867): 1229-1232.

[86] Geim A K, Grigorieva I V. Van der Waals heterostructures [J]. Nature, 2013, 499 (7459): 419-425.

[87] Zhang X, Lai Z C, Liu Z D, et al. A facile and universal top-down method for preparation of monodisperse transition-metal dichalcogenide nanodots [J]. Angewandte Chemie-International Edition, 2015, 54 (18): 5425-5428.

[88] Zhang X, Xie H M, Liu Z D, et al. Black phosphorus quantum dots [J]. Angewandte Chemie-International Edition, 2015, 54 (12): 3653-3657.

[89] Gong Y J, Lin J H, Wang X L, et al. Vertical and in-plane heterostructures from WS_2/MoS_2 monolayers [J]. Nature Materials, 2014, 13 (12): 1135-1142.

[90] Zhao J, Deng Q M, Bachmatiuk A, et al. Free-standing single-atom-thick iron membranes suspended in graphene pores [J]. Science, 2014, 343 (6176): 1228-1232.

[91] Kang J, Tongay S, Li J B, et al. Monolayer semiconducting transition metal dichalcogenide alloys: stability and band bowing [J]. Journal of Applied Physiology, 2013, 113 (14): 143703-143707.

[92] Yu Y J, Yang F Y, Lu X F, et al. Gate-tunable phase transitions in thin flakes of $1T-TaS_2$ [J]. Nature Nanotechnology, 2015, 10 (3): 270-276.

[93] Bao W Z, Wan J Y, Han X G, et al. Approaching the limits of transparency and conductivity in graphitic materials through lithium intercalation [J]. Nature Communications, 2014, 5 (1): 4224-4233.

[94] Tan C L, Zhao W, Chaturvedi A, et al. Preparation of single-layer $MoS_{2x}Se_{2(1-x)}$ and $Mo_xW_{1-x}S_2$ nanosheets with high-concentration metallic 1T phase [J]. Small, 2016, 12 (14): 1866-1874.

[95] Wang F, Zhang Y, Tian C, et al. Gate-variable optical transitions in graphene [J]. Science, 2008, 320 (5873): 206-209.

[96] Zeng Z Y, Sun T, Zhu J X, et al. An effective method for the fabrication of few-layer-thick inorganic nanosheets [J]. Angewandte Chemie-International Edition, 2012, 51 (36): 9052-9056.

[97] Zeng Z Y, Yin Z Y, Huang X, et al. Single-layer semiconducting nanosheets: high-yield preparation and device fabrication [J]. Angewandte Chemie-International Edition, 2011, 50 (47): 11093-11097.

[98] Bao W, Jing L, Velasco J, et al. Stacking-dependent band gap and quantum transport in trilayer graphene [J]. Nature Physics, 2011, 7 (12): 948-952.

[99] Li Z Q, Henriksen E A, Jiang Z, et al. Dirac charge dynamics in graphene by infrared spectroscopy [J]. Nature Physics, 2008, 4 (7): 532-535.

[100] Feng J, Qian X F, Huang C W, et al. Strain-engineered artificial atom as a broad-spectrum

solar energy funnel [J]. Nature Photonics, 2012, 6 (12): 865-871.

[101] Mak K F, Lee C, Hone J, et al. Atomically thin MoS_2: a new direct-gap semiconductor [J]. Physical Review Letters, 2010, 105 (13): 136805.

[102] Dresselhaus M S, Dresselhaus G. Intercalation compounds of graphite [J]. Advances in Physics, 2002, 51 (1): 1-186.

[103] Benavente E, Santa Ana M A, Mendizabal F, et al. Intercalation chemistry of molybdenum disulfide [J]. Coordination Chemistry Reviews, 2002, 224 (1-2): 87-109.

[104] Friend R H, Yoffe A D. Electronic properties of intercalation complexes of the transition metal dichalcogenides [J]. Advances in Physics, 1987, 36 (1): 1-94.

[105] Lévy F. Intercalated layered materials [M]. Dordrecht: D Reldel Publ Company, 1979.

[106] Solin S A. The nature and structural properties of graphite intercalation compounds [J]. Advances in Chemical Physics, 1982, 49: 455-532.

[107] Wang H T, Lu Z Y, Xu S C, et al. Electrochemical tuning of vertically aligned MoS_2 nanofilms and its application in improving hydrogen evolution reaction [J]. Proceedings of the National Academy of Sciences of the United States of America, 2013, 110 (49): 19701-19706.

[108] Whittingham M S. Chemistry of intercalation compounds: metal guests in chalcogenide hosts [J]. Progress in Solid State Chemistry, 1978, 12 (1): 41-99.

[109] Winter M, Besenhard J O, Spahr M E, et al. Insertion electrode materials for rechargeable lithium batteries [J]. Advanced Materials, 1998, 10 (10): 725-763.

[110] Kappera R, Voiry D, et al. Phase-engineered low-resistance contacts for ultrathin MoS_2 transistors [J]. Nature Materials, 2014, 13 (12): 1128-1134.

[111] Bointon T H, Khrapach I, Yakimova R, et al. Approaching magnetic ordering in graphene materials by $FeCl_3$ intercalation [J]. Nano Letters, 2014, 14 (4): 1751-1755.

[112] Morosan E, Zandbergen H W, Li L, et al. Sharp switching of the magnetization in $Fe_{1/4}TaS_2$ [J]. Physical Review B, 2007, 75 (10): 4401-4408.

[113] Lin D C, Liu Y Y, Liang Z, et al. Layered reduced graphene oxide with nanoscale interlayer gaps as a stable host for lithium metal anodes [J]. Nature Nanotechnology, 2016, 11 (7): 626-632.

[114] Voiry D, Fullon R, Yang J E, et al. The role of electronic coupling between substrate and 2D MoS_2 nanosheets in electrocatalytic production of hydrogen [J]. Nature Materials, 2016, 15 (9): 1003-1009.

[115] Wan C L, Gu X K, Dang F, et al. Flexible n-type thermoelectric materials by organic intercalation of layered transition metal dichalcogenide TiS_2 [J]. Nature Materials, 2015, 14 (6): 622-627.

[116] Wan J Y, Bao W Z, Liu Y, et al. In situ investigations of Li-MoS_2 with planar batteries [J]. Advanced Energy Materials, 2015, 5 (5): 1401742-1401749.

第 2 章

蛭石——天然二维材料

2.1 蛭石概述

蛭石，是美国人 H. Webb 于 1824 年在马萨诸塞州文赛斯特的一个矿场首次发现的，在 1861 年被命名[1]。Vermiculite，英文含义是"蠕虫状""虫迹形"，具有受热膨胀性能（图 2-1），得名蛭石[2]。

(a) 原矿蛭石   (b) 膨胀蛭石

图 2-1 原矿蛭石和膨胀蛭石[1]

世界蛭石产地主要在中国、俄罗斯、美国、澳大利亚、津巴布韦和南非等国，储量约 6 亿吨。美国蛭石主要分布在蒙大拿州的利比，储量约 8000 万吨，占美国蛭石总储量的 2/3；南非总储量约 7300 万吨，主要产地是帕拉博拉地区，其储量占南非蛭石总储量的 90% 以上。我国蛭石分布较广，但多分布在我国北部，主要有新疆、河北、内蒙古、辽宁、山西、陕西等地，在四川、河南、湖北、甘肃等省也有分布，主要产于变质岩类。规模最大、最具代表性的是新疆尉犁县且干布拉克蛭石矿，其储量占全国总储量的 95% 以上，居世界第二，远景储量为 1 亿吨，占世界总储量的 1/6，其中 2 号矿体已探明储量

1400 万吨，是世界罕见的超大矿床[1]，灼烧实验结果表明新疆蛭石具有膨胀倍数高、杂质少等优点[2]。

蛭石是我国有较好资源远景和潜在优势的非金属矿产之一。鉴于我国蛭石资源丰富，开展对蛭石矿物的基础研究具有重要的社会和经济意义。

2.2 蛭石的结构与性质

蛭石在自然界中主要是以镁和硅形式存在的一类黏土[3]，一般化学式为 $(Mg,Fe,Al)_8(Si,Al)_4O_{10}(OH)_2 \cdot 4H_2O$。蛭石化学组成随产地不同会有所变化，表 2-1 是新疆尉犁县蛭石矿主要化学组成[4]。蛭石由两层硅氧四面体（部分硅被铝取代）和一层铝氧八面体（有氢氧根离子和镁等）构成，形成了具有限定结构的层状堆叠。层间是水化层，含有水和二价或一价金属等金属离子，金属离子可以是钠、钾、镁、钙、锂、铯、钡、铷离子等。因此，两层硅氧四面体夹杂一层铝氧八面体的蛭石是属于 2:1 的典型层状硅铝酸盐[5,6]。结构分析显示：层间水分子网络扭曲成六边形，通过弱的氢键与硅氧四面体层板的氧相连接，部分水分子呈游离状态；然而水层中的镁离子与水分子呈八面体形式存在于层板间（ $[Mg(H_2O)_6]^{2+}$ ）[7]。蛭石中硅氧四面体的四价硅被三价铝代替（Al 代替 Si＝1/3～1/2），使层板带负电荷（单位电荷数为 0.6～0.9）。为了平衡带电，层间插入阳离子，如图 2-2 所示。大多数情况下，层间阳离子主要是 Mg^{2+}，层间阳离子容易与其他阳离子进行交换，即蛭石是具有强大的离子交换性能的[8,9]。层间水含量与环境和层间阳离子种类等有关。比如层间阳离子为镁离子时，含水较高；而为铯离子时，含水最少[8]。蛭石的结构如图 2-2 所示。

表 2-1　新疆尉犁县蛭石矿主要化学组成（质量分数）[4]

SiO_2	Al_2O_3	Fe_2O_3	MgO	CaO	Na_2O	K_2O	H_2O	TiO_2
～37.0%	～12.0%	～5.5%	～23.0%	～4.0%	～1.5%	～5.0%	～4.0%	～1.0%

注："～"是大约值，浮动不超过±0.5%。

蛭石属单斜晶系，晶胞参数一般为：$a^0 = 0.54nm$，$b^0 = 0.93nm$，$c^0 = 1.44nm$，$\alpha = \gamma = 90°$，$\beta = 97°$；晶胞单元属于 $C_{2/c}$。在标准状况下，蛭石的 $c^0 = 1.481nm$ 时，层间为完整水分子层；$c^0 = 1.436nm$ 时，为双层水分子层；$c^0 = 1.159nm$ 时，为单层水分子层；$c^0 = 0.902nm$ 时，完全脱水。在 500℃ 加热脱水后，蛭石可以吸水复原，但超过 700℃ 后，则不具备还原性[10,11]。

蛭石的广泛应用源于它的特殊结构，其结构决定了它具有独特性质，主要

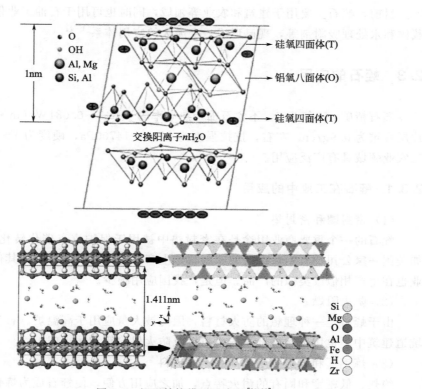

图 2-2　蛭石结构模型示意图[10,11]

包括[1,4] 以下几点。

① 膨胀性　是蛭石的特征性能，也是其他硅酸盐类化合物所没有的特性。根据原矿蛭石大小不同，膨胀性也不一样，最高可膨胀到 30 多倍。

② 阳离子交换性　层间由弱的氢键和范德华力构建，因此蛭石具有强大的阳离子交换能力。

③ 吸附性　蛭石经膨胀后，体积迅速增大，密度显著降低，孔隙率增加，使其具有强大的吸附性能；膨胀后对水具有吸收性，并具有保水和缓释作用，农业上广泛用作植物的培养基和化肥的缓释剂载体。

④ 隔热性和隔声性　蛭石膨胀后，空间充满空气，空气热导率低，具有隔热性；蛭石片层薄，具有震动消声作用。

⑤ 耐火性和耐冻性　膨胀蛭石外形虽然像木屑，但是由硅铝酸盐构成，具有耐高温和耐冷冻特性，广泛用作耐火砖、防火板等建筑材料的原料。

⑥ 化学性质稳定　固体为中性，耐酸碱，具有缓释和保湿作用，广泛用于除甲醛吸附剂材料的制备。

目前，蛭石主要用于建筑和农业等领域，同时也可用于石油工业催化剂的载体和水处理吸附剂等，现已形成一个庞大的应用体系[1~4]。

2.3 蛭石的应用

蛭石精矿 pH 值为 7，不含石棉，热导率为 0.047～0.081W/(m·K) 时，片层容重为 0.9g/cm³ 左右，抗拉强度为 9800～14700Pa，硬度为 1～1.8，在工农业领域具有广泛应用。

2.3.1 蛭石在工业中的应用

（1）密封圈和密封垫

蛭石的一个重要商业用途是在密封垫中被用于保护汽车催化转化器配件，如美国一家公司蛭石用量很大的原因就是生产这种配件，还有一些其他知名企业也在生产相似或类似的产品。但是，我国应用很少。

（2）防火阻燃

由于蛭石是一种理想的防火材料，因此被大量应用于高温炉、石油化工和坑道建筑中，也用于熔炼金属的模衬以及防火保险箱和防火门。

（3）炼钢厂和铸造业中的高温绝缘材料

绝热、低密度和固有的耐火特点，加之应用方便，使蛭石成为炼钢厂和铸造业中非常适合的材料，用于覆盖或包裹熔化的钢（或金属），保持钢锭及钢水的热量，减少热量的损失。

（4）包装材料

膨胀蛭石是一种很好用的包装材料。蛭石不仅质量轻、环保、易包裹不规则形状物体，而且是很好的隔板，减缓由不良搬运引起的震动，多用于包裹有害化学品，防止液体溢流或溢出而造成突发事件。膨胀蛭石还用作水果、磷茎块植物的存储包装物。由于其柔软、抗磨损，并且隔热保温，也作为充垫物，大量用于游泳池的基部。

（5）动物饲料

蛭石柔软无菌、流动性好、吸收力强，可被用作动物饲料中所含营养素（如浓缩脂肪、维生素制剂和蜜糖等）的添加剂和载体。蛭石的应用可以帮助胃液吸收，而且容易与其他饲料混合使用。

（6）深加工蛭石

蛭石可根据所需粒度在膨胀前或膨胀后进行碾磨或磨压，这种磨制材料可用于生产吸声涂料（防止涂料凝固）、高性能密封垫和密封圈，以及提高有机泡沫和其他聚合材料的防火性能。膨胀蛭石还可以根据用途要求进行着色。

（7）摩擦片

蛭石目前广泛用于摩擦片制造业，如刹车和离合器片。

（8）耐火产品

当蛭石被用作高温绝缘材料或耐火材料时，通常与矾土水泥、耐火黏土和硅酸盐相混合生产出一系列蛭石产品，根据产品类型和应用能够承受大约1100℃的高温。蛭石耐火材料包括与耐火黏土烧制的耐火砖、用作耐火材料替代品的高铝混凝土、高铝混合砖、平板和特殊的型材、混合硅酸盐绝缘材料和浇筑产品、蛭石耐火压缩块。蛭石耐火材料已广泛应用到石棉和人工合成纤维绝缘材料方面。

2.3.2　蛭石在农业中的应用

（1）改良土壤

众所周知，所有的土壤条件都能利用蛭石来有效改良（如使黏土变松软）。蛭石被大量用作植物生长的媒介。

（2）肥料载体

一般使用4号蛭石或小规格蛭石作为肥料载体或添加剂。此外，蛭石也常作为除草剂和杀虫剂的载体或添加剂，使产品具有很好的流动性。

（3）园艺

膨胀蛭石是植物萌芽很好的媒质，尤其用于沙地和泥炭沼以及不肥沃的土地，而且还有控制温度和湿度的能力，最常用于混合肥的生产。混合肥中蛭石颗粒的存在有助于空气流通，保持水分，提高肥料的缓释作用。还可作为盆栽混合物，广泛应用于无土栽培。

（4）水载法

膨胀蛭石是水载法中生长系统的主要元素，水载法的基本原理很简单：水溶液可以为生长的植物集中提供养分。因此，植物不用再消耗能量用于根系矿化土壤，只需把能量用于叶子和果实的生长。植物可以在含极少可溶解的化学品的水中生长，蛭石中含有四种重要养分中的三种元素：钙、镁和钾。

2.3.3　蛭石在建筑业中的应用

（1）沥青涂层蛭石板

蛭石涂上沥青后，可以制作屋顶板，这种板具有传热系数低（隔热）、防潮、容易存放的特点。

（2）建筑喷涂

蛭石涂层一般是轻的基料，用途很广，但最重要的是作为高层建筑的保护材料。蛭石可以防止火灾时给钢造成的建筑性损害，建筑用钢在550℃时开始变弯，在重大火灾时，这一温度可以使建筑物倒塌。带有蛭石的水泥涂层可以延长钢的受热时间，使居住者转移，而且还有可能防止钢的损坏，减少替代或拆毁的费用。

（3）轻质混凝土

轻质混凝土质量轻，有良好的绝缘特性，属于天然防火材料。蛭石混凝土可用于屋顶和地板以及预制混凝土产品的制造，也可以用于锅炉壁和其他防火壁的材料。

（4）填充绝缘材料

蛭石填料用于楼阁托梁间，起到房屋隔热保温的作用。膨胀蛭石流动性好的特点使得安装非常简单。由于质量轻而用来减轻建筑材料的密度，提高建筑物门窗、屋顶、天花板的隔声效果。

（5）蛭石灰泥

蛭石灰泥可以用蛭石与石膏或水泥混合制成，比起一般灰泥，蛭石灰泥的优势在于：提高覆盖的效果、质量轻、耐火性好、导热性降低、黏附力增强、抗裂皱性能提高。无论是蛭石石膏还是蛭石水泥，既可以人工操作也可以机器喷涂。作为一种抗摩擦材料，蛭石非常适合于喷洒，而这种喷洒应用可以达到很吸引人的装饰效果。

（6）防火板

蛭石可以用来制造板材。未加工、含量高的蛭石精矿也可以加入塑料板中用以提高防火性能，这种应用目前也较为广泛。

2.4　蛭石的研究现状

1986年，美国用作灰浆和水泥预混合料及轻质混凝土骨料的膨胀蛭石占52％；英国用作混凝土、涂墙泥、水泥混凝剂的膨胀蛭石占40％。这些应用在美国和英国已经有两三百年的历史。建筑：轻质材料、轻质混凝土骨料（轻质墙粉料、轻质砂浆）、耐热材料、壁面材料、防火板、防火砂浆、耐火砖、隔热吸声材料、地下管道与温室管道保温材料、室内和隧道内装、公共场所的墙壁和天花板。冶金：钢架包覆材、制铁、铸造除渣、高层建筑钢架的包覆材料、蛭石散料。农林、园艺：高尔夫球场草坪、种子保存剂、土壤调节剂、湿润剂、植物生长调节剂、饲料添加剂、海洋捕鱼业钓饵。其他方面：吸附剂、助滤剂、化学制品和化肥的活性载体、污水处理、海水油污吸附、香烟过滤嘴、照相软木板用的防火卡片纸等。

国内外蛭石的主要应用领域均为建材方面，大约占蛭石消耗量的一半。我国蛭石在世界上具有一定地位，目前按产量计居世界第三位，蛭石矿山和加工厂有 50 多个。我国蛭石年产量已达到 10 万吨，占世界总产量的 12.5%，国内消费 6 万吨，出口 4 万吨。

当前，我国蛭石大部分是被制成膨胀蛭石后，用于建筑隔热材料和防火材料等，价值很低，蛭石资源有效利用产业链一直没有建立起来。在掠夺性开采之后，有 90% 以上的原料产品以低廉的价格出口到国外，按照现在的储量和开发速度，预计在 30 年后将被开采完。鉴于国际技术贸易壁垒和知识产权保护，先进蛭石加工技术难以从国外直接引进，必须加大蛭石产业自主知识产权技术的投入和开发，加快产业创新。

现在在我国对蛭石的应用多局限于建材领域，主要用于轻质保温材料，其他行业应用较少，特别是在环保行业，同时，对其在环保行业的应用研究也大多停留于实验室阶段。我国蛭石开发利用与国外相比存在如下问题。

（1）应用范围窄

我国蛭石的应用绝大部分局限在建材行业，在农业、机电、化工和环保领域有少量应用。国外除以上几个工业部门外，还应用于机械、电子、冶金工业，其应用领域明显更广。

（2）产品品种少

针对某一应用领域，我国蛭石专利产品的品种明显比国外少。以农业应用为例，我国仅有花卉无土栽培培养基、复合肥及果蔬保鲜剂三种类型专利产品，而国外蛭石专利产品包括密封垫圈、土壤改良、多种菌料培养载体、杀虫剂载体、饲料添加剂等，更充分地利用了蛭石的吸附、阳离子交换等性能。

（3）加工处理方法简单

我国蛭石一般为直接利用原矿和经煅烧膨胀后利用，加工方法简单。国外往往针对不同的应用采用不同的加工方法，生产出特定粒级、密度或膨胀倍数的蛭石满足不同产品的需求，其加工技术方法比较先进、新颖、多样，拓宽了新产品的开发。

（4）细粒蛭石的利用率低

我国中粗粒蛭石的应用已有了良好基础，但细粒蛭石利用率低，造成资源浪费。

目前有较多的新型建筑防火隔热材料，如聚丙烯、聚氨酯、聚苯乙烯、聚异氰脲酸酯、纤维材料、矿物棉、玻璃纤维、二氧化硅、硅酸铝、硅橡胶等，随着科技的发展，新型材料在性能上并不差于蛭石，它们不断分割着蛭石在建材领域的市场，在诸多领域也已经替代了蛭石。尽管没有被完全替代，但是蛭石的应用优势已经不复存在，市场发展空间在不断被压缩，市场竞争也越来越激烈。

现阶段，国内蛭石企业已经开始寻求国外市场的开拓，企图通过打开国际市场来提升企业的业绩，改变当前的发展颓势。除此之外，关于蛭石在其他应用领域的研究也在不断深入。

解决以上问题的关键在科研，目前蛭石企业多以粗加工产品为主，售价低，效益欠佳，无力投资蛭石新产品、新用途的研究，致使蛭石还未达到广泛应用的程度。今后应从深加工角度制备纳米蛭石，研究纳米效应，加快蛭石高附加值产品开发，制备新型蛭石复合功能材料，主要包括以下几方面。首先，应该从蛭石最基本的原子和分子结构入手，进行蛭石的剥离性能研究，实现纳米级别蛭石片的研究和批量制备。其次，充分利用膨胀蛭石的层状多级结构的优势，在层间插入其他功能元素，构建多级结构复合功能材料，深入研究蛭石表面原位生长机理。另外，通过构建功能化材料，克服蛭石只能吸附阳离子、不能吸附阴离子的缺陷，实现阴阳离子同时吸附的功能材料。最后，无机有机复合材料具有多种功能的优势，今后蛭石无机有机复合材料的构建也将逐渐成为该领域的研究热点。

参考文献

[1] 黄歆. 改性蛭石在乙炔氢氯化催化反应及层状材料制备中的应用 [D]. 石河子: 石河子大学, 2016.

[2] https://www.mining120.com/tech/show-htm-itemid-114.

[3] Malamis S, Katsou E. A review on zinc and nickel adsorption on natural and modified zeolite, bentonite and vermiculite: examination of process parameters, kinetics and isotherms [J]. Journal of Hazardous Materials, 2013, 252: 428-461.

[4] 方小林. 膨胀蛭石复合阻燃保温材料的制备与性能研究 [D]. 天津: 天津工业大学, 2016.

[5] Fleischer M, Mandarino J A. Glossary of mineral species [M]. Tuscon: The Mineralogical Record Inc, 1991.

[6] Potter M J. Vermiculite [R] //US Geological Survey Minerals Yearbook, 2002.

[7] Weaver C E. Clays, muds and shales [M]. Atlanta: Elsevier, 1989.

[8] Deer W A, Howie R A, Zussman J. An Introduction to the rock-forming minerals [M]. Hong Kong: Wesley Longman, 1992: 520-529.

[9] Guo X Y, Inoue K. Elution of copper from vermiculite with environmentally benign reagents

［J］. Hydrometallurgy, 2003, 70（1-3）: 9-21.

［10］ Simha Martynkova G, Valaskova M, Supova M. Organo-vermiculite structure ordering after PVAc introduction［J］. Physica Status Solidi A-Applications and Materials Science, 2007, 204（6）: 1870-1875.

［11］ Valaskova M, Tokarsky J, Hundakova M, et al. Role of vermiculite and zirconium-vermiculite on the formation of zircon-cordierite nanocomposites［J］. Applied Clay Science, 2013, 75-76: 100-108.

第3章
蛭石的膨胀与剥离

膨胀蛭石制备一直以来是蛭石工业应用的基础，在商业应用中大约占90％。蛭石膨胀方法主要有热膨胀法和微波膨胀法[1~4]。蛭石本身具有膨胀性，在加热过程中，由于层间水的存在，会导致结构改变而发生明显的膨胀，当蛭石在短时间内在高温（600～1000℃）下强烈加热时，位于层间的水很快转化为蒸汽，使蛭石膨胀，形成具有多层结构的热剥离材料，这种剥离的特性被解释为由于加热引起的层间水分子的爆炸性释放，并导致蛭石颗粒膨胀到其原始尺寸的二三十倍（垂直于基底面），有时候把这种现象也叫作蛭石的剥离。由于其特殊的层状结构，蛭石多级结构材料被广泛应用于工业生产。本章对蛭石的膨胀和剥离进行介绍。

3.1　蛭石热膨胀

Marcos 等[2] 以不同地区的商品蛭石为样本，研究蛭石在1000℃下突然加热1min后膨胀的原因。为了确认影响蛭石膨胀行为的具体阳离子的类型，他们用微探针和 Mössbauer 谱对其化学成分进行了具体分析。研究发现，在商用蛭石中的四面体和八面体中，其 Fe^{3+} 和 Fe^{2+} 含量是不同的。根据层间阳离子组成，商用蛭石被分为两种类型[5]，其中 2 型蛭石 Fe^{2+} 含量较高，K^+ 作为主要层间阳离子可以提高膨胀率，Fe^{2+} 可以促进 K^+ 的固定[6]，故在1000℃突然加热1min后 2 型蛭石膨胀比 1 型蛭石大。经检测发现，Santa Olalla、Benahavis、Piaui、Goias 地区的蛭石属于 1 型；中国东西部和帕拉博拉地区的蛭石属于 2 型。我国的 2 型蛭石种类多，非常有利于我国蛭石矿产的开发和利用。

Yang 等[7] 采用蒙特卡罗（Monte Carlo）分子动力学模拟方法对层间水含量、膨胀性能关系和溶胀行为进行了研究，发现蛭石在水中的溶胀特性是一种不寻常的现象，对温度极为敏感，他们研究了蛭石在室温（300K）下基底间距的变化规律，如图 3-1 所示，在 300K 下进行模拟时得到的三层含水蛭石构型作为初始构型，将该黏土从脱水状态到三层水化状态的基底间距值收集在一起。研究表明，如图 3-2（a）所示，随着水化程度的增加，蛭石吸附的水分子越多，基底间距越大；如图 3-2（b）所示，从一层、二层和三层含水蛭石的基底间距随温度的变化记录可知，随着温度的变化，三层蛭石的基底间距比一层和二层蛭石的基底间距变化更大。由于没有关于蛭石膨胀的实验数据，将模拟结果与 Fu 等[8] 提出的钠蒙脱石的实验以及使用相同 TIP4P 水模型的钠蒙

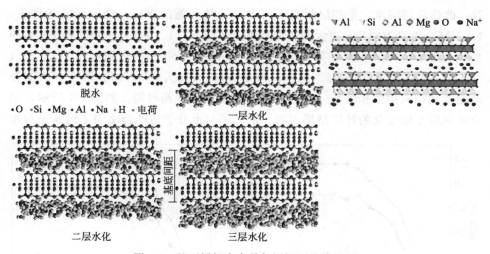

图 3-1 蛭石层间含水量与层间距的关系图

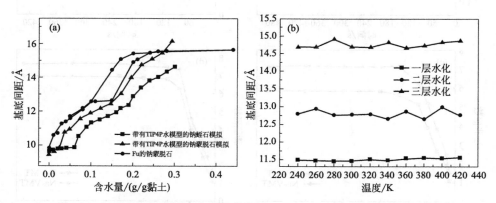

图 3-2 蛭石基底间距随含水量的变化图（a）以及一层、二层和三层含水
蛭石基底间距随温度的变化图（b）

（1Å=0.1nm，下同）

脱石的模拟结果进行了比较[9]。结果表明，蛭石膨胀和蒙脱石的溶胀行为有很大的不同，特别是在低水化状态下，当含水率为0～6％时，蛭石的基底间距变化不大，此后，黏土矿物开始膨胀，在相同的水化状态下，膨胀率总是小于蒙脱石，由此发现蛭石的溶胀比蒙脱石的溶胀困难，这可能是由于其结构不同所致。

Feng 等[10] 利用 Na^+ 改性蛭石研究在 400～700℃ 内不同加热时间对蛭石膨胀倍数的影响。研究结果表明，Na-VMT 热膨胀性的实质是结合水含量和水合离子结合能的变化，Na^+ 与蛭石层间 Ca^{2+} 进行阳离子交换进入蛭石层间，Na-VMT 经水化反应提高层间水含量，达到较高的膨胀率。如图 3-3 所示，因 Na^+ 改性后层间水含量和层间离子与水分子结合能的变化，在相同的条件下，Na-VMT 比 R-VMT 有更大的膨胀倍数。在 400℃、500℃、600℃ 和 700℃ 的加热温度下，Na-VMT 在平衡阶段的膨胀倍数比 R-VMT 分别提高了 22.5％、26.5％、22.3％ 和 10.9％。此外，与 R-VMT 相比，Na-VMT 用更少的能量就能达到相同的膨胀倍数，Na-VMT 能明显缩短平衡时间。如图 3-4 所示，结合能和脱水焓变化的计算结果表明，钠离子与水分子的结合能弱于钙离子与水

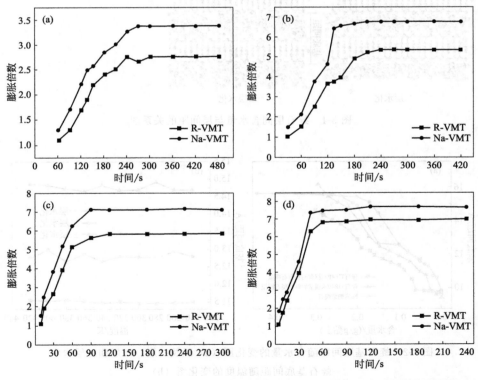

图 3-3 400℃（a）、500℃（b）、600℃（c）和 700℃（d）下加热时间对膨胀倍数的影响

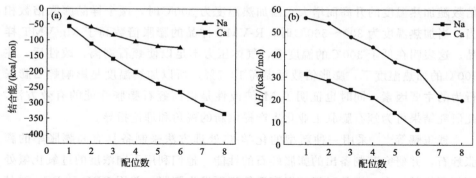

图 3-4 配位数对结合能（a）和脱水焓变化（b）的影响

分子的结合能，水合钠离子的脱水反应所需的能量比水合钙离子的小，模拟计算与实验一致，Na$^+$ 改性更有益于蛭石的膨胀。该研究为制备高性能膨胀蛭石提供了一种新方法。

　　Feng 等[11] 利用 Mg^{2+} 对原矿蛭石（R-VMT）进行改性来改善蛭石的膨胀性能，蛭石在加热过程中，由于层间水的存在，发生明显膨胀。为提高蛭石的膨胀倍数，他们提出了一种 Mg^{2+} 改性的新方法，通过能量色散 X 射线光谱、X 射线衍射光谱、傅里叶变换红外光谱、热重差示扫描量热仪和 SEM 对改性蛭石进行表征，并对其进行热膨胀实验，研究 R-VMT 和 Mg-VMT 样品在不同温度下的膨胀行为。结果表明，蛭石具有阳离子交换性能，Mg^{2+} 的引入会引起化学成分、分子结构和热性能的变化，Mg^{2+} 可以通过阳离子交换作用插入蛭石层间，同时通过水化作用与水分子结合，提高蛭石的含水量，因而在不同加热温度下 Mg^{2+} 的引入对蛭石膨胀倍数也有影响。如图 3-5 所示，膨胀

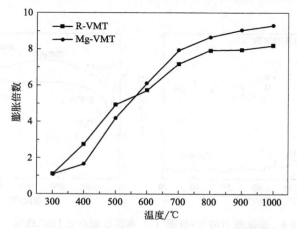

图 3-5 加热温度对 R-VMT 和 Mg-VMT 样品膨胀倍数的影响

倍数随加热温度的升高而增大，当加热温度为 300℃时，两个样品膨胀倍数相当，当加热温度为 300～560℃时，R-VMT 样品的膨胀倍数高于 Mg-VMT 样品。这表明在低于 300℃的温度下，气体压力不足以使蛭石剥离，改性后，在 900℃的加热温度下，膨胀倍数可提高 13.7%，所以加热温度是影响蛭石膨胀行为的主要因素，同时也证明了 Mg^{2+} 改性是提高蛭石膨胀性能的有效方法，此研究结果可为蛭石膨胀工业化生产提供新的视角和理论指导。

钱玉鹏等[12] 采用一种新型的化学-热处理方法来制备具有高膨胀率的膨胀蛭石，并研究其制备出的膨胀蛭石的性能。他们利用不同浓度的过氧化氢处理蛭石样品，在一定的时间和温度下使蛭石发生膨胀，并用 XRD 和 DSC 对其进行表征，结果表明，过氧化氢分子进入蛭石层间，经过高温加热分解产生氧气导致蛭石层间压力增大，进而使蛭石结构层发生解离膨胀，所以过氧化氢的浓度越高分解产生的氧气就越多，进而蛭石的膨胀性能就越好。同样，作用时间越久膨胀性能也就越好。随着固液比（蛭石/过氧化氢）增加，膨胀率也增加，到饱和之后趋于稳定。从 XRD 图 [图 3-6(a)] 看出经过过氧化氢处理后的膨胀蛭石和原矿蛭石的 XRD 图的主要的峰是一致的，表明经过处理后的蛭石结构没有被破坏，依旧保持原始的结构强度。如图 3-6（b）所示，对比原矿蛭石样品和经热处理过的蛭石的 DSC 曲线，发现两者吸热峰的位置基本一致，表明经过化学-热处理制备出的膨胀蛭石的高温热性能并没有受到影响；原矿蛭石在 1163.9℃的放热峰可能是蛭石转变形成新物相所致，而化学-热处理的膨胀蛭石在 1100℃以后没有吸热和放热峰，这说明随温度升高，经双氧水浸泡的蛭石层间阳离子析出，导致无法形成新的物相，化学-热处理法具有节能、环保高效等优点，对制备高质量膨胀蛭石具有极其重要的意义。

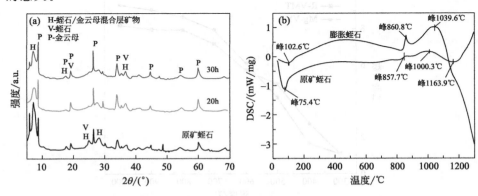

图 3-6　膨胀蛭石的 XRD 图 （a） 和膨胀蛭石的 DSC 曲线 （b）

　　蛭石的本质特征是膨胀性，大部分经热膨胀后的蛭石可直接应用，如何提高剥离度和获得高膨胀率的蛭石是蛭石工业应用的基石[13]。为研究蛭石的膨胀机理，田维亮等[14] 采用不同目数的蛭石进行膨胀实验，膨胀后量取体积并称质量，计算其膨胀率和堆积密度，研究蛭石颗粒粒度、时间和温度等对蛭石膨胀率、堆积密度的影响。如图 3-7 所示，由原矿蛭石获得膨胀蛭石，其膨胀倍数在 5～20 之间，颜色由亮绿色变为银白色。在相同加热时间和加热温度下，膨胀率随着蛭石颗粒粒度的减小而逐渐减小。在 90s 时间内蛭石层间水全部汽化逸出，蛭石膨胀率迅速增加，当超过 100s 时膨胀率几乎保持不变，且伴随时间增加，膨胀率逐渐增大，堆积密度减小。在低温下，水分汽化速率低，难以把蛭石撑开，当达到 700℃时，蛭石层间水迅速汽化，快速实现蛭石的剥离，膨胀率可达到 550％，且温度升高，膨胀率迅速增大，堆积密度相应减小。热重分析表明，蛭石在 400℃以下加热只是层间水的脱出，蛭石膨胀率很小；当加热到 700℃时，层间水和结构水同时脱出，足以把层板撑开，实现蛭石的膨胀；当温度继续升高时，层板结构开始分解，导致结构破坏，致使膨胀蛭石脆性大。

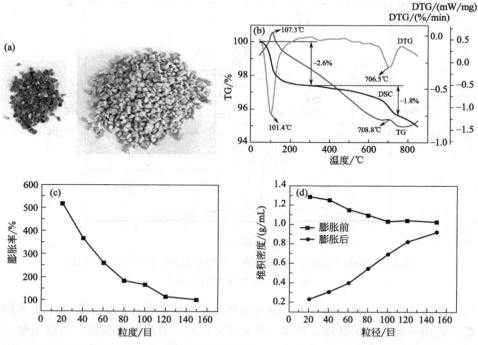

图 3-7　原矿蛭石（左）与膨胀蛭石（右）图（a）、蛭石 TG-DSC 热重分析图（b）、热剥离法粒径对膨胀率的影响（c）和热剥离法粒径对膨胀前后堆积密度的影响（d）

3.2 蛭石微波膨胀

Marcos 等[3] 研究了在 800W 微波加热下不同微波暴露时间（10～600s）对蛭石膨胀的影响。用传统方法加热蛭石使其膨胀，不易于启动，条件不易控制，穿透力不强，且效率低。为找到一种效率高、性能优良的加热方式，他们对微波辐射下蛭石样品结构上发生的变化进行了探究，称取已知体积的样品，将样品放入微波炉中进行膨胀实验，并用 X 射线衍射和 SEM 对这些变化进行表征。实验表明，微波辐射蛭石样品的结构发生了变化，蛭石的各层薄片发生分离，薄片的层间水分子迅速剥离发生膨胀，用这种方法降低了制备膨胀蛭石颗粒所需的时间和能量，而且微波加热一般不会像真空中那样导致蛭石完全脱水，从图 3-8 可以看出，Santa Olalla 蛭石的 XRD 图与原矿蛭石的图一致，但是膨胀样品的反射强度降低了，表明微波照射下蛭石的结晶度和结构发生了变化。XRD 图谱表明，微波加热蛭石颗粒膨胀比真空或在 1000℃下突然加热快，具有节省能源和时间的优点。

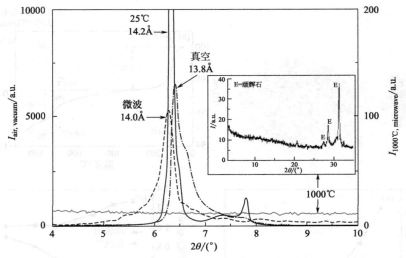

图 3-8 Santa Olalla 蛭石 XRD 图（真空压力＝1.4Pa，Santa Olalla 蛭石在 1000℃下加热 1min）

连云港地区的蛭石储量大，但是因其品质不高给实际应用中带来了很多困难，采用一般的方法处理，得到的产品膨胀性差，且膨胀率很低，所以迫切需要研究出一种新的技术来提高当地蛭石的膨胀性能。孙媛媛等[15] 研究了不同工艺参数对蛭石膨胀倍数的影响，他们以当地蛭石作为研究对象，利用水

（H₂O）和过氧化氢（H₂O₂）对其进行改性处理，然后经过微波加热，再采用
XRD 和 SEM 研究改性后的蛭石膨胀倍数的变化。由图 3-9 分析可知，微波加
热经 5％过氧化氢处理的蛭石，发生膨胀后，蛭石各个层之间分离的程度比较
大，如图 3-9（c）所示，每一层的壁变薄，并且出现了大的气孔，同样微波条
件下处理经水改性的蛭石发现撑开层数不多，并且每一层之间的壁很厚，如
图 3-9（b）所示，有很多薄片几乎没有被撑开，膨胀效果很差。如图 3-10 所示，

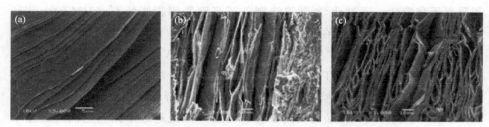

图 3-9　连云港蛭石的表面形貌（a）、水改性蛭石膨胀后的表面形貌（b）
与 5％H₂O₂ 改性蛭石膨胀后的表面形貌（c）

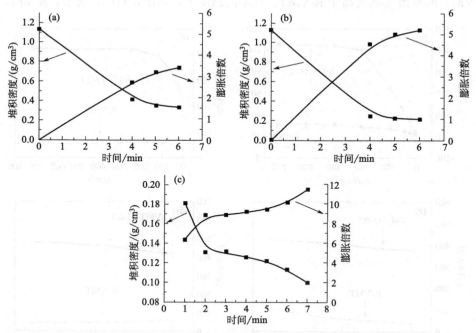

图 3-10　微波加热时间对蛭石原料膨胀倍数和堆积密度的影响（a）、微波加热时间
对水改性蛭石膨胀倍数和堆积密度的影响（b）与微波加热时间对 5％H₂O₂
改性蛭石膨胀倍数和堆积密度的影响（c）

经微波加热处理后，5‰H_2O_2改性的蛭石膨胀倍数最高达11.7，水分子改性的膨胀蛭石的膨胀性较差，膨胀倍数为5.3，没有经过任何处理的原矿蛭石在微波作用下膨胀倍数最差，仅有3.5。由此可知，经过氧化氢处理后的蛭石，再经微波加热使其膨胀，得到的膨胀蛭石的膨胀倍数最高，效果最佳。

膨胀蛭石是一种轻质材料，具有疏松多孔、比表面积大等特性，为开发一种成本低且膨胀性能较好的膨胀蛭石吸附剂，解颜岩等[16]利用蛭石的膨胀性和阳离子交换性，通过化学-微波法制备了高膨胀率膨胀蛭石（VMT），并利用对比法研究VMT样品在不同条件下的吸附机理。首先用过氧化氢溶液和二水草酸处理原矿蛭石（R-VMT），微波加热制备出VMT，用控制变量法对比分析样品R-VMT和VMT在不同亚甲基蓝（MB）浓度、时间、溶液pH和温度条件下的吸附效果。实验表明，如图3-11(a)所示，随着MB溶液浓度增加，R-VMT和VMT样品的吸附量都在增加，但是趋势不同，它们的去除率都在下降，VMT的去除效果更好。如图3-11(b)和（c）所示，随着吸附MB的时间和溶液pH的增加，R-VMT和VMT的吸附速率逐渐达到稳定，但VMT的吸附量远远高于R-VMT。在不同温度下，如图3-11(d)所示，R-VMT

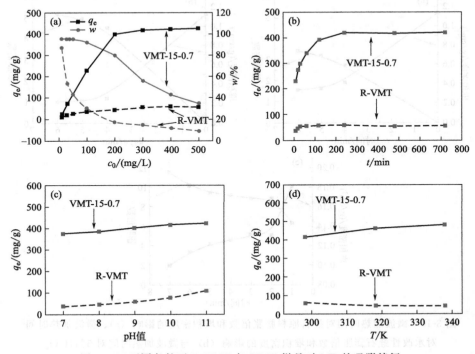

图3-11 不同条件下R-VMT与VMT样品对MB的吸附特征

和 VMT 的吸附趋势相反，由此表明化学-微波法处理得到的膨胀蛭石是一种高效、低成本的良好的吸附剂。

王丽娟[17] 研究了微波法制备膨胀蛭石的效果并分析了其膨胀机理。结果表明：蛭石在微波条件下有较好的膨胀效果，微波频率和蛭石粒径对蛭石微波膨胀有重要的影响，是影响蛭石微波膨胀效果的关键因素。如图 3-12 所示，粒径大的蛭石膨胀效果优于粒径小的蛭石，且蛭石膨胀倍数随着微波功率的增加和加热时间的延长而增大，当加热时间为 50s 时达到最大值。在不同微波功率下加热 60s 时，原矿蛭石和盐改性蛭石的膨胀倍数均随着微波功率的增加而增大，但盐改性蛭石的膨胀倍数均低于原矿蛭石，说明盐改性不利于微波膨胀。蛭石层间离子对层间水束缚力的差异是改性蛭石膨胀倍数不同的主要因素。在低功率（200W）以下时，Na^+ 对层间水的束缚力较弱，Na 型蛭石和原矿蛭石的膨胀率变化趋势很接近，均随着功率的增加而急剧增大。而 Mg 型和 Ca 型蛭石的层间离子分别结合有两层水分子且对水的束缚力很强，在高功率下才能有大的膨胀性，当功率大于 400W 以后，这两种盐改性的蛭石的膨胀倍数增加幅度变大。

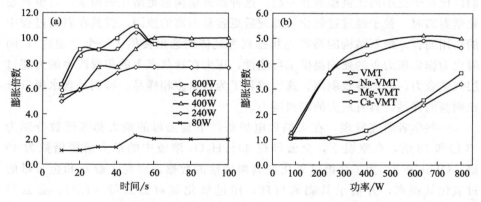

图 3-12　1～2mm 粒径蛭石的膨胀倍数变化图 （a） 与盐改性蛭石的微波膨胀倍数变化图 （b）

微波法是近年来应用的新方法，利用微波直接加热使蛭石层间水汽化实现膨胀，具有温度低、能耗小、效率高、膨胀速率快等优势，其应用潜力也逐渐凸显。田维亮等[14] 利用微波法对蛭石膨胀性能的影响进行了研究，结果表明，粒度是影响蛭石膨胀性能的主要因素。在相同的加热时间和加热温度下，粒度从 20 目变化至 100 目时，膨胀率减小极快，在 20 目时膨胀速率和膨胀率最大，膨胀率可达到 533.3%。但是当粒度从 100 目变化至 150 目时，膨胀率减小缓慢，膨胀倍数大约只有 1 倍。主要原因是当颗粒减小时，蛭石的含水量减少。膨胀前随着颗粒粒度减小，堆积密度从 1.29g/mL 降到 1.02g/mL，膨胀后堆积密度从 0.24g/mL 增加到 1.06g/mL，这是由于蛭石粒度减小，膨胀率减小。当微波功率为 700W 时，反应时间为 110s，颗粒粒度为 20 目，微波功率越高，蛭石的膨胀效果越好。

3.3 蛭石化学剥离

目前国内外学者对蛭石已有许多研究，但对蛭石的剥离机理还没有一个完全令人满意的解释。Hillier 等[18] 研究了六个"蛭石"样品，探讨其剥离机理，他们将一系列样品的精确矿物学和化学特性与样品通过热方法和化学方法剥离的能力相结合，试图阐明蛭石的剥离机理。研究发现，热剥离的机理为蛭石、水黑云母和云母在大多数商业"蛭石"样品粒内的镶嵌共生。由蛭石和绿泥石组成的镶嵌结构也可以解释不含钾的纯蛭石的剥离，这种镶嵌结构只不过是将蛭石层间的水合可交换阳离子转变为绿泥石层间的水镁石状氢氧化物。在这两种情况下，固定的 K^+ 或固定的层间氢氧化物是气体逸出的屏障，因为它们以比粒子更小的比例镶嵌在一起。这种镶嵌结构也是潜在的因素，这也就是化学剥离时，粒子经过过氧化氢处理后更容易剥离的原因。就其在剥离过程中的作用而言，蛭石结构的马赛克状排列为气体的逸出提供了一个"迷宫"，同时也为作为压力点的死端提供了可能性，压力在这些点上的积聚产生的力超过层间结合力，必然导致剥离。这也解释了为什么多相样品，特别是含水黑云母比例高的样品，具有最大的剥离能力。

一些学者研究发现，在火焰和电炉条件下金云母的最大膨胀倍数分别为 13 倍和 18 倍，在室温下，金云母在 30% H_2O_2 溶液中的最大溶胀倍数为 49 倍。Obut 等[19] 为了获得过氧化氢剥离特性的数据，研究了蛭石和金云母的过氧化氢剥离，并揭示其剥离机理，用过氧化氢对金云母（KP）、金云母（PP）和蛭石（VMT）进行了实验。研究发现，如图 3-13 所示，在一定的浓度和时间条件下，经水和过氧化氢处理时间越长，剥离效果越好，其中 KP 的整体剥离性能最好；当过氧化氢浓度超过 30% 时，整体剥离效果都增加。在 H_2O_2 浓度为 1%～50% 的条件下，KP 样品中溶解或交换的 Na、Fe、Mg、Ca 和 K 阳离子，在 10h 的反应时间内的溶解率较高，随着过氧化氢浓度的增加，溶液的 pH 越来越高，离子相互作用破坏了层与层间阳离子之间的静电平衡，导致层间阳离子的溶解和层间的分离；但在 50% H_2O_2 浓度下，VMT 比 KP、PP 获得的最大剥离值大可能与其较高的结晶水含量有关。因而 VMT 样品出现的突变，也可归因于低浓度的过氧化氢分子难以渗透到层间，因为这些样品

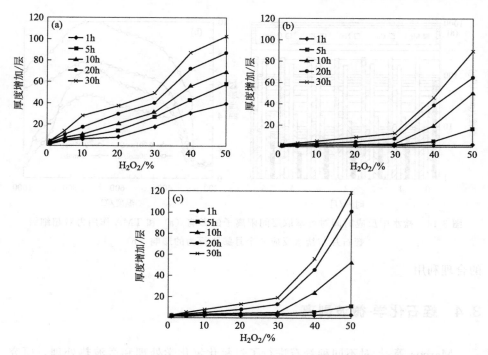

图 3-13 KP（a）、PP（b）、VMT（c）的剥离随 H_2O_2 浓度和时间的变化

中的间隙较低或没有间隙，且它们的 Ca^{2+} 和 Na^+ 含量较低，离子交换作用强度低。

Muiambo 等[20] 研究了 Palabora "蛭石" 的热活化剥离过程，纯蛭石的热膨胀开始于 420℃ 以上，在约 700℃ 时达到超过 8 倍的膨胀水平；与纯蛭石相比，云母层间材料具有更高的膨胀率，热剥离也开始于较低的温度。Palabora "蛭石" 不是纯蛭石，而是混合层蛭石黑云母，所以它的剥离温度也应该会低于纯蛭石。为了确定其剥离的具体温度，将宏观薄片浸入饱和盐水中数月，然后采用 SEM、X 射线荧光光谱（XRF）、电感耦合等离子体质谱（ICP-MS）、XRD 和热机械分析（TMA）研究钠离子交换对 Palabora "蛭石" 性能的影响。从图 3-14（a）可以看出，钠含量在第一个月后达到了一个稳定值，但 X 射线衍射图在继续变化，只有在暴露 6 个月后才达到最终形式，由 XRD 图分析发现，至少存在两种不同的层间相，且其中含有不同数量的蛭石。从图 3-14（b）可以看出，纯蛭石的热膨胀开始于 420℃ 以上，在约 700℃ 时达到超过 8 倍的膨胀水平，超过此温度，会出现轻微收缩。实验结果表明，将 Palabora "蛭石" 暴露于饱和氯化钠溶液中，蛭石的剥离可以在中等温度下实现，打破了人们对于蛭石在超高温下剥离的认知，也更加有利于 Palabora "蛭石" 矿产

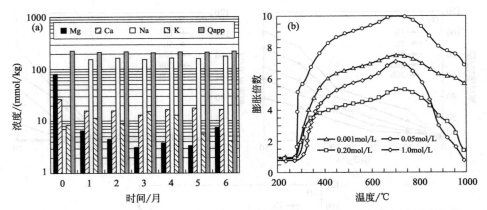

图 3-14　盐水中反应时间对可萃取层间阳离子的影响（a）和 TMA 作用力对超细级
蛭石片与盐水反应 6 个月膨胀行为的影响（b）

的合理利用。

3.4　蛭石化学-微波剥离

　　Marcos 等[1] 对不同种蛭石进行了过氧化氢化学处理和微波热处理，研究实验条件对蛭石剥离的影响。一些学者在研究中发现经 H_2O_2 溶液处理的某些蛭石的 XRD 图谱没有变化，为了获得更多关于过氧化氢处理的蛭石剥离的数据，弄清楚蛭石剥离过程是否发生了结构上的变化，他们分别进行了实验。如图 3-15(a) 和（b）所示，在用过氧化氢处理蛭石样品（Santa Olalla、Libby 和 Gois）时，像 Santa Olalla 这样纯净的样品的变化很小（轻微的结构紊乱），剥离程度较低；如图 3-15(c) 所示，Libby 样品剥离程度较高，并且随着过氧

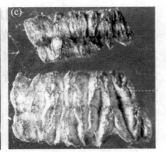

图 3-15　用 30%（a）和 50%（b）的过氧化氢溶液处理 20h 后的 Santa Olalla 薄片
与微波辐照 20s 后出现剥离的 Libby 薄片（c）

化氢浓度的增加，样品的剥离速度加快，这可能是由于蛭石的阳离子交换性使得溶解或交换的钠、钾、镁和铁离子的溶解量增加。如图 3-16 所示，来自 Gois 的样本在微波照射下没有剥离，与未处理样品相比，处理样品的 X 射线衍射图也没有发生重大变化，用过氧化氢处理后再用微波照射几秒后就剥离了。由此表明，经过氧化氢处理后的蛭石片会发生结构上的变化，从而在一定条件下达到剥离的目的，像 Gois 这样成分相似的蛭石，未来都可以采取类似的手段来处理，为以后对蛭石剥离的研究提供了新的思路。

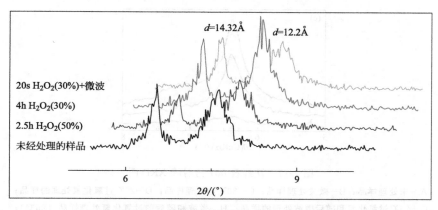

图 3-16　Gois 样品粉末的 XRD 图

Weiss 等[21] 通过过氧化氢和微波处理，将细粒镁蛭石剥离并降解为纳米颗粒，并对其工艺条件进行了监测。纳米层状硅酸盐颗粒的尺寸是制备纳米复合材料的重要参数，当细小的层状硅酸盐颗粒均匀地分散在聚合物基体中时，可以获得最佳的性能。为此，他们采用热过氧化氢法研究了新的、更有效的层状硅酸盐分层/剥离方法来制备蛭石纳米颗粒，经热处理、微波处理或过氧化氢处理后，如图 3-17(a) 所示，镁蛭石的 001 衍射峰强度显著降低；当过氧化氢处理与热处理或微波处理相结合时，如图 3-17(b) 所示，观察到 001 峰值强度降低得更显著；如图 3-17(c) 所示，当样品在 80℃下用过氧化氢处理 5h，然后在微波炉中加热 40min，001 衍射峰曲线变得非常分散，其峰值强度下降到小于 1%（与未处理样品相比），X 射线衍射图中 001 衍射峰的消失是由于粉末颗粒剥离（<5μm）成纳米级薄片并用 c 轴随机化将其破坏成纳米域，随着处理时间的延长和过氧化氢浓度的升高，001 峰强度的降低更为明显。最终经过 80℃热处理以及随后微波处理的样品剥离更加彻底，该条件为细粒镁蛭石剥离并降解为纳米颗粒的最佳工艺条件。

蛭石和金云母可通过化学和热处理方法剥离，以获得具有化学惰性、吸附

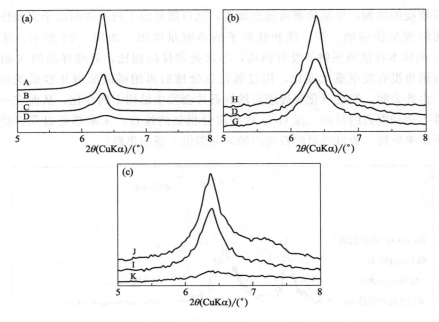

图 3-17　镁蛭石 001 衍射峰 XRD 图

A—未处理样品；B—微波处理样品；C—80℃热处理样品；D—25℃过氧化氢处理的样品；
G—25℃过氧化氢和随后微波处理的样品；H—微波和随后的过氧化氢处理样品（25℃）；
I—过氧化氢处理的样品在 80℃下干燥 30min；J—80℃过氧化氢处理的样品；K—80℃过氧
化氢以及随后微波处理的样品

性以及耐火、低密度的材料，具有优异的隔热和隔声性能。黏土的含水量通常决定了剥离的程度，夹层的存在被认为会增加剥离的速率，蛭石的层状结构导致其夹层存在水分子，水分子具有极高的极性，且结构高度不对称，考虑到微波与水的强相互作用，Obut 等[22] 分别研究了微波功率对水和过氧化氢溶液处理后的蛭石及金云母的剥离特性的影响。他们通过 XRD、电子探针、热分析（TG 和 DTA）等方式对蛭石在不同温度下的热行为进行了研究。结果表明，微波处理可以快速将薄片间的水分子分离，促使样品层间分离，蛭石样品的剥离率分别是金云母样品的 2.8 倍和 5.6 倍，这与它们的含水量相符。如图 3-18 所示，在处理和未处理样品的 XRD 图中没有观察到重大变化，即微波处理不会引起样品的结构变化，且 VMT 样品的第一个峰值出现在 12.63Å 处，意味着样品的层间仍然含有水分子，暴露在微波中不能将所有水分子完全去除。通过 DTA/TG 数据可知剥离量与烧失量之比是所有样品的常数，这表明蛭石和金云母的微波剥离主要与层间水有关。

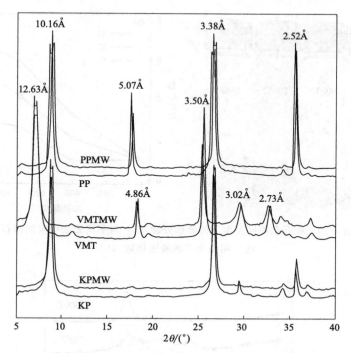

图 3-18　粗样品和微波处理（MW）样品的 XRD 图

3.5　蛭石膨胀及剥离性能的应用

Cuong 等[23] 研究了热膨胀蛭石作为通用吸附剂在危险化学品泄漏方面的应用。在恶劣条件下（包括高温、强酸性和碱性条件），需要一种通用吸附剂来减少大规模的危险化学品泄漏，且不会造成环境风险或导致二次污染。为了实现这一目标，吸附剂必须具备价廉、热稳定性好、化学惰性高、孔隙率高和机械耐用性能好等优势。研究发现膨胀蛭石具有质量轻、热导率低、化学惰性好等优良性能，由于其毛细孔隙结构和活性硅酸盐表面，所以具有高熔点和良好的吸附能力。为评估其作为危险化学品泄漏通用吸附剂的潜力，对帕拉博拉蛭石进行了表征。研究表明，如图 3-19 所示，尺寸更大的蛭石在更高温度下会有更大的膨胀现象发生；从图 3-20 的 XRD 图可以看出，蛭石膨胀是由快速加热过程中镶嵌状共生蛭石中的层间水释放形成的蒸汽压力积聚所致，可以通过控制膨胀蛭石的尺寸和大孔结构，优化膨胀蛭石的吸附性能和去除效率。如图 3-21 所示，使用 1000℃下膨胀的样品 S1 测定了 12 种危险液体化学品的吸

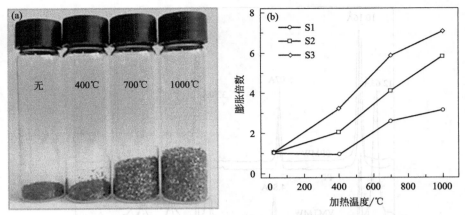

图 3-19　蛭石在不同温度下的膨胀处理（a）与不同膨胀程度的蛭石
在不同温度下的膨胀倍数（b）

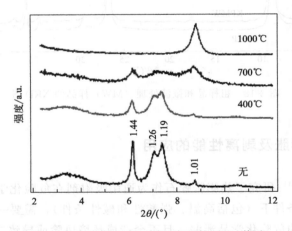

图 3-20　蛭石粉末在不同温度下的 XRD 谱图

附容量和去除率，可以看出膨胀蛭石的吸附性很强，且它们对危险化学品的去除率也很高，均达到 94％以上。由此可以看出，膨胀蛭石是一种适用于各种危险液体（亲水性/疏水性有机化学品和强酸性/碱性水溶液）的通用吸附剂，该吸附剂吸附速率快，去除率高。

　　近几十年来，镍基化合物是乙炔羰基合成 AA 的均相催化剂的首选，这些均相催化剂虽然具有较高的活性和选择性，但由于在溶剂介质中溶解，不可避免地会遇到催化剂回收和产物分离等问题，所以从环境和经济两方面寻找合适的载体对于制备多相催化剂具有重要的意义。Hu 等[24] 采用膨胀的二维层状蛭石作为乙炔羰基合成丙烯酸的催化剂载体，通过 H_2O_2 制备膨胀二维层

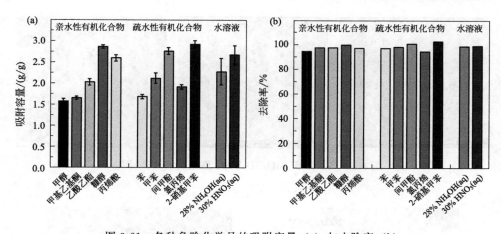

图 3-21　各种危险化学品的吸附容量（a）与去除率（b）

状蛭石（2D-VMT），其合成示意图如图 3-22 所示。VMT 是一种天然层状黏土矿物，它携带一个负电荷，该电荷由层与层之间的阳离子平衡，能够有效地促进反应，所以更适合作为载镍催化剂。如图 3-23 和图 3-24 所示，NiO 纳米颗粒有效地负载在 VMT 二维层状结构的表面上，由 XRD 图（图 3-25）可以看出，在相同的镍负载量下，膨胀 NiO/2D-VMT 催化剂在这些峰位上的衍射比其他催化剂更强。他们还在固定反应条件下考察了此催化剂的反应性能，如图 3-26 所示，NiO/2D-VMT 催化剂具有良好的催化性能，乙炔转化率为 89.5％，AA 获得最高收率（83.1％），即膨胀 NiO/2D-VMT 催化剂的催化性能明显优于其他催化剂。从 XRD 图 R(1)-NiO/2D-VMT 可以看出（图 3-25），从新鲜的 NiO/2D-VMT 到使用过的 R(1)-NiO/2D-VMT 没有明显的变化，膨胀 NiO/2D-VMT 催化剂的制备为乙炔羰基化合成 AA 提供了一条新途径。

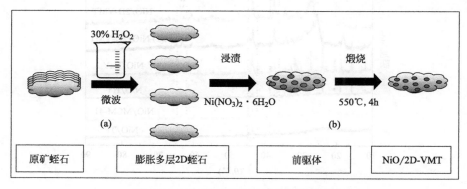

图 3-22　NiO/2D-VMT 催化剂的制备

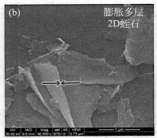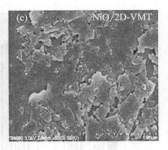

图 3-23　VMT 和 NiO/2D-VMT 催化剂的 SEM 图

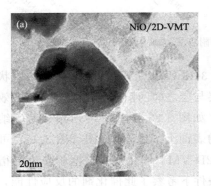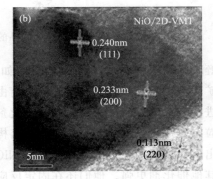

图 3-24　VMT 和 NiO/2D-VMT 催化剂的 TEM 图

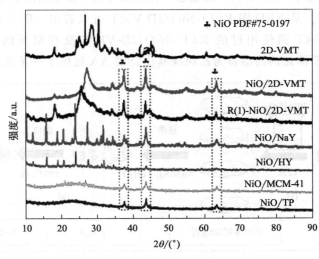

图 3-25　不同负载型镍催化剂的 XRD 图

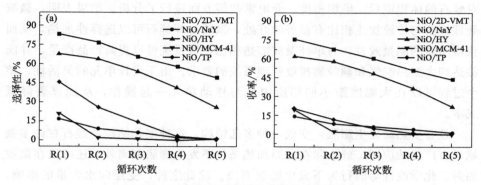

图 3-26　不同负载镍载体催化剂的循环活性图

Udoudo 等[25] 根据蛭石在微波处理下具有剥离性能，研究设计了微波加热蛭石的连续节能剥离系统。蛭石由于其高表面反射率而具有较低的热容量，故而在反射入射热辐射方面非常有效，但是因其剥离需要大量能量（通常大于 $1MW \cdot h/t$ 材料），使其在工业加工方面具有局限性。为了克服这一局限性，利用蛭石的介电特性与电磁场的相互作用和块体材料处理技术的基本知识，设计并构建了一个工作频率为 $2.45GHz$ 的连续高通量微波处理系统。如图 3-27 所示，该设计基于一个腔体，该腔体支持一个定义明确且均匀的电场，并带有两个孔，允许传送带穿过高电场区域，一个接地的金属刷被连接到传送带上，以防止静电在整个系统中积聚。他们在研究中对三种最具工业相关性的材料进行了处理，并做了微波能量对产品体积密度影响的实验演示，然后控制变量，

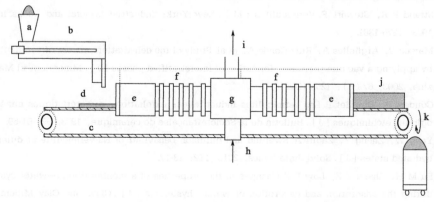

图 3-27　工业微波蛭石剥离设备（2.45GHz 或 896GHz）

a—漏斗；b—进料机；c—传送带；d—粗蛭石；e—阻性扼流节；f—反射扼流节；g—微波敷贴器（加热区）；h—进入敷贴器的微波；i—灰尘和气体抽出器；j—剥离蛭石；k—排出端

对蛭石的体积流量、堆积密度、介电常数等方面进行了分析。结果表明，微波处理蛭石与传统加热相比有显著的好处，微波处理蛭石可以选择性加热，从而获得明显的能量效益；与单纯微波加热相比，该系统可以提高产品产量，并能够达到大型热空气和颗粒物排放管理系统的要求。由于设计单元的灵活性，整个过程可以在大幅度缩小的场所内或与移动单元一起操作，从而显著降低成本。

蛭石受热易发生膨胀，变成一种多孔结构，这种多孔结构使蛭石在许多领域具有广泛的应用。蛭石除在高温加热条件下发生膨胀剥离外，还可以在微波辐射、化学改性等的行为下发生膨胀剥离。除此之外，受层间水含量的影响，可经过改性使蛭石性质发生改变，最终改变蛭石膨胀剥离的机理。蛭石的膨胀剥离性能是蛭石应用的基础，也是未来蛭石基础研究的主要内容之一。

参考文献

[1] Marcos C, Rodriguez I. Exfoliation of vermiculites with chemical treatment using hydrogen peroxide and thermal treatment using microwaves [J]. Applied Clay Science, 2014, 87: 219-227.

[2] Marcos C, Rodriguez I. Expansion behaviour of commercial vermiculites at 1000℃ [J]. Applied Clay Science, 2010, 48 (3): 492-498.

[3] Marcos C, Rodriguez I. Expansibility of vermiculites irradiated with microwaves [J]. Applied Clay Science, 2011, 51 (1-2): 33-37.

[4] Strand P R, Stewart E. Vermiculites [M]. New York: Industrial Mineral and Rocks. Inc, 1983: 1375-1381.

[5] Marcos C, Argüelles A, Ruíz-Conde A, et al. Study of the dehydration process of vermiculites by applying a vacuum pressure: formation of interstratified phases [J]. Mineralogical Magazine, 2003, 67 (6): 1253-1268.

[6] Couderc P, Douillet P. Les vermiculites industrielles: exfoliation, caractéristiques minéralogiques etchimiques [J]. Bulletin de la Sociétéfrançaise de céramique, 1973, 99: 51-59.

[7] Yang W, Zheng Y, Zaoui A. Swelling and diffusion behaviour of Na-vermiculite at different hydrated states [J]. Solid State Ionics, 2015, 282: 13-17.

[8] Fu M H, Zhang Z Z, Low P F. Changes in the properties of a montmorillonite-water system during the adsorption and desorption of water: hysteresis [J]. Clays and Clay Minerals, 1990, 38 (5): 485-492.

[9] Zheng Y, Zaoui A, Shahrour A. A theoretical study of swelling and shrinking of hydrated Wyoming montmorillonite [J]. Applied Clay Science, 2011, 51: 177-181.

[10] Feng J, Liu M, Fu L, et al. Enhancement and mechanism of vermiculite thermal expansion

modified by sodium ions [J]. RSC Advances, 2020, 10（13）: 7635-7642.

[11] Feng J Q, Liu M, Fu L, et al. Study on the influence mechanism of Mg^{2+} modification on vermiculite thermal expansion based on molecular dynamics simulation [J]. Ceramics International, 2019, 46（5）:6413-6417.

[12] 钱玉鹏, 江学峰, 贺壹城, 等.复合法制备高膨胀率膨胀蛭石 [J].硅酸盐通报, 2017,（9）: 6-10.

[13] 黄歆.改性蛭石在乙炔氢氯化催化反应及层状材料制备中的应用 [D].石河子: 石河子大学, 2016.

[14] 田维亮, 薛东虎, 曹婉婧, 等.不同剥离方式对蛭石膨胀性能的影响及其机理研究 [J].化工矿物与加工, 2018, 47（4）: 42-45, 49.

[15] 孙媛媛, 唐惠东, 李龙珠, 等.蛭石改性对膨胀倍数提高的研究 [J].非金属矿, 2014, 37（5）: 37-39.

[16] 解颜岩, 孙红娟, 彭同江, 等.化学-微波法制备高膨胀率膨胀蛭石及对亚甲基蓝的吸附机理 [J].无机化学学报, 2020, 36（1）: 113-122.

[17] 王丽娟.蛭石结构改性、有机插层及微波膨胀研究 [D].北京: 中国地质大学（北京）, 2014.

[18] Hillier S, Marwa E M M, Rice C M. On the mechanism of exfoliation of vermiculite [J]. Clay Miner, 2013, 48（4）: 563-582.

[19] Obut A, Girgin I. Hydrogen peroxide exfoliation of vermiculite and phlogopite [J]. Minerals Engineering, 2002, 15（9）: 683-687.

[20] Muiambo H F, Focke W W, Atanasova M, et al. Hermal properties of sodium-exchanged palabora vermiculite [J]. Applied Clay Science, 2010, 50（1）: 51-57.

[21] Weiss Z, Valaskova M, Seidlerova J, et al. Preparation of vermiculite nanoparticles using thermal hydrogen peroxide treatment [J]. Journal of Nanoscience and Nanotechnology, 2006, 6（3）: 726-730.

[22] Obut A, Girgin I, Yorukoglu A. Microwave exfoliation of vermiculite and phlogopite [J]. Clays and Clay Minerals, 2003, 51（4）: 452-456.

[23] Cuong N D, Hue V T, Kim Y S. Thermally expanded vermiculite as a risk-free and general-purpose sorbent for hazardous chemical spillages [J]. Clay Minerals, 2019, 24: 1-9.

[24] Hu G, Guo D, Shang H, et al. Expanded two-dimensional layered vermiculite supported nickel oxide nanoparticles provides high activity for acetylene carbonylation to synthesize acrylic acid [J]. Catalysis Letters, 2020, 150（3）: 674-682.

[25] Udoudo O, Folorunso O, Dodds C, et al. Understanding the performance of a pilot vermiculite exfoliation system through process mineralogy [J]. Minerals Engineering, 2015, 82: 84-91.

• 第4章 •
蛭石在改性方面的应用

我国蛭石资源丰富，但相对于国外，我国对蛭石的研究起步较晚，工艺较为落后。因此，为了提高蛭石的使用价值，使蛭石的功效得到最大限度的发挥，可通过物理方法和化学方法对蛭石进行改性，将其他离子或者化合物插入蛭石层间区域，改变层间区域电荷、层间距、层间结构，使蛭石结构和性质发生改变[1~3]，扩大蛭石的应用范围。

4.1 蛭石在有机改性方面的应用

根据有机离子种类的不同，目前蛭石有机改性插层剂主要有铵盐改性插层剂、有机大分子改性插层剂两大类，铵盐改性又分为季铵盐类和其他胺类化合物改性。蛭石的有机插层方法的一般步骤如下：按照一定质量比将蛭石与水配制成悬浮液，使蛭石充分润湿、分散；向悬浮液中加入一定量的有机插层剂，形成一定浓度的悬浮液，在一定工艺条件下反应后过滤、烘干[4]，有机阳离子与蛭石层间无机阳离子发生交换所得产品具有疏水亲油性[1]。

Sevim[5] 研究了表面活性剂为改性剂对蛭石结构的影响，层状结构黏土矿物作为天然纳米颗粒和低成本填料广泛应用于提高聚合物复合材料的力学性能和物理性能。蛭石中的黏土矿物层具有高的电荷密度，有助于有机改性剂的加入，以产生更大的层间距。原矿蛭石是亲水性的，但蛭石被烷基铵离子改性后，表面改性为疏水性，从而增强了聚合物分子的吸附。他们利用表面活性剂对蛭石进行有机改性，使其在蛭石层间插层，在超过 700℃ 的温度下进行热处理得到膨胀蛭石，将十六烷基三甲基溴化铵（CTAB）和十八烷基三甲基溴化铵（ODTABr）用作阳离子表面活性剂，十二烷基硫酸钠（SDS）和十二烷基硫酸铵（ALS）用作阴离子表面活性剂，N,N'-二甲基十二胺氧化物（DDAO）用作非离子表面活性剂分别对膨胀蛭石进行改性[6]，并研究不同表面活性剂对蛭石性质和结构的影响。由图 4-1 可知，阴离子表面活性剂比阳离子或非离子表面活性剂更适合膨胀蛭石层间，阴离子表面活性剂的负电荷部分与蛭石的正电荷部分相互作用，通过离子交换进入蛭石层间并使层间膨胀而形成超晶格结构，使蛭石的层状结构充分膨胀。

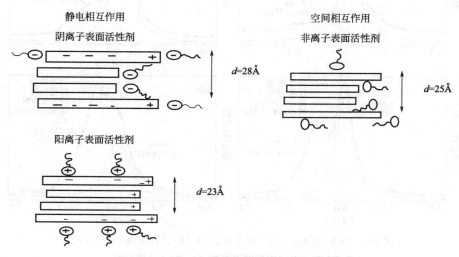

图 4-1　蛭石与表面活性剂相互作用的示意图

　　Su 等[7]制备了有机蛭石并对其结构和性能进行了研究，他们以膨胀蛭石（VMT）为原料，在蛭石层间使用不同浓度的十六烷基三甲基溴化铵（CTAB）对蛭石进行有机改性，获得了有机碳含量高、基底间距大的有机蛭石（O-VMT）。由图 4-2 可知，表面活性剂在蛭石层间插层是不均匀的，只有部分被低浓度的 CTAB 插层，这表明在蛭石层间插入的表面活性剂采用烷烃单层排列。由于 VMT 中的 Si—O 四面体层电荷密度和电荷分布较高，Al^{3+} 取代了 Si^{4+}，在阳离子表面活性剂交换层间阳离子的过程中，两个相邻的负电荷的斥力可能会使 VMT 层分开，导致层间离子的显著增加，正电荷的氨基（即表面活性剂的"头"）通过正电荷的"头"和负电荷的层之间的强电子相互作用，以及疏水的烷基链定向辐射而固定在 VMT 层表面使烷烃单层排列。此外，烷基链之间的范德华力保持插层表面活性剂的有序性，这在 O-VMT 的 FTIR 光谱中得到了很好的证明。随着表面活性剂用量的增加，表面吸附水的解吸温度和与层间阳离子相关的层间水的质量损失均显著降低，表明阳离子表面活性剂取代了原来的层间阳离子，与原 VMT 相比提高了表面疏水性。

　　Wu 等[8]在蛭石结构修饰的有机插层实验中，采用不同链长的阳离子表

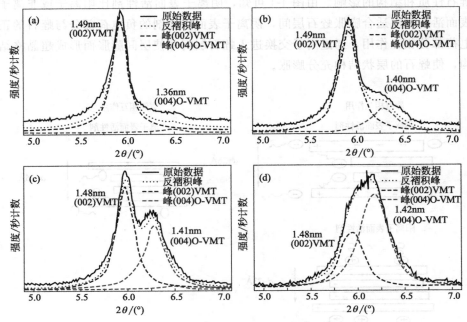

图 4-2 O-VMT0.2 (a)、O-VMT0.4 (b)、O-VMT0.6 (c)、
O-VMT (d) XRD 图及其在 5°～7°的反褶积峰

面活性剂十二烷基三甲基溴化铵（DTAB）、十四烷基三甲基溴化铵（TTAB）
和十六烷基三甲基溴化铵（CTAB）插层改性蛭石，探讨了表面活性剂插层机
理和层间化学反应特征。结果表明，不同层电荷结构改性蛭石具有不同的插层
行为，以 0.003mol/L 盐酸浸取的结构改性蛭石最易插层，有机插层改性蛭石
的基底间距最大，插层量最高[9]。高浓度 HCl 浸取蛭石时，由于结构层中的
阳离子较多，导致层电荷过大，层间阳离子与结构层的相互作用过强，使蛭石
难以插层。随着 HCl 浓度的进一步增加，改性蛭石的插层量继续减小。如图
4-3 所示，低浓度酸改性可提高 CTAB 插层蛭石的疏水性，高浓度酸改性可降
低 CTAB 插层蛭石的疏水性，接触角可降低到 55.5°和 54.5°。动力学模拟表
明，层间有机物与蛭石结构层几乎平行排列，烷基链延伸到蛭石层间。如图 4-4
和图 4-5 所示，表面活性剂分子链插层到结构改性蛭石后，不再是直的细长形
式，而是以不同角度弯曲，位于蛭石层间，几乎与结构层平行，由此推测它们
与结构层的相互作用较弱。三种表面活性剂的 N+ 基团位于浸出物 [SiO$_4$] 上
方，其与层间有机阳离子的相互作用更强。静电力是蛭石层间有机物与结构层
之间的主要作用力，其次是范德华力，不形成化学键。

　　Wang 等[8,10] 通过离子交换反应成功制备了具有优良吸附性能的有机蛭

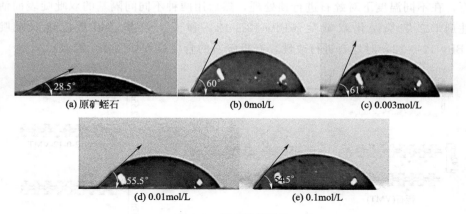

图 4-3　蛭石的接触角

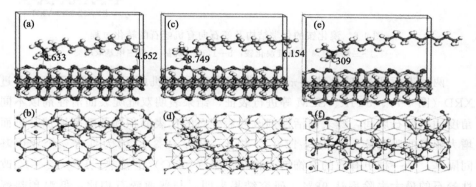

图 4-4　DTAB（a 和 b）、TTAB（c 和 d）、CTAB（e 和 f）嵌入蛭石的分子动力学模拟

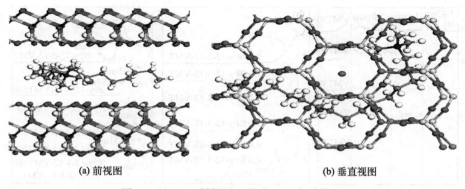

图 4-5　CTAB 插层蛭石的分子动力学模型

石，在不同温度下对蛭石进行预处理，然后用两种不同间隔基的双吡啶表面活性剂十二烷基溴化双吡啶（BPy-12-3-12）和十二烷基三甲基溴化双吡啶（BPy-12-0-12）对蛭石进行改性，有机蛭石的合成过程如图 4-6 所示。

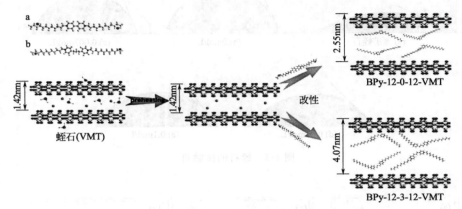

图 4-6 溴化铵的化学结构及蛭石向有机蛭石的转化过程

a—1,1'-二烷基-4,4'双吡啶溴化铵；b—1,1'-二烷基-4,4'-三甲基双吡啶

两种表面活性剂通过 π-π 相互作用提高了有机蛭石的吸附容量，通过XRD（图 4-7）、FTIR、SEM 等进行表征，结果表明双吡啶表面活性剂以不同角度插入蛭石层间，经表面活性剂改性后蛭石的比表面积和孔隙率增加，进而增大蛭石的吸附率。与 BPy-12-0-12 相比，BPy-12-3-12 因为具有三个亚甲基间隔基，是一种更有效的修饰剂，且在低温（100℃）下预热，BPy-12-3-12 改性蛭石的最大去除率达 98％。研究结果表明，与普通蛭石相比，低温预热蛭石是提高有机蛭石上表面活性剂吸附亲和力的有效方法，100℃下的膨胀蛭石

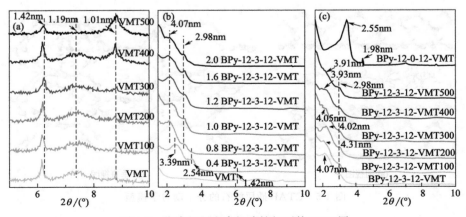

图 4-7 膨胀蛭石和有机改性蛭石的 XRD 图

更适合作为双吡啶表面活性剂改性的有机蛭石的前驱体，随着改性剂浓度的增加，有机蛭石的吸附率逐渐提高，几乎达到一个稳定水平。

Adewuyi 等[11] 采用纤维素纳米晶（CNCs）和次氮基三乙酸（NTA）对未改性蛭石黏土（VCL）进行化学改性，通过简单反应制备改性蛭石黏土（VCM），提高了 VCL 对废水的净化能力。他们以蛭石的膨胀能力为基础，通过对膨胀蛭石进行易分散改性，将膨胀蛭石与 CNCs 插层，然后用 NTA 进行表面功能化改性，以提高蛭石对废水的净化能力。VCM 的制备如图 4-8 所示。当蛭石被加热时，会迅速膨胀，产生轻质材料，如果加热速率很快，蛭石会随着层间水变成蒸汽而剥离，迫使硅酸盐层以手风琴状膨胀（图 4-8）而彼此分开，膨胀率为原来厚度的 20～30 倍，蛭石加热膨胀时 CNCs 分散到蛭石层间，CNCs 沉积在 VCL 表面，这种 VCL 的易分散和插层可能是由于 CNCs 在 VCL 中易扩散以及 VCL 和 CNCs 之间产生氢键。由于 VCL 和 CNCs 均含有羟基官能团，因此在 NTA 的羟基和羧基之间发生了功能化反应，该功能化反应可以解释为酯化反应和表面扩散。研究结果表明，CNCs 在膨胀蛭石表面和内层的易分散性可以提高其性能和特定应用的能力。采用纤维素纳米晶和三乙酸亚硝酸盐，通过简单的分散和插层对 VCL 进行了化学改性，改性得到的 VCM 的 BET 比表面积由 $4m^2/g$ 增加到 $96m^2/g$，使 4-氨基安替比林对 VCM 的去除率高达 98.410%，这表明蛭石黏土的易分散性和插层性可以提高蛭石黏土的性能，具有去除水中药物污染物的潜力。

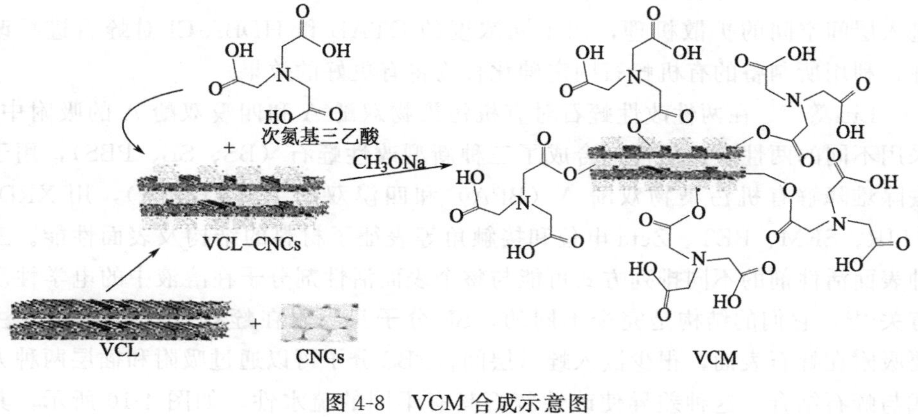

图 4-8　VCM 合成示意图

阳离子表面活性剂改性黏土矿物常作为吸附剂材料被研究，Tuchowska 等[12] 在有机改性蛭石制备和对砷的处理中，选择十六烷基三甲基溴化铵（CTAB）和十六烷基二甲基苄基氯化铵（HDBA-Cl）两种表面活性剂对蛭石进行改性，其中 CTAB 是最常用的表面活性剂。CTAB 分子由 16 个碳原子组成，构成亲水头连接的链，经 CTAB 改性的有机蛭石对有机化合物和阴离子具有良好的吸附性能。HDBA-Cl 不太常用，是一种具有一个亲水基和两个疏水基的两亲性表面活性剂。他们制备了表面活性剂（CTAB 和 HDBA-Cl）阳离子交换容量（CEC）分别为 0.5、1.0 和 2.0 的季铵盐有机改性蛭石，采用 XRD、FTIR、SEM 等对有机蛭石进行表征。由于有机改性主要是插层过程控制，且仅发生在蛭石的外表面和内表面上，故可增加其层间距。由图 4-9 可知，改性蛭石的性质发生了明显的变化，包括其晶粒形态的变化和表面部分疏水化。

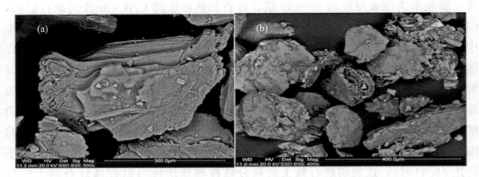

图 4-9　CTAB 改性蛭石（a）和 HDBA-Cl 改性蛭石（b）的 SEM 图

表面活性剂对蛭石层间结构有一定影响，包括吸附点的空间特征和阴离子进入层间空间的扩散机理，用不同浓度的 CTAB 和 HDBA-Cl 对蛭石进行改性，利用所制备的有机蛭石固定砷化合物将有更好的效果。

Liu 等[13] 在两性改性蛭石对有机污染物双酚 A 和四溴双酚 A 的吸附中，采用不同的两性表面活性剂合成了三种新型改性蛭石（BS、SB、PBS），用于去除难降解有机污染物双酚 A（BPA）和四溴双酚 A（TBBPA），用 XRD、FTIR、SEM、BET、Zeta 电位和接触角等表征了材料的结构及表面性能。三种表面活性剂的不同排列方式可能与整个表面活性剂分子在溶液中的电学性质有关[14]，它们的结构是完全不同的，SB 分子只吸附在蛭石表面；BS 分子主要吸附在蛭石表面，很少嵌入蛭石层间；PBS 分子可以通过吸附和插层两种方式与蛭石结合。这种差异使改性蛭石具有不同的疏水性，如图 4-10 所示，其疏水性为 PBS-VMT＞BS-VMT＞SB-VMT。表面活性剂的改性使比表面积（SBET）显著降低，其顺序为 VMT＞SB-VMT＞BS-VMT＞PBS-VMT，比表面积的减少可能是由于固定化表面活性剂分子在 VMT 的边缘和表面，堵塞了一些结构孔的入口，导致氮吸附量减少。随着表面活性剂的加入，CEC 值从

0.25 增加到 4.0，改性蛭石对 BPA 和 TBBPA 的吸附显著增强，表面活性剂的负载量越大，可以为污染物提供越多的吸附点。PBS 改性 VMT 对 BPA 和 TBBPA 的吸附效果明显优于其他两种吸附剂，PBS-VMT 对 BPA 和 TBBPA 的最大吸附量分别为 92.67mg/g 和 88.87mg/g，与 BS-VMT 和 SB-VMT 相比，PBS-VMT 可以作为一种廉价、可再生、高效的吸附剂用于环境修复中有机污染物的去除。

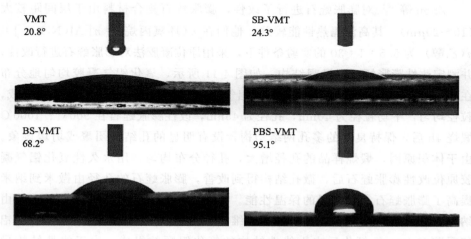

VMT
20.8°

SB-VMT
24.3°

BS-VMT
68.2°

PBS-VMT
95.1°

图 4-10　原矿蛭石与改性蛭石接触角

4.2　蛭石在热改性方面的应用

研究蛭石结构一个重要的方面是鉴定材料中所含水的键，蛭石含水类型分为两类，即层间水（层间束缚水和层间自由水）和结构水（羟基水）。蛭石的层间距取决于阳离子的大小和层间水含量，并且层间距可能随着阳离子的类型或水化状态的变化而变化[15]。蛭石的水化状态由层间水层数量确定[16]。张乃娴等[17] 发现蛭石的晶格在 500℃ 以下不会发生变化，并且能够再水化，从 700℃ 开始，蛭石不会再重新水化，生成膨胀蛭石[18]。蛭石煅烧温度越高，其复水能力越差，当用作防火涂料的成分时，蛭石的再水化能力是必不可少的，因此可以在较低温度下煅烧蛭石。

Hermínio 等[19] 对钠交换蛭石的热性能进行了探究。膨胀蛭石常用于建筑产品、农业、园艺材料，他们通过 NaCl 对蛭石进行改性，再对改性蛭石进行加热，得到钠离子交换膨胀改性蛭石。钠离子交换是通过将蛭石浸入饱和盐水中 6 个月完成的，得到的改性蛭石采用 SEM、X 射线荧光光谱（XRF）、电感耦合等离子体质谱（ICP-MS）、XRD 和 FTIR 进行表征，研究钠离子交换对膨胀蛭石性能的影响。研究结果表明，纯蛭石的热膨胀开始于 420℃ 以上，钠离子交换膨胀改性蛭石使起始温度降低约 120℃，即蛭石的剥离起始温度在 260～300℃。在约 700℃ 时达到 8 倍以上的膨胀水平，超过此温度，出现轻微收缩，这意味着用钠离子交换层间镁离子可降低剥离起始温度，对膨胀型防火屏障应用有重要的意义。

Zhou 等[20] 对膨胀蛭石进行了改性，膨胀蛭石复合材料由于层间距较大（10～20μm），其高温隔热性能较差。他们在 n（环氧丙烷）：$n[Al(NO_3)_3]$：n（乙醇）为 5.5：1：30 的实验条件下，采用原位凝胶法对膨胀蛭石进行改性，并测定改性膨胀蛭石的微观结构。如图 4-11 所示，氧化铝气凝胶均匀地分布在膨胀蛭石的结构间隙中，原位氧化铝气凝胶骨架由球形的 Al_2O_3 颗粒组成，粒径均匀，平均粒径为 40nm，孔径为 45nm，改性膨胀蛭石在 900℃、1000℃ 煅烧 4h 后，保持良好的多孔网络结构，没有明显的孔结构团聚或坍塌迹象。由于体积原因，煅烧样品的孔径增大，孔径分布均匀，用永久性氧化铝气凝胶原位改性膨胀蛭石后，微孔结构得到改善，膨胀蛭石的孔径由微米到纳米提高了膨胀蛭石复合材料的保温性能。氧化铝气凝胶在 900℃ 钙化后，仍由纳米颗粒组成，但其结构趋向于由三维结构向线性结构转变。同样，氧化铝气凝胶在 1000℃ 钙化后也由线性结构的氧化铝颗粒组成，由于线性结构导致的孔径变大，使其变得不均匀。这种微结构有助于减小氧化铝颗粒的接触面积并减少氧化铝气凝胶的表面或体积扩散，从而防止高温煅烧失结，提高铝气凝胶的热稳定性。在其他测试温度下，改性膨胀蛭石的导热性能都低于未改性膨胀蛭石。

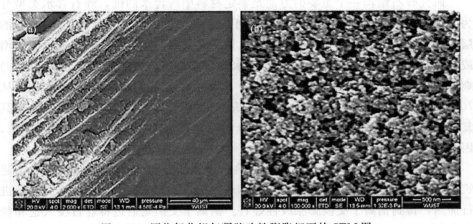

图 4-11　原位氧化铝气凝胶改性膨胀蛭石的 SEM 图

Duman 等[21] 研究了在高温下短时间强烈加热获得的膨胀蛭石。在加热过程中将蛭石迅速加热至 500℃ 以上，并将加热后的蛭石在该温度下保持 1~2s 取出。如图 4-12 所示，由 XRD 分析可知样品主要由蛭石组成，并含有少量云母、伊利石和水黑云母。通过 X 射线荧光分析获得的膨胀蛭石的化学成分可知，蛭石与膨胀蛭石的化学成分相似，这些样品基本上有 Si^{4+}、Mg^{2+}、Al^{3+}、Fe^{3+} 和 K^+，并且两者的 CEC 值几乎相同。在 500℃ 高温下保温 1~2s 后，膨胀蛭石的密度下降至 1/7，蛭石和膨胀蛭石的密度分别为 2.894g/cm³ 和 0.400g/cm³。蛭石和膨胀蛭石的 SEM 图如图 4-13 所示，膨胀蛭石比蛭石体积更大。蛭石颗粒在不同温度下的层间距不同，在某些部分以高度开放的形式被观察到，在某些部分被压缩或层与层之间的距离很短，这种剥离会产生 10~20 倍的膨胀体积。如图 4-14 所示，利用多点比表面积计算出蛭石的比表面积为 7.8m²/g，膨胀蛭石的比表面积为 9.8m²/g。膨胀蛭石主要由具有中孔特征的孔隙组成，该结果也证实了由于层间水的蒸发和硅酸盐层的分离致使膨胀蛭

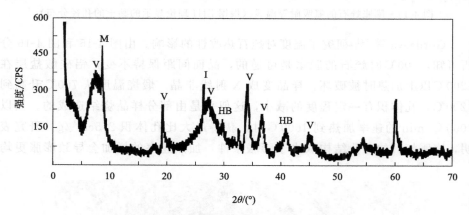

图 4-12　膨胀蛭石 XRD 图

V—蛭石；M—云母；I—伊利石；HB—水黑云母

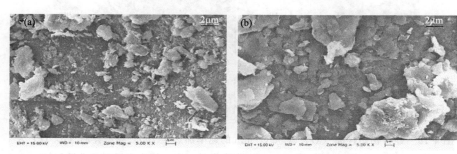

图 4-13　蛭石（a）与膨胀蛭石（b）的 SEM 图

石的孔体积增加或密度减小，采用高温微波处理后氧和层间水的压力均使蛭石膨胀倍数增大，改变了蛭石的结构。

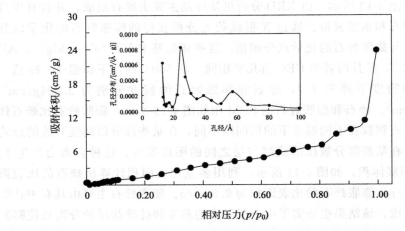

图 4-14　膨胀蛭石的氮吸附等温线（根据 BJH 理论显示的黏土的孔径分布）

Gordeeva 等[22] 研究了温度对蛭石热改性的影响。由图 4-15 和图 4-16 分析可知，700℃时蛭石的脱水是可逆的，晶面间距保持不变，铝硅酸盐层在 1200℃以上加热时被破坏，样品变成 X 射线非晶。煅烧温度从 700℃升高到 1200℃，孔体积有一定程度的减小，这似乎是由部分样品烧结造成的。当以 1000℃/min 的速率加热到 1000℃时，获得最大比孔体积 2.5cm³/g。研究表明，膨胀蛭石的开孔结构取决于膨胀条件，加热速率的增加会导致膨胀更均

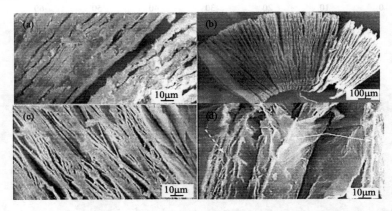

图 4-15　蛭石初始样品（a）、以 60℃/min 的速率加热至 700℃膨胀样品（b）（c）及以 1000℃/min 的速率加热至 1000℃膨胀样品（实心箭头表示封闭孔隙区域；虚线箭头表示开孔区域）（d）的 SEM 图

匀，并且有利于相对较小的孔径的生长，而大孔隙会得到保留。因此，通过改变蛭石煅烧条件，可以有目的地改变蛭石的孔结构。

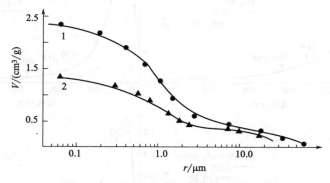

图 4-16　升温速率对蛭石膨胀性的影响

V—比孔体积；r—孔隙半径；1—加热速率 1000℃/min；2—加热速率 38℃/min

4.3　蛭石在酸改性方面的应用

蛭石酸改性时，为了平衡酸化带来的负电荷增加，表面会形成 Lewis 酸，酸的强度伴随酸浓度的增加而增大。酸化蛭石的一个重要特点是经过处理后蛭石具有更大的比表面积和孔隙率[1]。

蛭石具有高电荷特性，这使得离子交换过程变得较为困难。Stawinski 等[23] 使用不同酸对蛭石进行了改性，并对改性蛭石的性能进行了研究。首先使用 HNO₃、HCl、H₂SO₄ 分别对蛭石进行活化处理，再用柠檬酸对活化后的蛭石进行处理，通过不同的表征手段对材料进行表征。由图 4-17 分析可知，用硝酸改性蛭石并用柠檬酸洗涤效果最佳，可显著提高吸附容量。酸蚀是用质子除去可交换的阳离子，主要从蛭石八面体和四面体薄片中浸出铝、镁和铁。由于结构羟基的脱水，导致薄片腐蚀，而四面体薄片的二氧化硅基团几乎保持完整，层与阳离子之间的强相互作用导致离子在层间的有限扩散。酸处理后氧原子质子化导致八面体层的浸出，其结构中 OH 物种非均质性增加，减少层电荷促进离子交换，即孔隙率和比表面积增加，阳离子交换容量减小，无定形相出现，从而提高吸附能力。柠檬酸会导致离子进一步浸出，去除层间阳离子和螯合溶液中的金属。酸处理导致蛭石结构分层，层间相互作用减弱，具有较高的吸附容量，使其在阳离子染料去除中成功应用，为该材料作为吸附剂在废水处理中的应用开辟了新的前景。

Miao 等[24] 研究了盐酸改性蛭石及蛭石对水中有害藻华（HABs）的絮凝

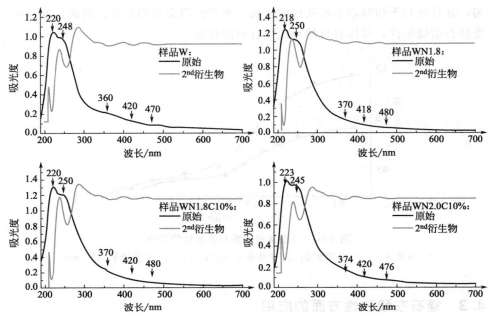

图 4-17   初始材料和酸处理材料的 UV-Vis 漫反射光谱

效果，并探讨了盐酸改性蛭石黏土作为一种新的除藻剂防治赤潮的效果。将蛭石与盐酸在陶瓷锅中混合，在空气中暴露 24h，然后在 70℃下干燥样品，盐酸和水彻底蒸发。改性蛭石经 6mol/L 和 12mol/L HCl 处理后分别为 VMT_6 和 VMT_{12}，未改性蛭石为 VMT。由图 4-18 和图 4-19 分析可知盐酸改性蛭石可以通过电荷中和、化学架桥和网络效应对藻类细胞进行凝聚，酸破坏了 Si—O、Si—O—Si 和 Al—O 基团的化学键，高浓度的酸具有更大的破坏力。改性蛭石能显著提高絮凝效果，在加入改性白云石黏土后的 10min 内，可将 98％的藻类溶解物移除。

Lucjan 等[25] 以蛭石为原料，用矿物酸（HNO_3、HCl、H_2SO_4）对原矿蛭石进行改性后，采用程序升温氨脱附法测定蛭石表面酸性。研究表明，其性质发生了重大变化：①比表面积和孔隙率增加；②表面酸性改变；③结构改变，四面体薄片成分的浸出及其在黏土表面的部分沉积。这些变化使蛭石对 N_2O 分解为氮和氧的高温过程具有显著的催化活性，蛭石改性所用的酸性介质类型和改性时间决定了样品的催化活性。此外，所研究的催化剂在 NO 分解过程中是不活泼的，这对其在硝酸生产装置中的应用是非常重要的。对在 775℃下用硫酸处理 50h 的一系列蛭石进行的稳定性催化实验表明，用酸改性的黏土在 8h 和 24h 内具有较高的稳定性，而用酸改性的催化剂在 2h 内明显不

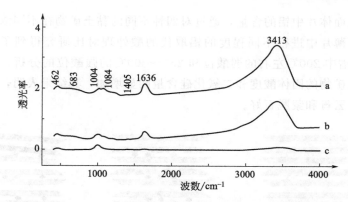

图 4-18　VMT（a）、VMT$_6$（b）和 VMT$_{12}$（c）的 FTIR 光谱

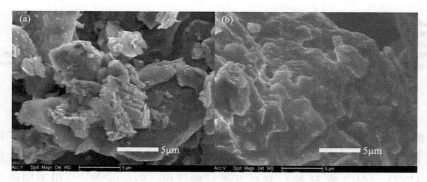

图 4-19　VMT（a）和 VMT$_{12}$（b）的 SEM 图

稳定，在稳定性实验条件下，催化剂的比表面积和孔隙率显著降低[26]。此外，还观察到有序层状结构的部分畸变和氧化铁物种的聚集。

　　Steudel 等[27] 在酸活化改性膨胀黏土矿物中，以蛭石为原料，分别与 HCl 和 H$_2$SO$_4$ 反应进行酸活化。研究表明，八面体阳离子的溶解顺序为 Mg＞Fe＞Al，层电荷的降低使阳离子交换容量降低，比表面积增大。他们通过建立模型来解释蒙脱石和蛭石颗粒的溶解和逐步分裂。图 4-20 显示了可交换阳离子对质子的交换和八面体片的逐步还原，粒子在八面体内部开始分裂，微孔面积逐渐增加。由于四面体薄片和质子之间强烈的静电相互作用，氮不能渗透到蛭石层间。酸活化材料可以交换大分子，蛭石的酸浸过程会产生更多的结构缺陷，从而使更多的功能化试剂如三甲氧基硅烷（MPTS）固定在蛭石表面。合成的 H-蛭石-SO$_3$H 材料总酸度的增加使反应测试速度提高，粒子的分裂沿着八面体的层间空间和 OH 群进行（边缘攻击），膨胀黏土矿物的剩余四面体片体由 H$^+$ 和残余层间阳离子及残余八面体碎片连接。蛭石颗粒的分裂程度取决于八面体片中铝的含量，通过对四种不同的黏土矿物在不同浓度硫酸溶液的四面体薄片中进行不同程度的铝取代的酸处理对比研究得到了证实。对 NH_3-TPD 谱中 200℃ 左右的弱酸位和 250~300℃ 的强酸位的分析，证实了酸处理后黏土矿物的固体酸度和二氧化硅含量明显增加，其结果表明，蛭石的固体酸度比金云母和蒙脱石好。

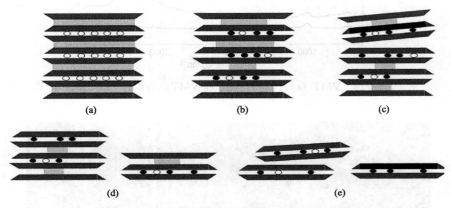

图 4-20 蒙脱石和蛭石的溶解及分层模型

　　酸活化是提高黏土矿物化学和物理性质最常用的技术，酸活化增加了样品的比表面积和孔隙率，并使铁、铝和镁从八面体片中部分浸出，其典型方法是使用 HNO_3、HCl 或 H_2SO_4 对蛭石进行酸浸出。Santos 等[28] 用不同浓度的硝酸对蛭石进行了酸处理，如图 4-21 所示，在较低酸浓度下改性，Al^{3+}、

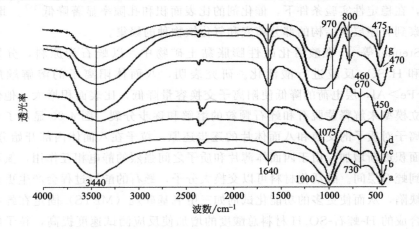

图 4-21 不同浓度 HNO_3 改性的 XRD 图

a—V；b—$V_{0.3}$；c—$V_{0.5}$；d—$V_{0.8}$；e—$V_{1.0}$；f—$V_{2.0}$；g—$V_{3.0}$；h—$V_{4.0}$

Fe^{3+} 和 Mg^{2+} 的去除率低。蛭石样品在 80℃ 下用 3mol/L 和 4mol/L HNO_3 酸浸 4h，用 4mol/L HNO_3 对蛭石改性，Al^{3+} 的去除率高达 97%，Mg^{2+} 和 Fe^{3+} 的去除率分别为 84% 和 71%，几乎去除了所有的氧化镁、氧化铝和 Fe_2O_3，并留下了含二氧化硅的残渣。实验表明，酸浓度高于 2mol/L 能使改性蛭石获得更高的孔隙率，HNO_3 处理 4h 比 HCl、H_2SO_4 等更有效。蛭石经过酸处理后均形成结晶度较低的产物，这些性质对催化剂的分离和回收具有重要意义，酸活化黏土矿物具有工业应用潜力，如催化剂、染料吸附剂等。

4.4 蛭石的其他改性方式及应用

蛭石是去除废水中 Pb(Ⅱ)、Cd(Ⅱ)、Cu(Ⅱ) 等重金属离子的理想吸附剂，但原矿蛭石对 Cr(Ⅵ) 的吸附能力较低，这是由于其阴离子交换能力较低。Liu 等[29] 用 NaCl 溶液洗涤并干燥原矿蛭石，再用 $FeSO_4$ 溶液浸泡搅拌，然后洗涤并干燥，首次制备了 Fe^{2+} 改性蛭石，改性蛭石最大铬吸附容量（Q_{max}）为 87.72mg/g，Fe^{2+} 改性蛭石对 Cr(Ⅵ) 离子的去除能力较强。Fe^{2+} 改性蛭石对 Cr(Ⅵ) 有很高的选择性，不考虑存在任何竞争性阴离子（Cl^-、SO_4^{2-} 和 $H_2PO_4^-$），Fe^{2+} 改性蛭石仍然能够将溶液中的六价铬浓度降低 80% 以上。用 NaOH 进行再生处理，再生后的 Fe^{2+} 改性蛭石对 Cr(Ⅵ) 的吸附率大于 Fe^{2+} 改性蛭石，图 4-22 的红外光谱也表明了再生后的 Fe^{2+} 改性蛭石具有更好的吸附性能。改性蛭石对 Cr(Ⅵ) 阴离子的吸附是一个复杂的过程，其机理是多方面的，静电吸附法是将 Cr(Ⅵ) 阴离子吸附在吸附剂表面，然后在 Fe^{2+} 改性蛭石表面还原为 Cr(Ⅲ)，可将 Fe^{2+} 改性蛭石应用于电镀工业废水中的 Cr(Ⅵ) 去除，它是一种有前途的低成本吸附剂，可用于工业废水处理。

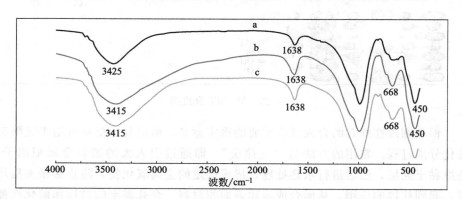

图 4-22 原矿蛭石（a）、Fe^{2+} 改性蛭石（b）与再生 Fe^{2+} 改性蛭石（c）吸附 Cr(Ⅵ) 的红外光谱

双酚 A（BPA）是一种有毒的化学物质，释放到环境中会对人类健康产生重大影响。为了解决从分散介质中收集吸附剂的问题，磁性纳米粒子与常规吸附剂的结合受到了广泛的关注。Tawfik 等[30] 使用聚三甲酰氯-三聚氰胺改性磁性蛭石，研究了改性后的蛭石对双酚 A 的吸附。

如图 4-23 所示，Tawfik 等合成了聚三甲酰氯-三聚氰胺（MP）改性磁性蛭石（MVMT），以 Fe_2O_3 为载体合成了 MVMT-MP 吸附剂，增加了蛭石的磁性。利用 FTIR、SEM 和 EDX 技术对所制备的吸附剂进行形貌和化学分析，采用因子设计分析法系统考察了 MVMT-MP 吸附剂对液体中双酚 A 的去除能力，用 Langmuir 等温线模型和 BPA 对 MVMT 及 MVMT-MP 复合吸附剂的修复能力（分别为 174.81mg/g 和 273.67mg/g）和吸附类型进行了解释。动力学研究表明，吸附符合 PSO 动力学模型，说明化学吸附可能是速率决定步骤。热力学分析表明，随着温度的升高，固-液界面的随机性降低，MVMT-MP 对 BPA 的吸附过程是自发和放热的。吸附/解吸实验结果表明，经过 7 次循环使用（图 4-24），吸附剂具有相当大的吸附/解吸能力，制备的 MVMT-MP 吸附剂具有合理的回收利用率，MVMT-MP 复合吸附剂可作为处理含 BPA 废水的吸附剂。

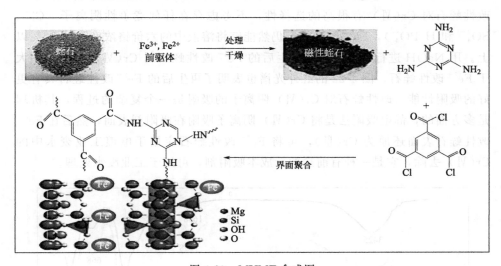

图 4-23　MVMT 合成图

铝和镧改性蛭石的合成具有重要的现实意义，所得复合材料可用于吸附和催化分离过程。常用的方法是"柱撑法"，即通过引入大的聚合金属阳离子，柱撑黏土插层，然后进行水热处理，形成稳定的金属氧化物，防止膨胀夹层坍塌，起到柱撑的作用，从而合成高比表面积材料。介孔黏土的结构和催化性能与其固有特性有关，由于层间距中存在金属氧化物或柱体，使活性中心大量暴

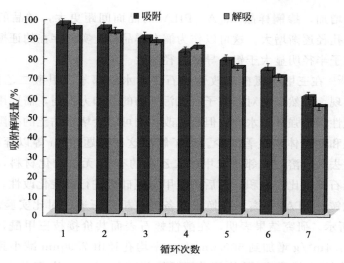

图 4-24 MVMT-MP 吸附剂的循环再生性能

露，从而增加了材料的表面积和孔隙率。Venicio 等[31] 以原矿蛭石（R-VMT）为前驱体，用 0.2mol/L NaOH 制备的镧铝共聚物溶液对样品进行预处理和插层。用 0.2mol/L AlCl₃·6H₂O 和 0.2mol/L LaCl₃·7H₂O 混合，其中 ［OH⁻］／［Al³⁺］＝2.4 和 La_xAl_{13-x}（x＝0，1，2），然后在 823K 下煅烧 3h 合成介孔吸附材料，并用不同表征手段对其进行表征。由图 4-25 可知，随

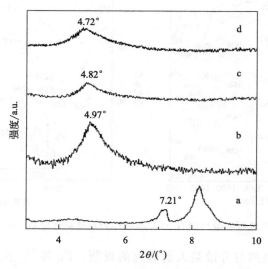

图 4-25 R-VMT（a）、Al₁₃PILV（b）、LaAl₁₂PILV（c）和 La₂Al₁₁PILV（d）蛭石的 XRD 图

着掺镧量的增加，掺镧样品 $La_2Al_{11}PILV$ 的晶面间距更大，样品的比表面积逐渐减小，孔径逐渐增大，这可以作为镧在样品柱上实际存在的证据，因为其阳离子的离子半径明显大于铝，导致孔径增大。

Yu 等[32] 在三甲基氯硅烷改性蛭石去除水中邻苯二甲酸二乙酯（DEP）的研究中发现，天然黏土对非离子有机污染物的亲和力很弱，需要用有机试剂对其进行改性以增强其疏水性，但有机改性剂可能会堵塞黏土的孔隙通道，导致比表面积和孔隙体积显著减少。为了解决这些问题，Yu 等以蛭石为原料，制备了一种去除水溶液中邻苯二甲酸二乙酯的有机-无机杂化材料，先用盐酸活化原矿蛭石提高比表面积，然后用三甲基氯硅烷进行硅烷化改性，并与烷基三甲基溴化铵（CTAB）离子交换法制备的有机蛭石进行对比实验。FTIR 图如图 4-26 所示。研究结果表明，在酸性蛭石表面共价接枝三甲酰，蛭石的比表面积从 $14.4m^2/g$ 增加到 $500.0m^2/g$，平均孔径由 $7.90nm$ 减小到 $2.75nm$。三甲基氯硅烷改性酸蛭石的比表面积（$355.4m^2/g$）比有机蛭石大得多（$6.0m^2/g$），改性酸蛭石的最大分配系数（K_d）是有机蛭石的 3.1 倍，说明改性酸蛭石比有机蛭石具有更强的有机亲和性。有机黏土的吸附容量和吸附机理受比表面积和有机负载量的控制，而有机改性剂的烷基链长度不是关键因素，蛭石酸活化法是制备有机-无机杂化吸附剂的一种简单有效的方法，可通过共价键合各种功能性有机基团去除 DEP 等有机污染物。

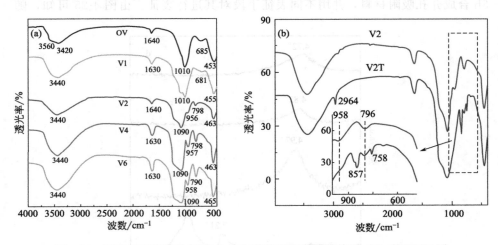

图 4-26　原矿蛭石和酸性蛭石（a）与酸性蛭石硅烷化前后（b）的 FTIR 图

层状矿物的剥离与分散是人们研究的难题，Fu 等[33] 在水热法制备纳米层状镁蛭石中，弥补了原矿蛭石不能完全剥离成纳米片的缺点，采用水热法在 300℃下合成了具有纳米层状结构的镁蛭石（Mg-VMT）。将二氧化硅（气相)、氧化镁、氧化铝和氢氧化钠原料分别以 $1:1:0.2:x$（$x=1$、1.5、2、2.5、3，为 NaOH 浓度）改性蛭石，通过控制反应中 NaOH 的含量研究了 Mg-VMT 的形成和生长，控制 Mg 蛭石相的层状硅酸盐形貌，并对其化学成分分析和热稳定性进行了讨论。如图 4-27 所示，当 NaOH 浓度为 2.05mol/L 时，层状结构最明显，粒径均匀性好，合成的 Mg-VMT 的基底间距为 1.169nm，比 R-VMT 大 0.037nm；当 NaOH 浓度大于 2.05mol/L 时，抑制了 MgOH 片的成核速率，从而降低了 SiO_2 在 MgOH 片上的黏附性。NaOH 浓度的增加导致高度缔合的硅氧络合物聚阴离子促进了层状结构的形成[34]，当 NaOH 浓度过高时，形成缺硅固相，Mg-VMT$_{2.05}$ 样品的化学成分分析结果与 R-VMT 矿物非常相似，这些结果表明该材料属于镁蛭石相纳米层状硅酸盐。此外，热分析表明 Mg-VMT 具有与 R-VMT 相同的良好耐热性，有望在吸附、高分子复合材料填料、阻燃剂和低成本催化剂等领域中得到应用。

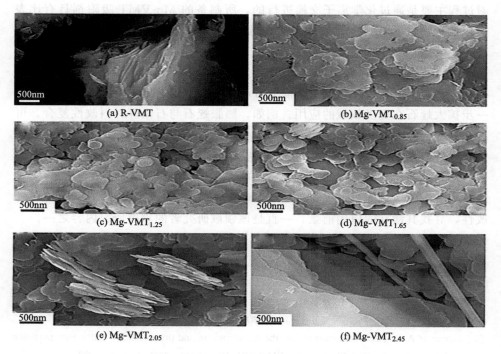

(a) R-VMT

(b) Mg-VMT$_{0.85}$

(c) Mg-VMT$_{1.25}$

(d) Mg-VMT$_{1.65}$

(e) Mg-VMT$_{2.05}$

(f) Mg-VMT$_{2.45}$

图 4-27　不同 NaOH 浓度下的 SEM 图

　　Sari 等[35] 研究了在水溶液中蛭石和氧化锰改性蛭石对银的吸附效果。以蛭石为原料，制备了氧化锰改性蛭石（Mn-VMT），并对其进行表征。二氧化锰在低 pH 下电离，在溶液中携带的净负电荷相对于其他氧化物，如二氧化硅、TiO_2、Al_2O_3，硅基表面的负载量更高，二氧化硅基吸附剂的比表面积可通过二氧化锰改性显著增加。他们使用 $MnCl_2$ 和 NaOH 对 R-VMT（原矿蛭石）吸附剂进行化学改性，由于其比表面积的增大和表面负电荷的形成，改性吸附剂对 Ag（Ⅰ）离子的吸附能力显著提高，改性后 R-VMT 的吸附表面积增加了约 10 倍。采用间歇法考察了 R-VMT 和 Mn-VMT 吸附剂对水溶液中银 [Ag（Ⅰ）] 离子的吸附性能，R-VMT 和 Mn-VMT 吸附剂的最大吸附量分别为 46.2mg/g 和 69.2mg/g。计算出的吸附能（9.6kJ/mol）Dubinin-Radush-kevich（D-R）模型表明，改性吸附剂的吸附过程主要是通过化学离子交换进行的，用 10mL 0.5mol/L 盐酸从吸附剂表面成功地解吸了 95% 的 Ag（Ⅰ）离子，经过 10 次吸附-解吸循环，证明了 Mn-VMT 吸附剂具有良好的重复使用性能。计算的热力学参数表明，在 Mn-VMT 吸附剂上吸附 Ag（Ⅰ）是可行的、自发的、放热的。动力学评价也表明吸附过程符合准二级动力学模型，吸附过程主要是通过化学离子交换进行的，所制备的 Mn-VMT 吸附剂具有比表面积大、吸附容量大、易制备、成本低、重复性好等优点，在去除水溶液中 Ag（Ⅰ）离子方面具有重要的吸附潜力。

尽管改性蛭石的相关研究取得了长足的进展，但在理论和应用研究方面仍存在许多问题。其中之一就是不能充分利用蛭石作为纳米材料改性的优势，进一步扩大蛭石在更多领域的应用。例如，膨胀蛭石与石墨等材料改性复合，可以获得较好的耐温材料和防辐射材料。蛭石是一种安全、无毒、天然的纳米材料，通过改性制备功能材料，可用于制备抗菌材料、毒素吸附材料、医用材料、动物养殖材料和其他需要无毒特性的生化材料。此外，改性蛭石在许多领域具有潜在的应用前景，但机理还不明确，仍有待继续研究。探索蛭石的各种改性，寻找其潜在的应用前景，一直是该领域研究者的重要研究内容之一。

参考文献

[1] 王丽娟. 蛭石的改性与应用研究进展 [J]. 中国粉体技术, 2015, 21（6）: 96-100.

[2] Osman M A. Organo-vermiculites: synthesis, structure and properties. Platelike nanoparticles with high aspect ratio [J]. Journal of Materials Chemistry, 2006, 16（29）: 3007.

[3] 戴劲草, 黄继泰, 肖子敬, 等. 黏土矿物的层间域调控及其应用研究 [J]. 矿物岩石地球化学通报, 1997, （S1）: 51-52.

[4] 王菲菲, 吴平霄, 党志, 等. 蛭石矿物柱撑改性及其吸附污染物研究进展 [J]. 矿物岩石地球化学通报, 2006, 25（2）: 177-182.

[5] Sevim I. Intercalation of vermiculite in presence of surfactants [J]. Applied Clay Science,

2017, 146（2）: 7-13.

[6] 张宝述，彭同江，刘福生. 粒度对金云母-蛭石层间物可改造性的影响研究 [J]. 非金属矿，1999，（S1）: 61-64.

[7] Su X L, Ma L Y, Wei J M, et al. Structure and thermal stability of organo-vermiculite [J]. Applied Clay Science, 2016, 132-133（24）: 261-266.

[8] Wu N, Wu L M, Liao L B, et al. Organic intercalation of structure modified vermiculite [J]. Journal of Colloid Interface Science, 2015, 457: 264-271.

[9] 吴年. 蛭石的结构修饰及橡胶/蛭石纳米复合材料的制备 [D]. 北京：中国地质大学（北京），2015.

[10] Wang J, Gao M L, Ding F, et al. Organo-vermiculites modified by heating and gemini pyridinium surfactants: preparation, characterization and sulfamethoxazole adsorption [J]. Colloids & Surfaces a Physicochemical & Engineering Aspects, 2018, 218（2）: 135-150.

[11] Adewuyi A, Oderinde R A. Chemically modified vermiculite clay: a means to remove emerging contaminant from polluted water system in developing nation [J]. Polymer Bulletin, 2018, 45（17）: 609-613.

[12] Tuchowska M, Woowiec M, Agnieszka S, et al. Organo-modified vermiculite: preparation, characterization, and sorption of arsenic compounds [J]. Minerals, 2019, 32（8）: 167-172.

[13] Liu S, Wu P, Chen M, et al. Amphoteric modified vermiculites as adsorbents for enhancing removal of organic pollutants: bisphenol A and tetrabromobisphenol A [J]. Environmental Pollution, 2017, 228（9）: 277-286.

[14] He H, Ma Y, Zhu J, et al. Organoclays prepared from montmorillonites with different cation exchange capacity and surfactant configuration [J]. Applied Clay Science, 2010, 48（1-2）: 67-72.

[15] Fernandez M J, Fernandez M D, Aranburu I. Effect of clay surface modification and organoclay purity on microstructure and thermal properties of poly（L-lactic acid）/vermiculite nanocomposites [J]. Applied Clay Science, 2013, 80-81（1）: 372-381.

[16] Beyer J, Reichenbach H G V. Dehydration and rehydration of vermiculites: Ⅳ. arrangements of interlayer components in the 1. 43nm and 1. 38nm hydrates of Mg-vermiculite [J]. Ztschrift für Physikalische Chemie, 1998, 207（1-2）: 67-82.

[17] 张乃娴，李幼琴，赵惠敏，等. 黏土矿物研究方法 [M]. 北京：科学出版社，1990: 62-64.

[18] Maqueda C, Perez-Rodriguez J L, Subrt J, et al. Study of ground and unground leached vermiculite [J]. Applied Clay Science, 2009, 44（1-2）: 178-184.

[19] Hermínio F M, Focke W W, Atanasova M, et al. Thermal properties of sodium-exchanged palabora vermiculite [J]. Applied Clay Science, 2010, 50（1）: 20-57.

[20] Zhou F, Gu H Z, Wang C F. Preparation and microstructure of in-situ gel modified expanded vermiculite [J]. Ceramics International, 2013, 39（4）: 4075-4079.

[21] Duman O, Tunc S, Polat T G. Determination of adsorptive properties of expanded vermiculite for the removal of C. I. Basic Red 9 from aqueous solution: Kinetic, isotherm and thermodynamic studies [J]. Applied Clay Science, 2015, 109-110（2）: 22-32.

[22] Gordeeva L G, Moroz E N, Rudina N A, et al. Formation of porous vermiculite structure in the course of swelling [J]. Russian Journal of Applied Chemistry, 2002, 75 (3): 357-361.

[23] Stawinski W, Freitas O, Chmielarz L, et al. The influence of acid treatments over vermiculite based material as adsorbent for cationic textile dyestuffs [J]. Chemosphere, 2016, 153 (7): 115-129.

[24] Miao C, Tang Y, Zhang H, et al. Harmful algae blooms removal from fresh water with modified vermiculite [J]. Environmental Technology, 2014, 35 (1-4): 340-346.

[25] Lucjan C, Małgorzata R, Magdalena J, et al. Acid-treated vermiculites as effective catalysts of high-temperature N_2O decomposition [J]. Applied Clay Science, 2014, 101 (1): 237-245.

[26] 崔迎辉. 改性蛭石对重金属离子 Pb (Ⅱ)、Cr (Ⅵ) 的吸附应用 [D]. 成都: 成都理工大学, 2017.

[27] Steudel A, Batenburg L F, Fischer H R, et al. Alteration of swelling clay minerals by acid activation [J]. Applied Clay Science, 2009, 44 (1-2): 105-115.

[28] Santos S S G, Silva H R M, Souza A G D, et al. Acid-leached mixed vermiculites obtained by treatment with nitric acid [J]. Applied Clay Science, 2015, 104 (1-2): 286-294.

[29] Liu Y, Li H, Tan G Q, et al. Fe^{2+} -modified vermiculite for the removal of chromium (Ⅵ) from aqueous solution [J]. Separation Science Technology, 2011, 46 (2): 290-299.

[30] Tawfik A S, Mustafa T, Ahmet S. Magnetic vermiculite-modified by poly (trimesoyl chloride-melamine) as a sorbent for enhanced removal of bisphenol A [J]. Journal of Environmental Chemical Engineering, 2019, 7 (6): 1-14.

[31] Venicio D S F M, Roberto D D S L. Structural analysis of mesoporous vermiculite modified with lanthanum [J]. Materials Letters, 2017, 189 (15): 225-228.

[32] Yu X B, Wei C H, Ke L, et al. Preparation of trimethylchlorosilane-modified acid vermiculites for removing diethyl phthalate from water [J]. Journal of Colloid and Interface Science, 2012, 369 (1): 344-351.

[33] Fu Z, Liu T, Kong X, et al. Synthesis and characterization of nano-layered Mg-vermiculite by hydrothermal method [J]. Materials Letters, 2018, 212 (9): 209-217.

[34] Syrmanova K K, Suleimenova M T, Kovaleva A Y, et al. Vermiculite absorption capacity increasing by acid activation [J]. Oriental Journal of Chemistry, 2017, 33 (1): 509-513.

[35] Sari A, Tuzen M. Adsorption of silver from aqueous solution onto raw vermiculite and manganese oxide-modified vermiculite [J]. Microporous & Mesoporous Materials, 2013, 170: 155-163.

第5章
蛭石在吸附方面的应用

　　工业制造业所产生的废水已经成为当前最主要的环境问题，高色度、高重金属离子含量、高氨氮含量的工业废水已经严重影响了水质，这不仅对动植物造成损害，也严重威胁着人类自身的健康。目前工业循环水处理主要采用吸附、中和、沉淀、曝气、生物处理、混合稀释和过滤等手段[1]，但总体处理率不是很高。在可持续发展的新形势下，寻找高效、廉价、可再生的吸附剂实现工业废水良性循环变得十分重要。蛭石具有比表面积大、吸附性能好、离子交换容量大、储量丰富、成本低廉等特点，可将其用于去除污染水和土壤中的有害阳离子。本章将围绕蛭石的吸附性能从蛭石吸附重金属离子、有机污染物、废水中氨氮及其他有害物质方面展开研究，通过这几个方面来说明蛭石在吸附工业废水方面的研究现状。

5.1　蛭石在吸附重金属离子方面的应用

　　谭光群等[2]以蛭石为吸附剂，研究了蛭石对 Cd^{2+}、Cu^{2+}、Pb^{2+} 的吸附作用。目前，处理废水中重金属离子的方法有很多（生物处理、混合稀释和过滤等），但是这些方法成本较高，这使得寻找廉价的吸附材料应用于废水处理成为目前的研究重点。蛭石是一种廉价且具有吸附性能的矿物材料，他们通过静态吸附实验研究了蛭石对 Cd^{2+}、Cu^{2+}、Pb^{2+} 的吸附量与去除率，实验发现蛭石对重金属离子具有较强的吸附能力，而且吸附速率快。他们研究了吸附时间对吸附性能的影响以及 pH 对蛭石吸附重金属离子的影响，结果表明 pH≤4 的酸性环境不易吸附，pH＞4 或显碱性时吸附效果较好 [图 5-1(a)]。通过探讨蛭石吸附重金属离子的机理，发现蛭石对 Cd^{2+}、Cu^{2+}、Pb^{2+} 的吸附行为与 Langmuir 和 Freundlich 吸附等温式均具有较好的相关性 [图 5-1(b)]，蛭石处理效果较好。

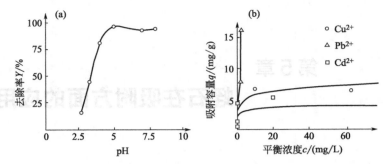

图 5-1　pH 对重金属离子吸附速率的影响（a）与 Cd^{2+}、Cu^{2+}、Pb^{2+}
三种离子共存时的吸附等温线（b）

现有许多学者对重金属离子在天然黏土上的吸附机理进行了讨论和评述，大多数研究表明蛭石对重金属离子的吸附主要是离子交换作用的结果，并未考虑静电相互作用对蛭石吸附重金属离子的影响。Erika 等[3] 研究了静电作用对蛭石吸附 Cd（Ⅱ）的影响。如图 5-2 所示，由蛭石的 SEM 图可知，蛭石颗粒具有一种非常明确的结构。通过从蛭石的电荷分布、pH 对蛭石吸附性能的影响、温度对蛭石吸附性能的影响、蛭石吸附 Cd（Ⅱ）可逆性四个方面的研究发现：蛭石对 Cd（Ⅱ）的吸附高度依赖于溶液 pH，而受温度影响较小，随着溶液 pH 的升高，吸附容量增大，这种趋势是由于离子间的静电相互作用和离子间的竞争。Cd（Ⅱ）的吸附是吸热过程，温度升高有利于吸附量的提高，这一结果是由于当解吸 pH 从 7 降低到 3 时，表面 Zeta 电位降低，Cd（Ⅱ）所占据位置的质子竞争增加（图 5-3）。蛭石对 Cd（Ⅱ）的吸附既有离子交换的作用，也有静电吸附的作用，这一结果说明了蛭石的最大吸附量高于蛭石的 CEC 的原因。

(a) 放大倍数为35倍　　　　　　　　(b) 放大倍数为149倍

图 5-2　蛭石的 SEM 图

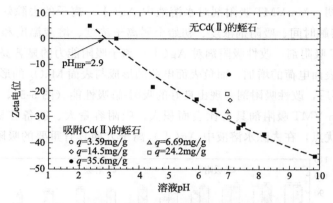

图 5-3　蛭石的 Zeta 电位分布与溶液 pH 的关系

由于废水中的可溶性银离子会对人的肝、肾、眼睛、皮肤、呼吸系统造成损害，有必要开发一种有效的方法来消除水溶液中的银离子。研究发现离子交换树脂等可以除去废水中的可溶性银离子，但是成本较高，这就需要寻找能够替代合成离子交换树脂或其他昂贵材料的低成本吸附剂。Ahmet 等[4] 研究了蛭石与经过氧化锰改性后的蛭石对重金属离子 Ag(Ⅰ) 的吸附，由于目前还没有关于蛭石（R-VMT）和氧化锰改性蛭石（Mn-VMT）吸附剂对银离子吸附的详细研究报告，他们系统研究了初始 pH、初始金属浓度、吸附剂浓度、改性剂浓度、接触时间和溶液温度对吸附效率的影响以及改性吸附剂的重复使用性能，此外通过评价吸附等温线、热力学和动力学参数，对实验数据进行了检验（图 5-4）。

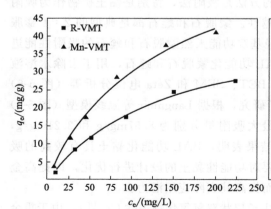

参数	值	标准误差	R^2
R-VMT样品			
a	3.18e-1	2.29e-2	
b	6.88e-3	9.69e-4	0.9950
Mn-VMT样品			
a	5.43e-1	4.85e-2	0.9930
b	7.85e-3	1.35e-3	

图 5-4　Ag(Ⅰ) 在 R-VMT 和 Mn-VMT 上吸附的 Langmuir 等温线图
（吸附剂浓度为 20g/L；接触时间为 120min；pH＝4；温度为 20℃）

实验表明，Mn-VMT 吸附剂对水溶液中 Ag（Ⅰ）离子的去除效果较好，其初始 pH、接触时间、吸附剂浓度、初始金属离子浓度、溶液温度和 MnO_2 浓度均优于 VMT 吸附剂，改性吸附剂对 Ag（Ⅰ）离子吸附能力的显著提高是由于比表面积和负表面电荷的增加，而负表面电荷的形成与表面 MnO_2 的形成有关，经过 10 个循环后，改性吸附剂表现出良好的吸附-解吸性能（图 5-5）。此外，由于所制备的 Mn-VMT 吸附剂具有比表面积大、吸附容量大、制备容易、成本低、重复性好等优点，在去除水溶液中 Ag（Ⅰ）离子方面具有重要的吸附潜力。

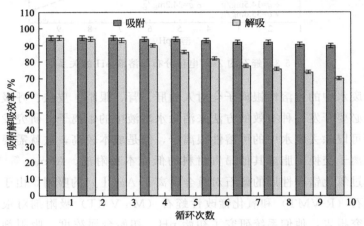

图 5-5　吸附-解吸效率随循环次数的变化

（初始银浓度为 10mg/L；接触时间为 120min；温度为 20℃）

每年有大量含重金属的工业废水排放到水环境中，直接损害人们的身体健康[5]。现在去除重金属离子最常用的方法是吸附法，特别是黏土矿物作为吸附剂在去除污染物方面具有明显的优越性。蒙脱石和蛭石都是典型的 2∶1 膨胀黏土矿物，Tran 等[6] 对含巯基和羟基双功能天然蒙脱石和蛭石的吸附性能进行了研究，他们制备了螯合配体 BAL 功能化蒙脱石和蛭石，用于去除水溶液中的 Hg（Ⅱ）。通过 XRD、FTIR、BET、SEM 和 Zeta 电位分析等（图 5-6）方法对材料的结构及表面形貌进行了研究，根据 Langmuir 等温线模型（图 5-7）计算，BAL-VMT 和 BAL-MMT 的最大吸附量分别为 8.57mg/g 和 3.21mg/g，远高于 VMT 和 MMT 的值。研究结果表明，BAL 功能化黏土具有较高的吸汞效率，可用于废水处理，但仍需要对功能性黏土的设计进行优化，以提高金属络合配体的利用率和选择性，从而提高其实际应用潜力。

田维亮等[7] 研究了蛭石上外延生长层状双氢氧化物去除 Cr（Ⅵ），由于重金属离子进入自然水体，造成了严重的环境问题，吸附法被普遍认为是一种高效、简便的去除这些有害物质的方法。层状双氢氧化物（LDHs）[8] 具有高的阴离子

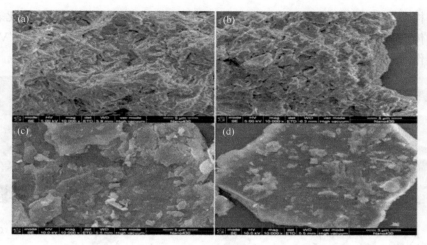

图 5-6　VMT（a）、BAL-VMT（b）、MMT（c）和 BAL-MMT（d）的 SEM 图

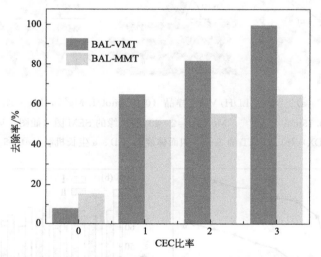

图 5-7　BAL-VMT 和 BAL-MMT 对 Hg(Ⅱ) 的吸收与 CEC 比值的比较 ［初始 Hg(Ⅱ) 浓度为 10mg/L；温度为 30℃；吸附剂用量为 2.0g/L；接触时间为 24h；pH＝4～5］

交换容量、大的比表面积和良好的生态性能，但阳离子型黏土 LDHs 只吸附阴离子，使其在吸附 Cr^{3+} 等阳离子方面受到限制。而蛭石（VMT）是一种天然阴离子黏土，具有阳离子交换容量大、成本低、对环境无害等特点[9]，在阳离子吸附方面具有广阔的应用前景。田维亮等采用原位外延生长技术，在原矿蛭石（R-VMT）的外表面和层间表面制备了 MgAl 层状双氢氧化物（MgAl-LDH）（图 5-8），通过 VMT 与 MgAl-LDH 的晶格匹配，实现了 MgAl-LDH/VMT 的制备，表明 MgAl-LDH 可以采用向 VMT 表面倾斜的取向。与传统的 MgAl-LDH 相比，层

状结构 MgAl-LDH/VMT 具有更高的 Cr(Ⅵ) 吸附再生性能（图 5-9），其比表面积和传输通道均因其多孔的三维结构而显著增强，三级分级 MgAl-LDH/VMT 有望作为一种高效、易回收的结构吸附剂应用于水处理、催化等领域。

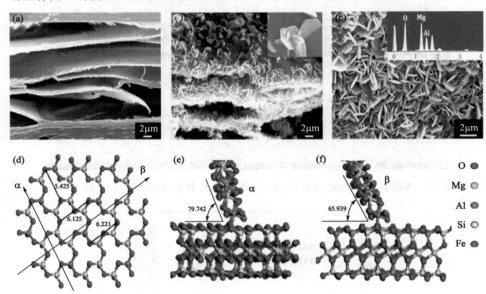

图 5-8　VMT（a）、MgAl-LDH/VMT 样品（0.075mol/L Mg²⁺，Mg∶Al＝2∶1）（b）、VMT 样品（0.15mol/L Mg²⁺，Mg∶Al＝2∶1）的边缘的 SEM 图（插图：VMT 上 MgAl-LDH 材料的 EDX）（c）、VMT 的 Si—O 四面体表面（d）、α生长机制（e）和β生长机制（f）

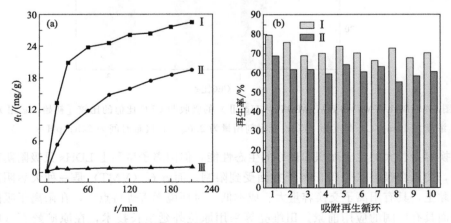

图 5-9　接触时间对吸附容量的影响（a）和连续 10 个循环的再生（b）
Ⅰ—MgAl-LDH/VMT；Ⅱ—MgAl-LDH；Ⅲ—VMT

朱小燕等[10] 研究了锌离子在蛭石表面的吸附/脱附行为，蛭石层状结构表面存在着大量的羟基官能团，重金属离子能够与其发生配位反应而被吸附[11]，在污水处理等领域受到广泛青睐。为促进蛭石在废水吸附处理中的应用，采用改性蛭石对水溶液中的 Zn^{2+} 进行吸附/脱附实验，通过单因素实验分别考察了蛭石用量、Zn^{2+} 初始浓度、pH、吸附温度、吸附时间等因素对 Zn^{2+} 在蛭石表面吸附性能的影响（图 5-10），并用正交实验优化吸附实验条件，原矿蛭石经高温改性后得到膨胀蛭石，优化了蛭石的吸附性能。实验结果表明，在室温条件下，当吸附剂的用量为 0.30g、pH 值为 5 左右、吸附时间为 40min、Zn^{2+} 浓度为 120mg/L 时，膨胀蛭石对 Zn^{2+} 的吸附率最高可达 95%。不同解吸剂对解吸过程的影响不同，KNO_3 的解吸效果优于 $NaNO_3$，且随着解吸剂浓度的增大，解吸量增大，解吸时间为 4h、解吸剂浓度为 0.5mol/L 时，蛭石解吸量可以达到 2450mg/kg。经 KNO_3 和 $NaNO_3$ 解吸的一次再生蛭石用于金属离子的吸附时，KNO_3 再生蛭石的效果优于 $NaNO_3$（图 5-11），吸附率可达 83%，且二次再生蛭石的吸附率降低较少，可以重复利用。

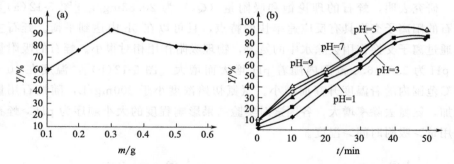

图 5-10 吸附剂加入量对重金属离子吸附率的影响 (a) 与 pH 值对吸附率的影响 (b)

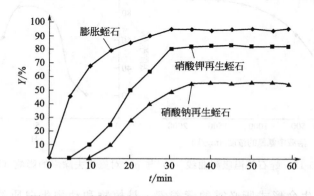

图 5-11 不同解吸剂对蛭石解吸 Zn^{2+} 的影响曲线

综上所述，蛭石对于工业制造业常见的重金属离子 Cd^{2+}、Cu^{2+}、Pb^{2+}、

Ag^+、Zn^{2+} 等都能够吸附，并且吸附性能较好。但是，在实际的重金属离子废水处理中，简单地把蛭石作为吸附剂是不可取的，因为蛭石的吸附能力是有限的。研究发现，将蛭石经过处理后再进行吸附，能够提高蛭石的吸附性能，并且可以实现循环利用。

5.2　蛭石在吸附氨氮方面的应用

聂发辉[12] 研究了原矿蛭石吸附氨氮的效果，发现工业排出的水使水域中的氨氮含量迅速增高，引起藻类过度繁殖、溶解氧降低、水质恶化等问题。污水处理厂对氨氮等无机营养物质的去除效果不佳，使得新型价廉高效的吸附材料的开发应用成为目前污水处理中除氨氮的研究热点[13]。于是他研究了蛭石在实验条件下去除污水中氨氮的能力以及水中 pH、温度、浓度等对氨氮去除的影响，为蛭石作为一种新型吸附材料在污水除氨氮领域提供了应用前提。

研究表明，蛭石的理论饱和吸附量（Q_0）为 20.83mg/g ［图 5-12（a）］，蛭石的阳离子交换具有反应速率快的特点，且可以在 5h 内达到平衡。蛭石主要通过离子交换作用去除水中的氨氮，物理吸附作用相对很小。蛭石的吸附量在 pH 为 2.0～6.0 范围内随着 pH 增大而增大 ［图 5-12（b）］，温度在 10～35℃范围内随着温度升高而减小。氨氮初始浓度小于 200mg/L，随蛭石用量增加，氨氮去除率增大，各因素对实验结果影响程度的大小顺序为 pH＞蛭石的用量＞吸附时间＞温度。

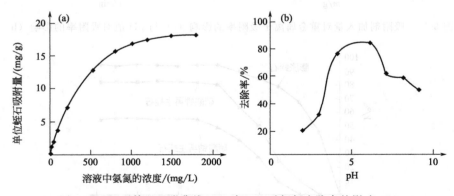

图 5-12　蛭石等温吸附曲线（a）与 pH 对氨氮去除率的影响（b）

氮是所有生命形式所必需的营养素，是植物和动物蛋白质的基本组成部分，环境中过量氮的存在已经严重扭曲了土壤、水和大气之间的自然养分循环。近几十年来，富含氨氮的工业废水对水体的污染引起了人们的广泛关注，而蛭石作为一种低成本且具有吸附性能的新型材料，成为学者研究的热点。Liu 等[14] 以三元乙丙橡胶（EPDM）和聚碳酸酯（PC）为基体、改性蛭石粉体（VMT）为填料，采用熔融共混法制备了一种新型污水处理复合材料。为了使复合材料的应用更加环保，应提高复合材料的力学性能。PC 作为基质之一具有亲水性，在制备过程中，加入适量的成孔剂，可以产生许多通道，使水分子方便地进入复合材料中，水中的氨可以吸附到被交联网络包裹的复合物中。复合材料的密度低于水的密度，它可以漂浮在水面上，因此复合材料的使用是非常方便的，该复合材料是一种生态环境材料，具有良好的水中氨氮的吸附能力。复合物含量对去除率的影响表明，氨氮的去除率随复合物含量的增加而增加 [图 5-13（a）]，当吸附达到平衡时，去除率保持不变，再生 9 个循环后 [图 5-13（b）]，复合材料对氨氮的吸附量仅下降了 4.5%，如果在大型生产线上制备，VMT/PC/EPDM 多孔复合材料的成本可以控制在 16 美元/kg 以下。

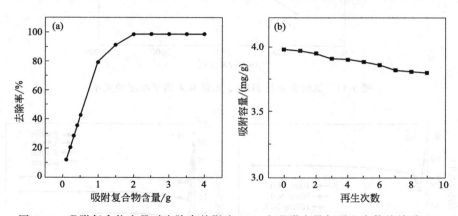

图 5-13　吸附复合物含量对去除率的影响 （a）和吸附容量与再生次数的关系 （b）

　　氨是废水中主要的含氮污染物之一，氨含量与饮用水中细菌的生长呈正相关关系，且氨含量的增加会对所有脊椎动物产生毒性，引起抽搐、昏迷和死亡。除氨的方法有很多，电解法以其有效性、温度独立性、不产生二次污染、易于自动控制和维护等优点受到越来越多的关注。蛭石还没有被用作电解槽的填料，Li 等[15] 采用蛭石填充电化学反应器，研究了连续模式下电解过程中氨氮的去除与电流效率的关系。将蛭石填充到反应器中，同时进行氨的吸附/离子交换和活性氯的解吸，对氨的去除起着重要的作用。通过蛭石吸附/离子交换，延长了氨在电解池中的滞留时间，有利于电解过程的进行，同时，活性氯再生使蛭石保持不饱和状态。此外，氨和活性氯在蛭石表面的积累也可能加速反应。在实验条件下，除氨能力与水力停留时间、电流和氯离子浓度的乘积呈线性关系（图 5-14 和图 5-15）。二次出水处理结果表明，氨含量从 29.9mg/L 降至 4.6mg/L，总氮去除率为 72%，电流效率为 23%，由于实际废水中的还原性成分，其处理效率比合成废水低 2%。可以发现，在电解过程中蛭石吸附氨氮效果良好，对于实际生活中废水的处理有较好的应用前景。

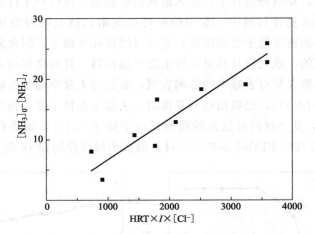

图 5-14 氨的去除与 HRT、电流和氯离子浓度的关系

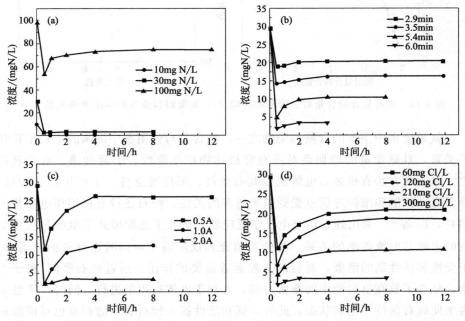

图 5-15 底物浓度（a）、HRT（b）、电流（c）和氯化物浓度（d）对电解除氨的影响

水源和环境中的氨污染是通过自然和人为来源产生的，动植物有机物分解、化肥工业、塑料制品、洗涤剂制造、炸药制造、动物饲料、食品添加剂、市政和工业废水、农牧业废水是造成 NH_4^+ 污染的最主要因素，因此去除环境中的 NH_4^+ 对控制氨污染具有重要意义。Farhad 等[16] 模拟蒙脱石纳米黏土和原矿蛭石吸附废水中氨的实验，通过间歇实验考察共存的阳离子、阴离子和有机酸对蒙脱石纳米黏土（MNC）和蛭石吸附 NH_4^+ 的影响。实验结果表明，其他阳离子（Mg^{2+}、Ca^{2+}、Na^+ 和 K^+）和有机酸（柠檬酸、苹果酸和草酸）的存在降低了黏土矿物对 NH_4^+ 的吸附，吸附剂在 SO_4^{2-} 存在下对 NH_4^+ 的吸附能力高于 PO_4^{3-} 和 Cl^-，MNC 和蛭石对 NH_4^+ 的去除效果随吸附剂用量、pH、接触时间和初始 NH_4^+ 浓度的变化而变化。pH 对 NH_4^+ 吸附的影响表明（图 5-16），在较低 pH 下，MNC 比蛭石更适合作为吸附剂。解吸实验表明，吸附剂对 NH_4^+ 的吸附不完全可逆，吸附 NH_4^+ 对 MNC 和蛭石的总回收率分别在 72%～94.6% 和 11.5%～45.7% 之间。MNC 和原矿蛭石作为一种经济、环保的吸附剂，对废水中的 NH_4^+ 具有良好的去除效果。

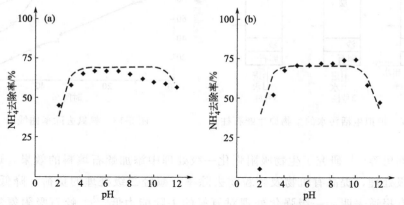

图 5-16　pH 对 MNC（a）和蛭石（b）去除 NH_4^+ 的影响（吸附剂用量为 40g/L MNC 和 80g/L 蛭石；接触时间为 24h；初始 NH_4^+ 浓度为 40mg/L）

董敏慧等[17] 研究了生物蛭石柱对模拟城镇生活污水中污染物氨氮的去除效果。为了寻求生物蛭石在生活污水脱氮方面应用的可能性，实验采用了三根相同的有机玻璃柱，其中：1 号柱采用从上面进水下面出水的方式；2 号柱采用从下面进水上面出水的方式；3 号柱作为实验空白柱（即进水是 NH_4Cl 与自来水配成的 NH_4Cl 溶液）也由下面进水（图 5-17）。三根蛭石柱同时平行运行了 2 个月，当运行 2 周后发现，1 号柱与 2 号柱的进水开始出现轻微堵塞，进水流速减慢，这表明蛭石柱在运行 2 周后开始挂膜，生物膜的生长使得进水发生堵塞。将 1 号柱和 2 号柱的出水氨氮浓度变化曲线与空白柱 3 的出水氨氮浓度变化曲线相比较，可以看出空白柱的出水氨氮浓度一直增大，最后出水氨氮浓度几乎等于进水氨氮浓度，此时表明蛭石柱中的蛭石与氨的交换饱和，蛭石已失去吸附氨氮的能力。而 1 号柱和 2 号柱则不同，出水氨氮浓度处于缓慢上升的趋势，即在同一时间出水浓度较空白柱小很多（图 5-18）。在运行大约 1 个月后，空白柱的出水氨氮浓度已达到了进水氨氮浓度的 50%，而 1 号柱和 2 号柱的出水氨氮浓度则表现得很稳定，其氨氮去除率还保持在 85% 以上，这表明生物蛭石柱与空白蛭石柱相比对氨氮的去除效果明显且稳定。从机理上分析，生物蛭石柱对氨氮的去除主要依靠离子交换吸附和生物硝化的协同作用。

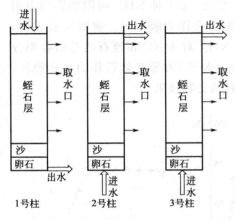

图 5-17 模拟生活污水的生物原生蛭石柱

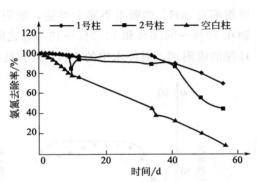

图 5-18 氨氮去除率曲线

刘勇等[18] 研究了生物吸附强化一级处理中添加蛭石填料的效果，通过强化一级处理，提高有机物及颗粒物去除率，减轻二级处理的负荷，降低能耗，但现有报道表明，一级强化处理对氨氮的去除能力低[19]。蛭石吸附氨氮与活性污泥吸附有机质在时间上有一致性，在生物吸附-污泥再生系统中投加蛭石填料，在吸附阶段吸附污水中的部分氨氮，而在污泥再生曝气阶段释放氨氮作为微生物生长或硝化作用的氮源，能提高处理体系氨氮的去除率。刘勇等采用了一个类似于 SBR 反应器的装置进行实验，系统运行分三个阶段，即吸附、沉淀及再生，采用瞬时进水方式，序批式运行，原水稍做沉淀。实验系统进出水氨氮浓度变化如图 5-19 所示，研究结果表明：蛭石填料系统氨氮平均去除率为 43%，而对照组的平均去除率为 8%，添加蛭石填料，系统对氨氮的去除明显增加。这是因为蛭石对氨氮具有快速吸附的特点，因而在系统吸附时间仅为 45min 时就可达到较高的氨氮去除率。

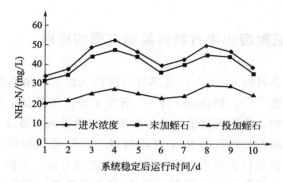

图 5-19　实验系统进出水氨氮浓度变化

尹敬杰等[20] 研究了膨胀蛭石吸附微污染水源中氨氮的影响因素。他们采用静态实验的方法，分别考察了膨胀蛭石粒径、反应接触时间、pH、膨胀蛭石投加量、原水氨氮浓度以及反应温度等因素对吸附效果的影响。研究结果表明膨胀蛭石的粒径越大，对氨氮的去除效果越好。膨胀蛭石吸附氨氮具有"前期快速吸附，后期缓慢平衡"的特点。进水 pH 在中性条件下，膨胀蛭石对氨氮的去除率较好。如图 5-20 所示，氨氮去除率随着进水氨氮浓度的增加而减小，吸附量随着进水氨氮浓度的增加而增加。随着膨胀蛭石投加量的增加，氨氮的去除率先增大后减小，表现出"颗粒效应"。随着温度的升高，氨氮去除率呈现逐渐减小的趋势，表明膨胀蛭石吸附水中氨氮的反应是放热过程。

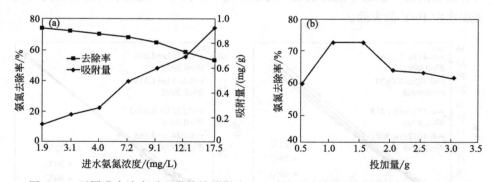

图 5-20　不同进水浓度对吸附效果的影响（a）与蛭石投加量对吸附效果的影响（b）

综上所述，从蛭石对氨氮吸附的研究中可以发现，蛭石能作为吸附剂直接吸附氨氮，对氨氮的去除效果会随着吸附剂用量、pH、接触时间和初始氨氮浓度的变化而变化。蛭石也可以被用作电解槽的填料，添加到化学反应器中，然后在电解过程中吸附氨氮并且吸附效果良好，因而蛭石对于实际生活废水中氨氮的处理有良好的应用前景。

5.3 蛭石在吸附废水中有机污染物方面的应用

全世界合成染料约 $8 \times 10^5 t$，大部分直接排入废水，染料废水的排放是一个严重的环境问题[21,22]。Mahmut 等[23] 研究了蛭石和斜发沸石对烟碱 Y 染料的吸附性能的影响，他们研究了天然斜发沸石和蛭石从水溶液中吸附去除 PyY 的能力，为斜发沸石和蛭石的 PyY 吸附容量和吸附常数提供了基础信息。通过选择斜发沸石和蛭石去除水溶液中碱性染料的动力学、平衡和活化参数，在相同条件下，比较斜发沸石和蛭石对 PyY 的去除效果。研究结果表明，蛭石和斜发沸石在不同初始吸附剂浓度（$3.0 \sim 5.0 g/L$）和恒定初始 PyY 浓度（$10 mg/L$）下对染料的去除性能不同。当吸附剂浓度低于 $4.0 g/L$ 时，斜发沸石的吸附性能优于蛭石；蛭石和斜发沸石在吸附剂浓度高于 $4.0 g/L$ 时，对 PyY 的去除率和去除程度相当；吸附剂浓度高于 $3.0 g/L$ 时，吸附 30min 后，蛭石和斜发沸石对染料的去除率均超过 91%。通过研究两种吸附剂的吸附等温线，并计算两种吸附剂的等温线常数，发现蛭石对 PyY 的吸附符合 Langmuir 等温线，斜发沸石对 PyY 的吸附符合 Freundlich 等温线（图 5-21），斜发沸石和蛭石对 PyY 的吸附动力学可以用拟二级模型较好地描述（图 5-22），活化能的正值表示存在势垒。研究表明蛭石和斜发沸石是去除水溶液中 PyY 的有效吸附剂，从这个意义上说，可以作为一种简单、低成本的替代吸附剂用于废水中 PyY 的去除。

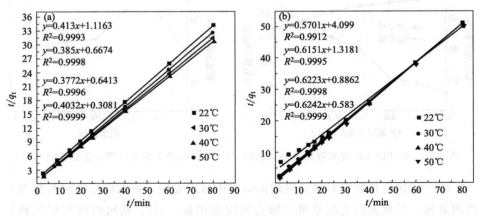

图 5-21 斜发沸石吸附 PyY 的准二级动力学曲线 (a) 与
蛭石吸附 PyY 的拟二级动力学曲线 (b)

印染废水具有水量大、有机污染物含量高、色度深、碱性大、水质变化大

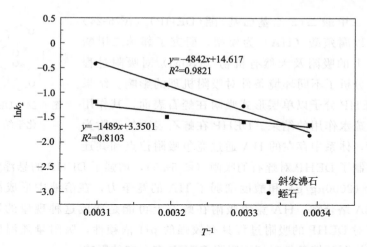

图 5-22　斜发沸石和蛭石吸附 PyY 的 Arrhenius 图

等特点，属难处理的工业废水。徐景华等[24]利用蛭石作为吸附剂对印染废水中的有机污染物进行吸附去除，以罗丹明 6G 为目标污染物，研究了蛭石吸附水中罗丹明 6G 的性能及适宜条件，并用蛭石对实际印染废水进行了处理。研究表明，pH 对蛭石吸附罗丹明 6G 的影响不是很大 [图 5-23(a)]，各种有机物的去除率随蛭石用量的增加而增加 [图 5-23(b)]。在室温、中性条件下，蛭石对罗丹明 6G 具有较好的吸附性，吸附率都在 92% 以上，为处理中性污水提供了较好的理论依据。蛭石对罗丹明 6G 的吸附机理，主要是阳离子交换吸附机理。蛭石对罗丹明 6G 的饱和吸附量较高，其等温吸附曲线符合 Langmuir 吸附等温方程，蛭石对实际印染废水的处理有一定效果，实际废水成分复杂，单独用蛭石处理效果不是很理想。如何提高处理实际废水的效果，有待进一步研究。

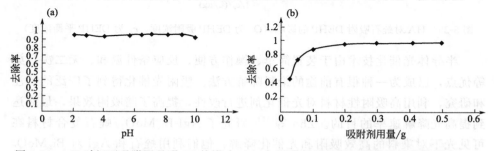

图 5-23　pH 对蛭石吸附罗丹明 6G 的影响（a）与吸附剂用量对蛭石吸附性能的影响（b）

Wen 等[25]研究了腐殖酸对蛭石吸附邻苯二甲酸盐的影响，邻苯二甲酸盐是塑料工业中常见的添加剂，但也可用于油漆、润滑剂、杀虫剂和化妆品[26]。邻苯二甲酸盐被认为是内分泌干扰物，由于其普遍存在而引起了环境问题。他们以邻苯二甲酸二(2-乙基己基)酯（DEHP）（图 5-24）为代表，以腐殖酸（HA）为模型，研究了邻苯二甲酸酯在蛭石上的吸附及天然有机物（NOM）对吸附过程的影响，分析了不同环境条件对吸附机理的影响。结果表明，DEHP 分子以单层形式吸附在蛭石表面，其作用力主要是疏水作用的结果。DEHP 在蛭石表面的吸附为单层吸附，体系中存在的 HA 通过竞争吸附位点和共迁

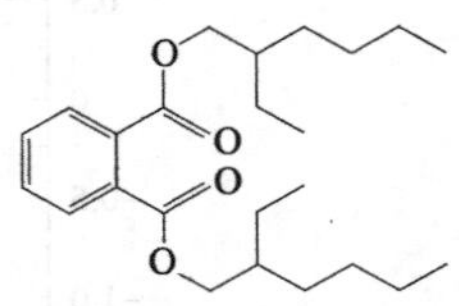

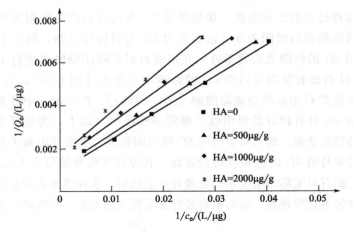

图 5-24　DEHP 的化学结构

移作用抑制了 DEHP 对蛭石的吸附（图 5-25），增强了 DEHP 的悬浮性。但过量的 HA（2000μg/g）和酸度削弱了 HA 的竞争力，在溶液中形成高比例的 DEHP-HA 络合物，HA 竞争吸附在蛭石上可能是造成这种现象的原因。另外，蛭石对 DEHP 的吸附过程具有较强的 pH 依赖性，吸附量随温度的升高而降低，说明环境条件对蛭石吸附 DEHP 有一定的影响。

图 5-25　HA 对蛭石吸附 DEHP 的影响（Q_e 为 DEHP 吸附浓度，c_e 为 DEHP 平衡浓度）

　　半导体光催化技术由于装置简单、操作方便、反应条件温和、无二次污染等优点，已成为一种很有前途的染料降解方法。吸附光催化得到了广泛的关注和研究，利用高吸附性材料对光催化剂进行改性，提高了暗吸附效果，最终达到提高光降解速率的目的。Zhu 等[27] 研究了 AgI-Bi$_2$MoO$_6$/蛭石复合材料在可见光下对染料的高效吸附和光催化降解，他们利用蛭石和 AgI 对 Bi$_2$MoO$_6$ 进行改性，成功合成了 AgI-Bi$_2$MoO$_6$/蛭石复合材料，增强了可见光辐照下 MG 染料的吸附和光催化降解性能。对制备的复合材料的结构、形貌和光学性能进行了研究（图 5-26），结果表明，Bi$_2$MoO$_6$ 和 AgI 均匀负载在蛭石层上，三元复合材料在可见光区具有较强的吸收能力；AgI-Bi$_2$MoO$_6$/蛭石复合材料

对染料的降解具有良好的光催化活性，可重复使用三次，具有回收稳定性（图 5-27）。因此，在无二次污染的废水处理中具有广阔的应用前景。

图 5-26　蛭石（a）和 5%（质量分数）AgI-Bi$_2$MoO$_6$/VMT 复合材料（b）的 SEM 图

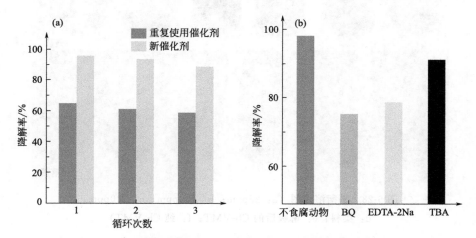

图 5-27　5%（质量分数）AgI-Bi$_2$MoO$_6$/蛭石复合材料对 MG 降解的
可回收性（a）及其在不同清除剂（BQ、EDTA-2Na、TBA）存在下
对 MG 降解的光催化活性（b）

人工染料是造成环境污染的主要污染物之一[28]。日落黄 FCF(Sy) 和亮蓝 FCF(Bb) 是最常用的食品染料，这些染料可对肝细胞造成损伤，而且会使肾功能衰竭，有致癌作用。研究表明，几种物理化学和生物技术可用于食品染料的去除，如离子交换法、沉淀法、吸附法等方法[29]，但由于成本高、技术要求高、效率低等原因，这些技术大多不可取，利用吸附法去除水中最常见的污染物染料是目前应用最广泛的方法之一。蛭石是一种天然材料，作为一种金属

和染料的吸附剂，在实际应用中（如混凝、絮凝、团聚等）有一定的困难。Zeynep 等[30] 研究了壳聚糖蛭石珠去除水溶液中食用染料，以壳聚糖（Ch)-蛭石（VMT）复合微球材料为吸附剂，对 Sy 和 Bb 食品染料的去除进行了研究，从 pH、浓度、吸附动力学（时间）和吸附热力学（温度）等方面评价了 Ch-VMT 复合微球对 Sy 和 Bb 染料的吸附性能。研究表明，合成的 Ch-VMT 复合微球是阴离子型的，在许多领域有着广泛的应用，该复合微球是一种很好的染料吸附剂，对 Sy 和 Bb 两种染料的吸附容量都很高（图 5-28），实现了吸附物种的回收和吸附剂的重复使用，表明新合成的复合材料是一种有潜力的吸附剂。

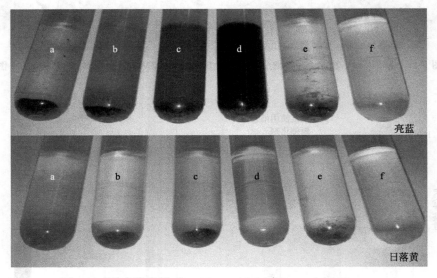

图 5-28　平衡溶液图（a：25ppm；b：100ppm；c：500ppm；
d：染料；e：解吸后的 Ch-VMT；f：纯 Ch-VMT)

　　综上所述，蛭石对有机染料的吸附机理是阳离子交换吸附机理，与蛭石吸附重金属离子的机理相同。蛭石吸附有机污染物大大提高了吸附剂的吸附能力，有较高的实际应用价值。

5.4　蛭石在吸附其他物质方面的应用

　　苯二氮䓬类（BDZs）是一类作用于中枢神经系统的精神药物，具有抗焦虑、镇静、催眠等作用，此外这类药物处方在治疗动物焦虑和刺激食欲方面也很常见，但是这些化合物的广泛应用影响到人类生活的多个方面，包括潜在的

环境和生态毒理学问题[31]。BDZs 在环境中普遍存在的主要原因不仅与这些药
物的高消耗量有关，而且与传统的生物废水
处理工艺去除这些药物残留物的效率普遍较
低有关[32]。Palace 等[33] 对苯二氮䓬类化合
物在蛭石表面吸附的密度泛函进行了研究。
他们用周期密度泛函方法研究了两种苯二氮
䓬分子（安定、阿普唑仑）（图 5-29）在蛭石
周期模型表面的吸附，观察到这些分子与蛭

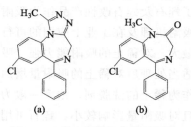

图 5-29　苯二氮䓬类化合物阿普
唑仑（a）和安定（b）的化学结构

石表面的黏附可以通过两种作用来实现：一
种是通过 Mg^{2+} 的桥连作用；另一种是通过水分子与分子和表面的氢键作用
（图 5-30），由此可以知道吸附质和表面之间有很强的相互作用。研究表明，
蛭石是一种有前途的廉价的替代品，可以通过吸附过程从废水中去除这些
药物。

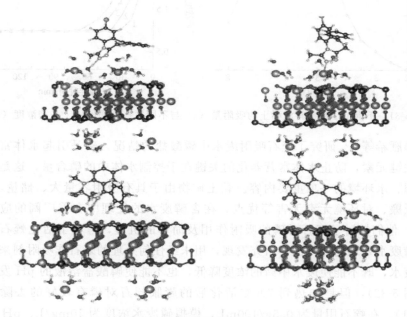

图 5-30　水合 Mg^{2+} 表面阳离子体系的能量最小化几何结构

　　周新木等[34] 研究了蛭石对稀土离子的吸附性能，蛭石具有很强的吸附
性，但未发现用蛭石处理含低浓度稀土离子废液或稀土淋洗液尾液的研究[35]。
低浓度稀土离子废液的处理通常采用沉淀法，但沉淀剂过量会造成环境污染，
因此寻找更经济、对其吸附效果好的处理方法是环保工作的任务之一。他们从

pH 对稀土离子吸附量的影响、蛭石粒度对吸附速率的影响（图 5-31），研究了蛭石及蛭石改性产品作为吸附材料对稀土离子的吸附作用，并且探究了蛭石吸附机理及在工业上应用的可行性。研究表明，动态吸附时蛭石的吸附量可达最大，对稀土的吸附能力强，吸附速度快；粒度越小，吸附速度越快；蛭石经适当处理后对稀土的吸附量增加，其中用硫酸铵处理效果较好，硫酸铵同时可作为稀土的洗脱剂，浓度一般为 0.12mol/L 左右。蛭石吸附稀土可重复使用，且对吸附量影响较小，蛭石可用于稀土淋洗液尾液中稀土及低浓度稀土料液中稀土的回收，可提高稀土收率，减少环境污染。

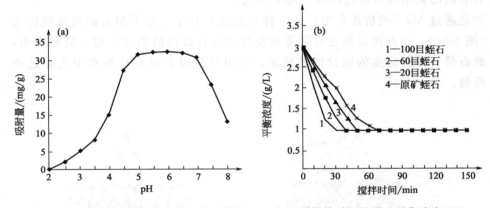

图 5-31　不同 pH 稀土料液稀土的吸附量（a）与不同搅拌时间的稀土平衡浓度（b）

邓雁希等[36] 研究了蛭石吸附废水中磷酸盐的情况，磷是引起水体富营养化的关键元素，防止水体富营养化的关键在于控制水体中的磷含量，这是保护水资源、水环境的一项重要内容。黏土矿物由于具有吸附容量大、储量丰富、价格低廉、对环境无毒无害等优点，在含磷废水的处理中有着广阔的应用前景[37]。他们探讨了蛭石对磷的吸附作用及简单的机理，考察了活化蛭石应用于含磷废水处理的可行性。研究发现，用未经任何处理的蛭石作吸附剂来处理含磷废水，既不能使废水中磷的浓度降低，也不能使磷酸盐溶液的 pH 发生变化（图 5-32），但是加热到 700℃ 活化后的膨胀蛭石对磷有较好的去除效果（表 5-1）。在蛭石用量为 0.5g/100mL，模拟磷废水浓度为 10mg/L、pH 值为 7.50～7.60 时，在很短的时间内就可使残留液浓度降到 0.5mg/L 以下，去除率可达到 99% 以上。因此，蛭石可用于废水除磷，蛭石去除废水中磷的作用包括吸附和沉淀，但以哪一种为主，还有待于进一步研究。

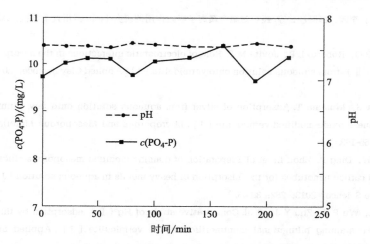

图 5-32　未经处理的蛭石对含磷废水的处理

表 5-1　膨胀蛭石的投加量对除磷效果的影响

蛭石用量 /（g/100mL）	残留液浓度 /（mg/L）	吸附量 /（mg/g）	去除率 /%
0.1	7.768	2.166	21.80
0.5	0.070	1.973	99.29
1	0.027	0.991	99.73
1.5	0.021	0.661	99.79
2	0.013	0.496	99.70

　　蛭石因其特殊的结构在吸附方面具有良好的应用前景，将其应用于污水处理可降低处理成本，且处理设备比较简单。蛭石不仅对污水中的重金属离子、有机污染物、氨氮有较好的吸附效果，而且在吸附磷酸盐、苯二氮䓬类（BDZs）等方面也有较好的应用前景。但单纯以蛭石为吸附剂是不可取的，因为它的吸附性能有限，可通过制备复合吸附材料来提高蛭石的吸附性能，进而使蛭石更有效地应用于废水处理。目前对于蛭石处理废水还有一些问题需要解决，例如，蛭石在工农业领域中大规模应用、制备与活性炭相同吸附性能的蛭石复合材料和蛭石水处理材料的再生循环利用等。

参考文献

[1] 王菲菲，吴平霄，党志，等.蛭石矿物柱撑改性及其吸附污染物研究进展 [J].矿物岩石地球化学通报，2006，（2）：177-182.

［2］谭光群，李晖，彭同江，等.蛭石对重金属离子吸附作用的研究［J］.四川大学学报，2001，（3）：58-61.

［3］Erika P O，Roberto L R，Jovita M B. Role of electrostatic interactions in the adsorption of cadmium（Ⅱ）from aqueous solution onto vermiculite［J］. Applied Clay Science，2014，88-89：10-17.

［4］Ahmet S，Mustafa T. Adsorption of silver from aqueous solution onto raw vermiculite and manganese oxide-modified vermiculite［J］. Microporous and Mesoporous Materials，2013，170：155-163.

［5］Yang W，Ding P，Zhou L，et al. Preparation of diamine modified mesoporous silica on multi-walled carbon nanotubes for the adsorption of heavy metals in aqueous solution［J］. Applied Surface Science，2013，282：38-45.

［6］Tran L，Wu P X，Zhu Y J，et al. Comparative study of Hg（Ⅱ）adsorption by thiol- and hydroxyl-containing bifunctional montmorillonite and vermiculite［J］. Applied Surface Science，2015，356：91-101.

［7］Tian W L，Kong X J，Jiang M H，et al. Hierarchical layered double hydroxide epitaxially grown on vermiculite for Cr（Ⅵ）removal［J］. Materials Letters，2016，175：110-113.

［8］Sideris P J，Nielsen U G，Gan Z，et al. Mg/Al ordering in layered doublehydroxides revealed by multinuclear NMR spectroscopy［J］. Science，2008，321：113-117.

［9］Balima F，Nguyen A N，Reinert L，et al. Effect of the temperature on the structural and textural properties of acompressed K-vermiculite［J］. Chemical Engineering Science，2015，134：555-562.

［10］朱小燕，但建明，姜丽娜，等.锌离子在蛭石表面的吸附/脱附行为研究［J］.材料保护，2018，51（9）：117-121，158.

［11］张莹，李洪玲，肖芙蓉，等.改性蛭石对汞离子吸附性能的影响［J］.石河子大学学报：自然科学版，2011，29（5）：613-617.

［12］聂发辉.系统评价天然蛭石吸附氨氮的效果［J］.四川环境，2004，（4）：15-19.

［13］石太宏，方建章，王松平，等.活性碳吸附 Zn（Ⅱ）的热力学与机理研究［J］.水处理技术，1999，25（2）：103-105.

［14］Liu X Q，Yan B X，Liu S Y，et al. Influence of outside environmental variations on ammonia nitrogen adsorption characteristics of HVMT/PC/EPDM composite［J］. Springer Berlin Heidelberg，2013，69（8）：2541-2548.

［15］Li L，Yao L，Fang X Y，et al. Electrolytic ammonia removal and current efficiency by a vermiculite-packed electrochemical reactor［J］. Scientific Reports，2017，7：1-8.

［16］Farhad M，Mohsen J. Adsorption of ammonium from simulated wastewater by montmorillonite nanoclay and natural vermiculite：experimental study and simulation［J］. Environ Monit Assess，2017，189（8）：415-424.

［17］董敏慧，胡日利，吴晓芙，等.生物蛭石柱处理生活污水中氨氮的效果研究［J］.中南林学院学报，2006，20（5）：31-34.

［18］刘勇，胡日利，李科林，等.生物吸附强化一级处理中添加蛭石填料的实验［J］.广州环境科学，2004，（4）：8-11.

[19] 潘碌亭，肖锦，赵建夫，等.中国城市污水强化一级处理研究现状与进展 [J].环境污染与防治，2003，25（1）：29-31.

[20] 尹敬杰，蒋白懿，刘军，等.膨胀蛭石吸附微污染水源水中氨氮的影响因素研究 [J].辽宁化工，2009，38（3）：170-172.

[21] Menezes E W E, Lima C, Royer B, et al. Ionic silica based hybrid material containing the pyridinium group used as an adsorbent for textile dye [J]. Journal of Colloid and Interface Science, 2012, 378（1）: 10-20.

[22] Garg V K, Gupta R, Yadav A B, et al. Dye removal from aqueous solution by adsorption on treated sawdust [J]. Bioresource Technology, 2003, 89（2）: 121-124.

[23] Mahmut T, Abdullah S, Ali R D. Comparison of adsorption performances of vermiculite and clinoptilolite for the removal of pyronine Y dyestuff [J]. React Kinet Meeh Cat, 2014, 111: 791-804.

[24] 徐景华，滕建亮.蛭石处理印染废水的研究 [C]//2008 全国皮革化学品会议论文集，温州，2008：433-438.

[25] Wen Z D, Gao D W, Li Z, et al. Effects of humic acid on phthalate adsorption to vermiculite [J]. Chemical Engineering Journal, 2013, 223: 298-303.

[26] Roslev P, Vorkamp K, Aarup J, et al. Degradation of phthalate esters in an activated sludge wastewater treatment plant [J]. Water Research, 2007, 41: 969-976.

[27] Zhu P F, Wang R X, Duan M, et al. Efficient adsorption and photocatalytic degradation of dyes by AgI-Bi$_2$MoO$_6$/vermiculite composite under visible light [J]. Chemistry Select, 2019, 4（41）: 41-42.

[28] Liu J, Wu P, Yang S, et al. A photo-switch for peroxydisulfate non-radical/radical activation over layered CuFe oxide: rational degradation pathway choice for pollutants [J]. Applied Catalysis B: Environmental, 2020, 261: 118-232.

[29] Ejder K M, Gürses A, Doğar C, et al. Removal of organic dyes from industrial effluents: an overview of physical and biotechnological applications, green chemistry for dyes removal from wastewater [J]. Research Trends and Applications, 2015, 10: 1-34.

[30] Zeynep M S, Nevcihan G, Selcuk S, et al. Removal of food dyes from aqueous solution by chitosan-vermiculite beads [J]. International Journal of Biological Macromolecules, 2020, 148: 635-646.

[31] Calisto V, Esteves V I. Psychiatric pharmaceuticals in the environment [J]. Chemosphere, 2009, 77: 1257-1274.

[32] Kosjek T, Perko S, Zupanc M, et al. Environmental occurrence, fate and transformation of benzodiazepines inwatertreatment [J]. Water Research, 2012, 46: 355-368.

[33] Palace C A J, Dordio A V, Prates Ramalho J P. A DFT study on the adsorption of benzodiazepines to vermiculite surfaces [J]. Journal of Molecular Modeling, 2014, 20: 2336.

[34] 周新木，谈宏宇，徐招弟.蛭石对稀土离子的吸附性能研究 [J].非金属，2004，27（2）：2-7.

[35] 胡大千，朱建喜，辽宁清.原未膨胀蛭石及其有机改性研究 [J].非金属矿，2001，（5）：14-15.

[36] 邓雁希，许虹，黄玲.蛭石去除废水中磷酸盐的研究 [J].中国非金属矿工业导刊，2003，（6）：42-44.

[37] 黄瑾辉.海泡石复合吸附剂在含磷废水处理中的应用 [J].污染防治技术，1998，11（1）：36-39.

第6章

蛭石在催化方面的应用

膨胀蛭石具有多级结构，可以增加复合催化剂的装载量；且吸附性能好，可以大大提高反应活性，有利于催化反应过程的进行。在催化过程中，需要高温、高压等苛刻条件，而蛭石的热稳定性好，结构稳定，在催化方面具有显著优势。下面将介绍蛭石在光催化、烃类转化催化和污染物去除等催化领域的研究现状。

6.1 蛭石在光催化方面的应用

二氧化钛（TiO_2）具有独特的能带结构和无毒特性，是最常见的光催化材料之一。目前大部分使用的光催化材料都是纳米颗粒组成的，因粉体容易团聚，光催化材料的光降解率较低。此外，减少能带可以使紫外光激活二氧化钛，因此拓宽 TiO_2 的响应光谱范围是提高此类材料光催化性能的有效方法。目前使用天然材料作为光催化剂的报道较少，Tang 等[1] 采用溶胶-凝胶法结合静电纺丝技术制备直径约 300nm、网状结构 TiO_2-蛭石复合纳米纤维材料。550℃退火 3h 的 TiO_2-蛭石复合纳米纤维对亚甲基蓝的吸附和光降解能力最好。这表明矿物蛭石粉与 TiO_2 的复合提高了光催化材料的吸附降解性能，从而提高了材料对亚甲基蓝的降解能力。紫外-可见吸收光谱如图 6-1 所示。

此外，纳米纤维中蛭石的含量越高，亚甲基蓝浓度越低。在吸附过程中，蛭石作为吸附材料，发生了吸附-光降解过程。如图 6-2 所示，含 2%（质量分数）蛭石的样品具有非常好的吸附和光催化性能，与纯 TiO_2 纳米纤维相比，含 2%（质量分数）蛭石的 TiO_2 复合纳米纤维的反应更早达到平衡。该研究认为，在纳米纤维中加入更多的蛭石会对带隙产生负面影响，加入质量分数为 2% 的蛭石复合纳米纤维表现出了非常合适的直接带隙和很高的光催化活性。

Volker 等[2] 比较了以（NH_4）$_2$Ce（NO_3）$_6$ 为前驱体，在含 CeO_2 水溶液中和蛭石悬浮液中（VMT/CeO_2）的微观结构和光催化性能，通过 N_2O 的分

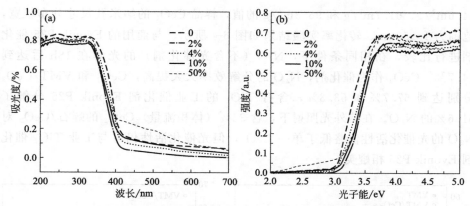

图 6-1　含不同质量分数蛭石的二氧化钛复合纳米纤维在 550℃
空气中煅烧 3h 后的紫外-可见吸收光谱

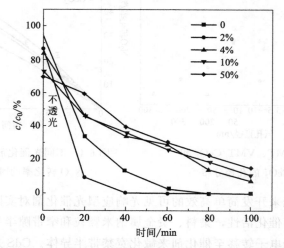

图 6-2　含不同质量分数蛭石的二氧化钛复合纳米纤维光催化降解亚甲基蓝的比较

解研究了样品的光催化活性，以蛭石为基体（VMT）携带氧化铈纳米颗粒
（VMT/CeO₂），并与工业催化剂进行比较。

　　作为一种典型的稀土氧化物，CeO₂ 通过 Ce⁴⁺/Ce³⁺ 的氧化还原过程，可
逆交换氧来作为催化活性氧空位的伴随物。以 CeO₂ 为基础的催化剂是一种广
泛应用于大气中 CO 氧化的高效体系，在自制的光催化装置中，研究了不同光
催化剂表面 N₂O 的室温分解，反应方程式如下。

$$N_2O \longrightarrow N_2 + \frac{1}{2}O_2$$

VMT、VMT/CeO₂ 和析出 CeO₂ 的孔径分布如图 6-3 所示，分别测定了

14.6m^2/g、61.7m^2/g 和 96.3m^2/g 的值，样品 CeO$_2$ 的纳米孔尺寸分布较宽，范围为 1～50nm。转化率实验结果如图 6-4 所示，与商用的 Evonik P25 催化剂进行比较，在相同条件下，N$_2$O（不含光催化剂）的光解在 18h 后达到 44.7%。CeO$_2$ 作为催化剂，N$_2$O 的分解效率大大提高，CeO$_2$ 和 VMT/CeO$_2$ 分别达到 57.7% 和 53.3%，含有 TiO$_2$ 的工业催化剂 Evonik P25 分解了 51.6% 的 N$_2$O。在紫外光照射下，含 32%（体积流量）CeO$_2$ 的蛭石/CeO$_2$ 对 N$_2$O 的光催化活性仅略低于单一 CeO$_2$，但光催化活性仍可与工业 TiO$_2$ 催化剂 Evonik P25 相媲美。

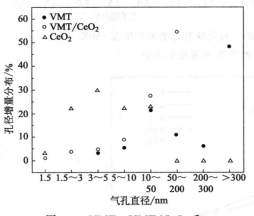

图 6-3　VMT、VMT/CeO$_2$ 和
析出 CeO$_2$ 的孔径分布

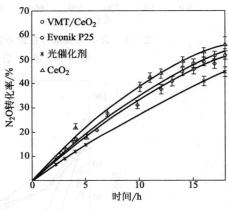

图 6-4　不同光催化剂和光解过程中
N$_2$O 转化率的时间依赖性

利用可见光来开发简单高效的可见光响应型光催化剂对实际应用具有重要意义。为了提高催化活性，染料、贵金属纳米颗粒和窄带隙半导体等通过光吸收产生氢气，光电子转移至催化剂来敏化宽禁带半导体。CdS 是一种窄带隙半导体（2.4eV），因其合适的禁带宽度、负的导带边缘和易于制备等被认为是一种很有前途的半导体。如 Sang 等[3] 利用 CdS 作为敏化剂制备 CdS/TiO$_2$ 异质结构材料，提高了 TiO$_2$ 纳米管光电极的光活性。受此启发，Zhang 等[4] 采用一步法制备了 CdS/蛭石（CdS/VMT）纳米复合材料，如图 6-5 和图 6-6 所示，在可见光（λ≥420nm）照射下，VMT 和 CdS 量子点的协同效应使光生载流子得到有效分离，从而提高光催化剂的可见光催化产氢活性。最佳配比为 5% 的 CdS/VMT 复合材料在可见光照射下的析氢速率高达 92μmol/h（相当于 420nm 处的量子效率为 17.7%），比纯 CdS 的产氢速率高 10 倍以上。在 5%CdS/VMT 样品上进行制氢反应，每隔 8h 抽空一次，因 CdS 光生电子/空穴对快速分离，所制备的 5%CdS/VMT 的光催化产氢反应在 72h 后活性没有

明显变化。如图 6-7 所示，通过比较不同 CdS 量子点含量的 CdS/VMT 薄膜发现 CdS/VMT 复合膜的颜色取决于 CdS 量子点的量。裸露的 VMT 薄膜是浅棕色的，这表明它可以吸收可见光；当与 CdS 量子点结合后从浅棕色变成黄色（1％CdS/VMT），最后变成橙黄色（10％CdS/VMT）。研究表明，CdS 量子点敏化蛭石是一种高效、低成本的光催化产氢方法，它不需要贵金属作为辅助催化剂，为开发高性能可见光蛭石基光催化剂和促进其在能量转换中的实际应用提供了新的见解。

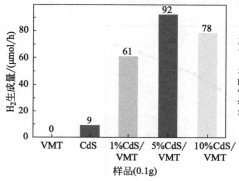

图 6-5　可见光下 VMT、CdS、1％ CdS/VMT、5％ CdS/VMT、10％ CdS/VMT 的光催化产氢率比较

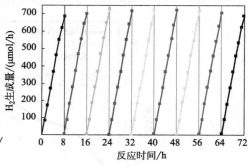

图 6-6　5％CdS/VMT 生成氢的时间过程

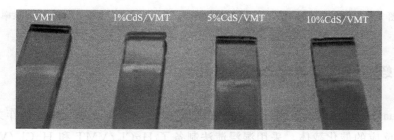

图 6-7　玻璃片上各个样品的颜色

Wang 等[5] 以氯化铌为铌源，采用原位水热法合成了三维铌酸钾纳米阵列/蛭石（KNbO$_3$/VMT），研究了在光照条件下亚甲基蓝（MB）的光降解对复合材料光催化性能的影响。在层状材料中，矿物蛭石（VMT）因其具有较大的比表面积以及良好的吸收性、热稳定性和再现性而成为一个合适的选择。利用含有 Nb^{5+} 的铌源吸附在 VMT 表面，通过水热合成原位生长 KNbO$_3$，同时用紫外光照射活化 KNbO$_3$，而 VMT 在可见光区有良好的吸收。

在可见光照射下去除 VMT，用于评价合成的 KNbO$_3$/VMT 复合材料的光催化性能，如图 6-8 所示给出了可见光辐照下 KNbO₃、VMT 和 KNbO₃/VMT 光催化 MB 的去除率。无光照下 KNbO₃、VMT 和 KNbO₃/VMT 对 MB 的去除率分别为 13.9%、29.3% 和 38.2%，KNbO₃/VMT 有着很好的效果。在 0.3g 催化剂作用下，MB 的去除率可达到 81%，具有三维结构的 KNbO₃/VMT 提供了大量暴露于能增强光催化能力的环境中的活性位点。此外，在去除过程中还发生了吸附和光催化的协同作用，三维结构的 KNbO₃/VMT 复合材料在光催化和环境修复方面具有更实际的应用。

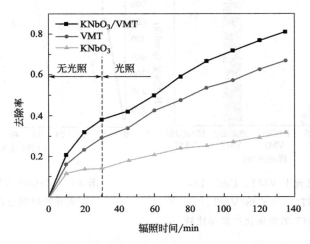

图 6-8　可见光辐照下 KNbO₃、VMT 和 KNbO₃/VMT 光催化 MB 的去除率

6.2　蛭石在烃类转化方面的催化应用

Huang 等[6] 制备了一种新型的膨胀多层蛭石（VMT），并将其作为乙炔氢氯化反应的催化载体，采用湿浸渍法制备了 HgCl₂/VMT 和 HgCl₂/VMT-C 催化剂。一般来说，碳负载型催化剂尤其是负载型活性炭（AC），具有较大的比表面积、良好的导电性和导热性，催化效率较高。由于 AC 负载型催化剂的机械强度低、粉化能力差，使其难以再生[7]，更需要低成本的、环保的无汞催化剂和性能优良的催化剂载体，载体需具有较高的机械强度和吸附能力，以减少汞的损失，强化乙炔氢氯化反应。

如图 6-9 所示，HgCl₂/VMT 和 HgCl₂/VMT-C 的初始乙炔转化率分别为 85.7% 和 94.8%，对应的初始乙炔选择性分别为 89.3% 和 99.8%，与 HgCl₂/VMT 不同，HgCl₂/VMT-C 在 250min 时乙炔转化率高达 97.3%，与 HgCl₂/

VMT 相比，HgCl₂/VMT-C 的 TOF 值最高，HgCl₂/VMT-C 催化剂的催化性能明显优于 HgCl₂/VMT 催化剂。从图 6-10 的 XRD 图可以看出，新鲜的与使用过的 HgCl₂/VMT-C 之间没有显著的差异，HgCl₂/VMT 在 26.68℃时发生了显著变化，这是由于乙炔加氢氯化过程中的炭沉积造成的，但只有少量的固体炭沉积在使用过的 HgCl₂/VMT-C 上。有理由认为，这是一种用蛭石制备乙炔氢氯化催化剂的新方法，并有可能推广到类似结构催化剂的合成。

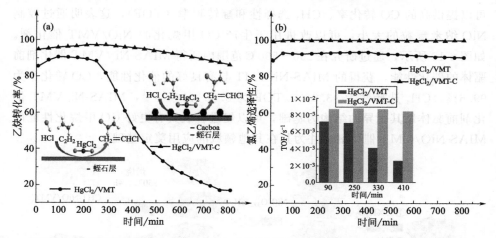

图 6-9　催化剂的转化率比较（140℃）（a）与 VMT 的选择性和相应的 TOF 值（b）

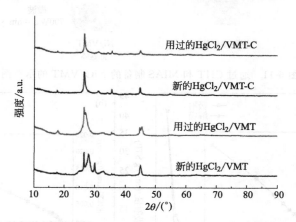

图 6-10　反应前后 HgCl₂/VMT 和 HgCl₂/VMT-C 的 XRD 图

合成天然气需要先进的、高效的催化剂，目前，主要为 Ni/SiO₂ 型催化剂，虽然 Ni/SiO₂ 对 CO 表现出良好的甲烷化活性，但它也表现出较弱的金属-载体相互作用，导致活性组分 Ni 的聚集，形成炭沉积，最终催化剂失活[8]，故需要研究如何制备高稳定性和高机械强度的催化剂载体，以减少聚合和增强甲烷化反应。Li 等[9] 以膨胀多层蛭石（VMT）为催化剂载体，采用微波辐射辅助合成法（MIAS）制备了 MIAS-NiO/VMT 复合材料，过程如图 6-11所示，与传统热处理［550℃，4h（CHT）］相比，MIAS 可快速加热 Ni/VMT 前驱体，得到活性中心高度分散的 Ni/VMT 催化剂，有效避免 NiO 纳米颗粒的生长和聚集，比表面积（BET）和吸附平均孔隙分布（BJH）如图 6-12所示，MIAS-NiO/VMT 的比表面积更大。由于 NiO 颗粒尺寸较小，小颗粒可以提供高的 CO 转化率、CH_4 选择性和翻转频率（TOF），这表明通过控制NiO 纳米颗粒的大小，可以改进用于生产 CO 甲烷化的 NiO/VMT 催化剂。如图 6-13 所示，通过研究在 250～500℃范围内所得 MIAS-Ni/VMT 催化剂前驱体的催化性能，获得的 MIAS-Ni/VMT 具有良好的催化性能，CO 转化率为99.6％，CH_4 选择性为 93.8％，TOF 为 $5.88×10^{-4}s^{-1}$，MIAS-Ni/VMT 催化剂前驱体以其优异的结构为基础，可以促进合成具有更好 CO 甲烷化性能的MIAS-NiO/VMT 催化剂，并为其在其他领域的应用奠定基础。

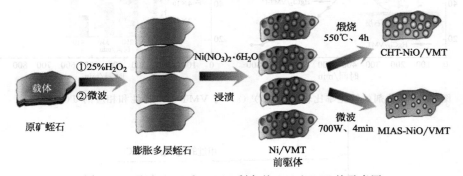

图 6-11　通过 CHT 和 MIAS 制备的 NiO/VMT 的示意图

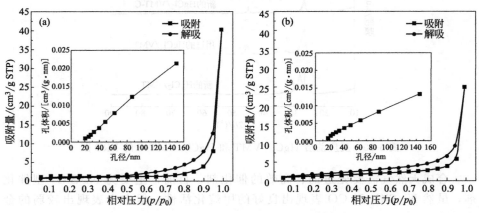

图 6-12　通过 CHT（a）和 MIAS（b）制备 NiO/
VMT 的氮吸附-脱附等温线和孔径分布图

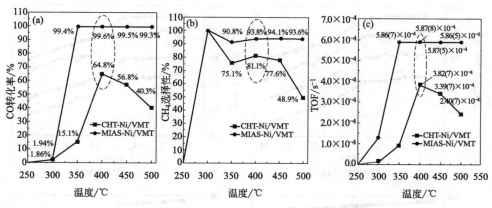

图 6-13 CO 转化率 (a)、CH₄ 选择性 (b) 与 TOF 值 (c)

Liu 等[10] 制备了镍/蛭石催化剂并对其进行了表征，同时用催化剂进行 CO₂ 甲烷重整反应（SOCRM），考察了蛭石预处理对镍基催化剂活性和稳定性的影响。为了解不同蛭石预处理对催化剂的影响，分别测定了 12Ni/VMT0（原始蛭石作载体）、12Ni/VMT1（膨胀蛭石作载体）和 12Ni/VMTH（酸改性蛭石作载体）催化剂的活性及稳定性，并对 12Ni/Al₂O₃ 催化剂的性能进行了评价。

如图 6-14 所示，催化剂在反应开始的 5h 具有较高的催化活性和稳定性，但在反应结束后出现失活现象。催化剂的热重曲线图如图 6-15 所示，在 527～602℃的温度下出现部分失重，这可能是由于 H₂O 和 CO₂ 的热解吸作用以及一氧化碳的去除所致，此后样品质量增加，这是由于催化剂表面的金属镍氧化所致。在这些镍基催化剂中，12Ni/VMT1 表现出良好的催化活性和稳定性，在反应的 53h 内甲烷的转化率仅下降 5.1%，说明蛭石具有较高的热稳定性和多种水化层间阳离子存在，是理想的氧化铝催化剂载体的替代物。在催化剂表征的基础上，认为 12Ni/VMT1 催化剂稳定性较高的原因可能是其层间结构，活性金属烧结可能是镍基催化剂失活的主要原因。

低密度聚乙烯（LDPE）是目前最常用的聚合物之一，但大量的 LDPE 将产生大量必须处理的废物。Franciel 等[11] 以酸改性黏土蛭石为催化剂，研究了 LDPE 的热催化热解反应。用不同浓度的硝酸溶液处理黏土，并在 400℃下煅烧，用 X 射线衍射、热重、氮吸附和能量色散谱对材料进行表征。在微反应器中，500℃下与 GC/MS 联用，分别进行热裂解和热催化裂解，获得可用于化学和石化工业的轻烃（C＜16），C＜16 的催化剂使轻烃收率提高了 71.4%，而热裂解效率仅提高 25.8%，LDPE 酸改性蛭石热解色谱图如图 6-16 所示。

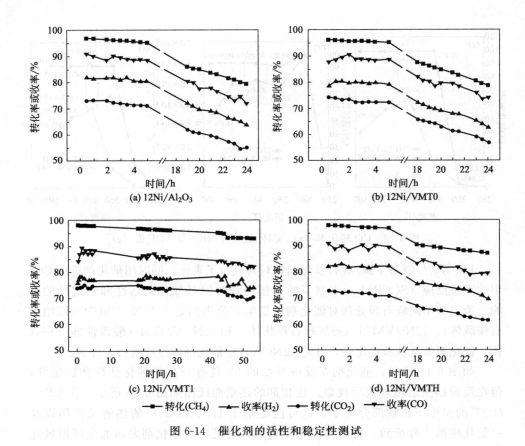

图 6-14　催化剂的活性和稳定性测试

图 6-15　催化剂的热重曲线图

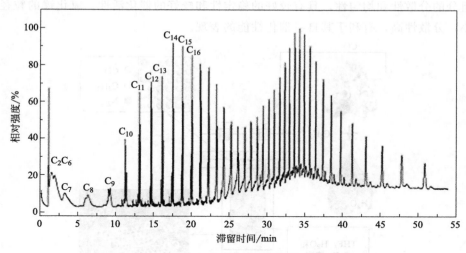

图 6-16　LDPE 酸改性蛭石热解色谱图

　　酸性催化剂广泛应用于裂解、脱水、异构化和烷基化等工业过程[12]，但蛭石酸改性催化剂目前研究较少。酸性浸出使蛭石结构中的金属含量降低，形成多孔硅，比表面积显著增加。研究发现，酸改性蛭石转化为轻质产物的效率最高，对 LDPE 热解的催化效率最高。酸改性蛭石催化剂的 LDPE 热解回收是一个有吸引力的选择，以获得显著比例的轻质烃，可用于化学和石化产业，是一种低成本的催化剂材料。

　　Hu 等[13] 以 $CuBr_2$ 为助催化剂，以组成为 $[Ni(NO_3)_2 \cdot 6H_2O/2D\text{-}VMT]$ 的镍基二维层状蛭石（2D-VMT）基复合材料为前驱体，制备微波辐射煅烧催化剂（MW）和马弗炉煅烧催化剂（MF），应用在乙炔羰基化反应中。在丙烯氧化过程中，不可避免地要消耗大量的石油，随着石油资源短缺和价格的急剧增长，利用电石乙炔进行丙烯酸（AA）合成得到了广泛关注。电石乙炔转化为丙烯酸的工艺流程如图 6-17 所示，催化剂在乙炔羰基化过程中是必不可少的，因此在该工业反应中制备高活性催化剂是十分必要的。

　　多相催化剂最大的优点是它们的可回收性，MF-NiO/2D-VMT 和 MW-NiO/2D-VMT 催化剂的回收性能如图 6-18 所示。由图 6-18 可知，MW-NiO/2D-VMT 催化剂的循环性能优良，连续使用 6 个周期后，AA 的产率保持在 42.5%，而 MF-NiO/2D-VMT 作催化剂时 AA 的产率较低（36.1%）。该结果表明，MW-NiO/2D-VMT 催化剂可重复使用多次，且保持较高的活性。通过对比图 6-18（a）和图 6-18（b）可知，NiO/2D-VMT 催化剂活性降低的主要原因是选择性降低。蛭石负载纳米 NiO 颗粒在加热过程中团聚现象减少，提高了催化剂活性组分的分散性和均匀性，具有较好的稳定性和较好的催化活性。氧化镍的粒径小，分散性高，有利于其自身催化性能的表现。

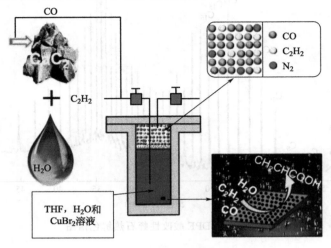

图 6-17　电石乙炔转化为丙烯酸的工艺流程

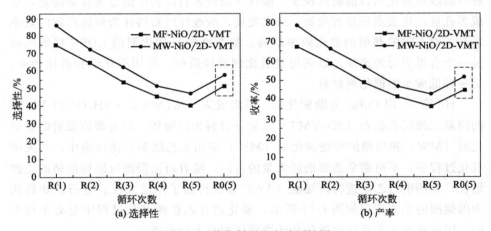

图 6-18　催化剂回收实验活性图

Luana 等[14] 以钠和活性蛭石为催化剂对甘油进行了热解，活化蛭石具有更好的脱氧作用。因此，使用活化蛭石催化转化甘油是一个很好的选择，它降低了反应的活化能，增加了一系列具有工业价值的产品。酸处理显著改变了蛭石的化学成分、比表面积、孔隙率和结构，在这两种催化剂中，酸处理蛭石催化剂对较轻的产品系列的选择性更强，并且提供了更大的脱氧能力，这一点可通过产生更大比例的二氧化碳（8.1%）和烃类化合物（1.4%）得到验证。图

6-19 显示了酸活化前后催化剂的红外光谱，所有催化剂均有位于 $3493cm^{-1}$ 的条带，这是由于水的 OH 延伸所致，$1640cm^{-1}$ 附近的条带则是由于水分子的弯曲所致[15]，对于钠改性蛭石，在 $1003cm^{-1}$ 处观察到 Si—O 振动伸长的带特性[16]。甘油的转化率随活化能的变化曲线如图 6-20 所示，酸处理蛭石催化剂催化甘油热解反应，降低了反应的活化能；通过热分析，在催化剂存在的情况下，甘油的降解温度降低。因此，在热催化热解中使用活性蛭石对甘油进行转化是一个很好的选择，它对工业价值范围内的产品具有选择性，且是一种低成本的催化剂。

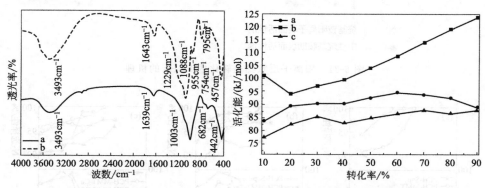

图 6-19 钠改性蛭石（a）与酸
改性蛭石（b）的红外光谱

图 6-20 转化率与热解活化能的关系图（a）；钠蛭
石（b）和酸改性蛭石（c）催化剂的热催化热解图

6.3 蛭石在污染物去除方面的催化应用

Lucjan 等[12] 介绍了不同层状阳离子黏土（皂石、蒙脱石、蛭石），并比较了它们在脱硝过程中的催化性能。以皂石、蒙脱石为原料合成多孔黏土异质结构（PCHs），PCHs 的合成如图 6-21 所示，其合成步骤如下：①将阳离子模板和中性胺共模板插入宿主黏土的层间空间中，形成胶束结构；②由胶束结构周围的硅源原位聚合成硅柱；③通过适当的溶剂萃取或煅烧，将有机模板从材料中除去。多孔黏土异质结构已被发现是非常有吸引力的催化材料，之前的研究主要集中在从合成皂石中获得的 PCHs 材料，这些材料在氨选择性还原 $NO(DeNO_x)$ 和氨选择性催化氧化成氮（NH_3-SCO）方面表现出了很好的催化性能。

图 6-22 为未加过渡金属修饰的 PCHs 的研究结果，在这些样品中，基于蛭石的 PCHs 的催化性能最好。在有活性组分负载的情况下，无论是铜还是铁，蛭石基 PCHs 催化剂的转化率都有所提高，可达到 90%，相对于其他

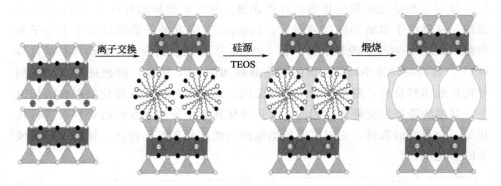

○ⵗⵗⵗ 烷基铵阳离子表面活性剂
● ⵗⵗⵗ 中性烷基胺助表面活性剂

图 6-21　阳离子层状黏土转化成 PCHs 的机理

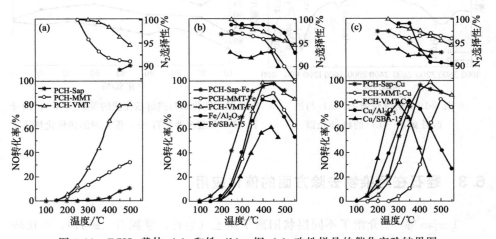

图 6-22　PCHs 载体（a）和铁（b）、铜（c）改性样品的催化实验结果图

PCHs 催化剂来说，也有一定的竞争力，在低温下活性更强，在高的温度范围内明显受到抑制。以蛭石为基础的样品（PCH-VMT）的高催化活性是由于蛭石中含有大量的铁和钛，它们是蛭石中的天然杂质，过渡金属（Cu、Fe）在PCHs 材料上的沉积显著提高了催化活性。

　　Aluir 等[17]将改性蛭石作为芬顿反应的催化剂，经典的芬顿试剂（Fe^{2+}和 H_2O_2 的混合物）是水中有机物氧化最活跃的体系[18]。芬顿试剂中羟基自由基的存在，使得芬顿试剂具有强的氧化能力，反应方程式如下。

$$Fe^{2+} + H_2O_2 \longrightarrow Fe^{3+} + OH^- + \cdot OH$$

　　将膨胀蛭石（VMT）分别机械研磨 0.5min、1min、20min、60min［样

品 VMT(0.5min)、VMT(1min)、VMT(20min)、VMT(60min)]，以便暴露层结构中存在的铁离子。用盐酸消解和原子吸收法测定不同蛭石磨矿样品中铁的含量，发现铁的含量为 6.8%～7.0%，与未磨矿样品中铁的含量（约 7.0%）非常相似，这说明在研磨过程中没有铁掺入。

铁元素与黏土矿物碎片结合并固定在表面，促进 H_2O_2 分解成羟基自由基，其原理如图 6-23 所示。膨胀蛭石（VMT）中含有相对较多的结构铁离子，约有 70%Fe^{3+} 和 30%Fe^{2+}[19]，研磨 VMT 将这些铁离子暴露在表面，使其与 H_2O_2 发生反应，从而引发芬顿反应，由于这些铁离子与黏土矿物碎片结合，没有发生明显的浸出。芬顿反应的铁离子依然活跃，没有沉淀，运用蛭石成功地构造了非均相体系来促进芬顿反应。

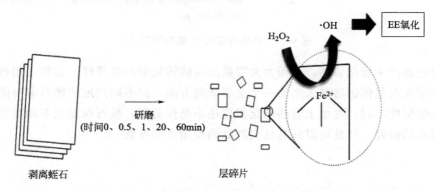

图 6-23 机械研磨蛭石催化促进芬顿反应机理

Chen 等[20] 将层状黏土层间阳离子与羟基铁离子交换得到铁柱蛭石，并将其作为偶氮染料 X-GN 脱色矿化的多相催化剂，通过讨论 X-GN 的不同脱色工艺，研究了溶液 pH、H_2O_2 浓度、催化剂用量、初始 X-GN 浓度、反应温度等非均相光催化芬顿工艺参数对 X-GN 光催化降解的影响，并分析了 TOC 的去除和降解动力学。该研究表明，铁柱蛭石作为非均相光催化芬顿催化剂在处理工业印染废水方面具有巨大的潜力，在其他方面，可以以此扩展，催化废水转化。

样品的氮吸附-脱附等温线如图 6-24 所示，Fe-VMT 在极低的相对压力下表现出明显的吸附，具有介孔吸附的特点。在相同的反应条件下，对 Fe-VMT 催化剂的重复使用进行了研究，结果表明，Fe-VMT 光催化剂对染料 X-GN 的催化脱色效率在使用 3 个周期后仍能达到 90% 以上。这意味着 Fe-VMT 具有良好的长期稳定性，可以多次重复使用。

蛭石在催化应用中不仅可以作为催化剂的载体，在某类特殊反应中，蛭石

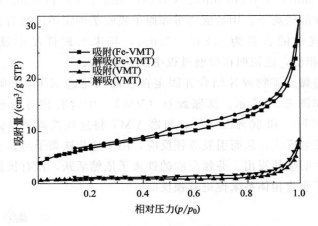

图 6-24　样品的氮吸附-脱附等温线

本身也能产生催化活性，从而大大提高反应的转化率和选择性。当然，用蛭石作为催化剂载体仍然是未来的一个主要研究方向。因不同产地的蛭石本身的物理化学特性不同，再加上有些催化机理还不是很清楚，蛭石在催化方面有待进行深入的研究，使其可以向高精尖产品的应用方向发展。

参考文献

[1] Tang C, Fang M, Liu Y, et al. Photocatalytic property of TiO$_2$-vermiculite composite nanofibers via electrospinning [J]. Nanoscale Research Letters, 2015, 10 (3): 276-280.

[2] Volker K, David R, Marta, et al. Photocatalytic activity of ceria nanoparticles on vermiculite matrix [J]. Journal of Nanoscience and Nanotechnology, 2016, 16 (8): 7844-7848.

[3] Sang L, Tan H, Zhang X, et al. Effect of quantum dot deposition on the interfacial flatband potential, depletion layer in TiO$_2$ nanotube electrodes, and resulting H$_2$ generation rates [J]. Journal of Physical Chemistry C, 2012, 116 (35): 18633-18640.

[4] Zhang J, Zhu W F, Liu X H. Stable hydrogen generation from vermiculite sensitized by CdS quantum dot photocatalytic splitting of water under visible-light irradiation [J]. Dalton Transactions An International Journal of Inorganic Chemistry, 2014, 43 (24): 9296-9302.

[5] Wang Y W, KongX G, Tian W L, et al. Three-dimensional potassium niobite nanoarray on vermiculite for high-performance photocatalyst fabricated by an in situ hydrothermal process [J]. Royal Society of Chemistry, 2016, 7 (6): 58401-58408.

[6] Huang X, Yu F, Zhu M, et al. Hydrochlorination of acetylene using expanded multilayered vermiculite (EML-VMT)-supported catalysts [J]. Chinese Chemical Letters, 2015, 6

（26）: 1101-1104.

[7] Bremer H, Lieske H. Kinetics of the hydrochlorination of acetylene on HgCl₂ [J]. Active Carbon Catalysts, 1985, 1（8）: 191-203.

[8] Mirodatos C, Praliaud H, Primet M. Deactivation of nickel-based catalysts during CO methanation and disproportionation [J]. Catalysts, 1987, 10（7）: 275-287.

[9] Li P P, Wen B, Yu F, et al. High efficient nickel/vermiculite catalyst prepared via microwave [J]. Fuel, 2016, 171: 263-293.

[10] Liu Y F, He Z H, Zhou L, et al. Simultaneous oxidative conversion and CO₂ reforming [J]. Catalysis Communications, 2013, 10（42）: 40-44.

[11] Franciel A B, Aneliése L F, et al. Catalytic pyrolysis of LDPE using modified vermiculite as a catalyst [J]. Journal of Fuel Chemistry and Technology, 2016, 26（S1）: 55-59.

[12] Lucjan C, Barbara D, Barbara G, et al. Montmorillonite, vermiculite and saponite based porous clay heterostructuresmodified with transition metals as catalysts for the DeNOₓ process [J]. Applied Catalysis B: Environmental, 2009, 8: 331-340.

[13] Hu G, Guo D, Shang H J, et al. Microwave-assisted rapid preparation of vermiculite-loaded nanonickel oxide as a highly efficient catalyst for acetylene carbonylation to synthesize acrylic accid [J]. Full Papers, 2019, 8（5）: 2040-2048.

[14] Luana B, Franciel A B, Leonardo F O, et al. Pyrolysis of glycerol with modified vermiculite catalysts [J]. Journal of Thermal Analysis and Calorimetry, 2019, 2: 219-248.

[15] Costa T M H. Infrared and thermogravimetric study of high pressure consolidation in alkoxide silica gel powders [J]. Non-Cryst Solids, 1997, 220: 195-201.

[16] Steudel A, Batenburg L F, Fischer H R, et al. Alteration of swelling clay minerals by acid minerals [J]. Applied Clay Science, 2009, 44: 105-115.

[17] Aluir D P, Ana Paula C T, Aline B S, et al. Ground vermiculite as catalyst for the Fenton reaction [J]. Applied Clay Science, 2012, 69: 87-92.

[18] Alhayek, Dore N. Oxidation of phenols in water by hydrogen-peroxide onalumine supported iron [J]. Water Research, 1990, 8: 973-982.

[19] Alexsabdro, Jhones D, Ana P A, et al. Vermiculite as heterogeneous catalyst in electrochemical Fenton-based processes: application to the oxidation of ponceau SS dye [J]. Chemosphere, 2020, 240: 1-7.

[20] Chen Q Q, Wu P X, Dang Z, et al. Iron pillared vermiculite as a heterogeneous potent catalyst for photocatalytic degradation of azo dye reactive brilliant orange X-GN [J]. Separation and Purification Technology, 2010, 71: 315-323.

无机-有机复合材料通常兼具两种材料的优点，现已成为制备高性能材料的主要方法之一，逐渐成为生物、物理、化学、材料及多学科交叉领域的研究热点之一。传统的无机-有机复合材料一般以有机物作为连续相，以无机物作为分散相。与传统的无机-有机复合材料相比，现有的无机-有机复合材料的连续相和分散相的概念变得模糊，通常将无机物称为主体，有机物称为客体。主体和客体通过某种相互作用实现分子尺度上的复合，各组分均匀、分散、有序排列。无机-有机复合材料两组分由于在纳米尺度上的相互作用，从而使它们在制备方法、处理工艺和所得材料的性能等很多方面都与传统的复合材料不同，层状结构无机-有机复合材料结构与性能之间的关系还不是很清楚，需要更深入的研究。蛭石作为典型的无机层状材料，在构建无机-有机复合材料时具有显著的优势，本章将介绍蛭石制备无机-有机复合材料的研究现状。

7.1 蛭石在改性聚合物纳米复合材料方面的应用

近年来，通过熔融插层法、原位聚合法、溶液浇铸法设计了由聚合物基体和 VMT 分散相组成的 VMT 改性聚合物纳米复合材料。为了提高无机黏土 VMT 与聚合物的相容性，一般需要通过 VMT 层间阳离子交换来有机处理 VMT。

聚丙交酯（PLLA）是由丙交酯开环聚合而成的线型脂肪族热塑性聚酯，是由乳酸受控聚合而成的一种环状二聚体。聚丙交酯具有较高的力学性能、热塑性、可加工性和生物相容性，是一种很有前途的聚合物。Zhang 等[1] 采用原位插层聚合法制备了 PLLA/VMT 纳米复合材料，并对 PLLA/VMT 纳米复合材料的结晶行为和力学性能进行了深入研究。

研究结果表明，用烷基铵表面活性剂处理高亲水性的 VMT，VMT 具有足够的疏水性，使 LLA 分子更容易扩散到黏土层间空间。在聚丙交酯基体熔化和再结晶后，黏土层不会再聚集并形成嵌入的树枝状结晶。热重（TGA）和拉伸强度分析表明，添加纳米级蛭石层可以增强纳米复合材料的强度和韧度，PLLA/VMT 纳米复合材料与 PLLA 基体之间的降解行为有一定的增强作用。如图 7-1 所示，通过动态力学分析（DMA）发现，PLLA/VMT 纳米复合材料的储能和损失模量比纯 PLLA 高，如 23℃时 PLLA/VMT-3 的储能模量和损失模量分别是纯 PLLA 的 2.1 倍和 1.3 倍。这说明剥离 VMT 层对聚丙交酯（PLLA）链的约束作用有利于增加储能和损失模量，提高玻璃化转变温度。

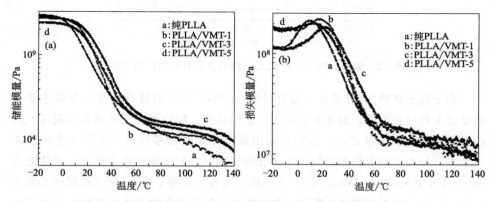

图 7-1　纯聚丙交酯和 PLLA/VMT 纳米复合材料的 DMA 分析图

Ye 等[2] 采用双螺杆挤出机熔融共混法制备了聚丙交酯（PLLA）/原生蛭石纳米复合材料，系统研究了蛭石的分散状态及其对材料热性能和力学性能的影响。结果表明，当加载量不超过 3% 时，蛭石在基体中的分散性较好；在非等温结晶过程中，原生蛭石可以明显提高熔融体结晶温度。蛭石对聚丙交酯成核作用的内在机制是外延结晶和蛭石与聚丙交酯的特异性相互作用，结果表明蛭石对聚丙交酯的结晶行为和力学性能有明显的影响。在结晶行为方面，如图 7-2 所示，表明掺入的蛭石作为聚丙交酯的有效成核剂，促进了基质的结晶过程，提高了结晶性，大大缩短了结晶时间，减小了聚丙交酯的球晶尺寸。在力学性能方面，虽然复合材料的断裂伸长率和拉伸强度略小于纯聚丙交酯，但引入蛭石后，复合材料的拉伸模量和冲击强度均有所提高。当蛭石含量为 3% 时，冲击强度达到最大值，在载荷含量不超过 3% 时，蛭石在基体中的分散状态较好。原生蛭石显著促进了一次成核速率，并作为 PLLA 的有效成核剂，使结晶时间急剧缩短，其成核机制和蛭石与 PLLA 的外延结晶及特异性相互作用有关。

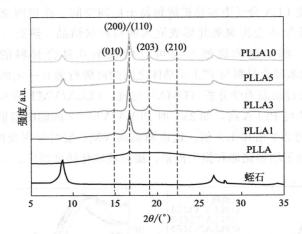

图 7-2　蛭石、PLLA 和 PLLA/蛭石复合材料的广角 XRD 图

由于黏土矿物/聚合物纳米复合材料（CPN）优异的材料性能以及黏土矿物的低成本和易获得性，近年来引起了广泛的研究。原位聚合法是制备形貌可控的 CPN 最有前途的方法之一，特别是采用低极性聚合物基体时，由于黏土矿物天生亲水，与大多数有机聚合物天生不相容，因此它们之间的相容性对生产性能优越的 CPN 至关重要。Wang 等[3] 采用原位聚合法制备了蛭石/聚苯乙烯纳米复合材料，工艺示意图如图 7-3 所示。表面处理有利于聚合物基体内部黏土矿物层的插层和剥离，从而对聚合物起到增强作用。在 1% 的有机硅烷化蛭石（DOVMT）含量下，通过 XRD 和 TEM 表征分析得到黏土矿物层在 PS 基体中呈薄片状剥离，通过 3% 的填料从剥离到插层的中间状态可以得到插层 DOVMT 的 CPN，引入 DOVMT 显著提高了聚苯乙烯（PS）的热稳定性和动态力学性能，加入 1% 和 7% 插层 DOVMT 填充的 VMT/PS 纳米复合材料尤为明显。与纯 PS 相比，加入 1% DOVMT 的 VMT/PS 纳米复合材料起始分解温度升高约 40℃，且高于其他样品，VMT/PS 纳米复合材料的 $T_{-50\%}$ 和 T_{max} 随 DOVMT 含量的增加而增加，其中以 7% 的 DOVMT 增幅最大。因此，VMT 的含量和表面功能对 VMT/PS 纳米复合材料的形貌及性能有显著影响，采用 VMT 双有机改性和苯乙烯原位聚合的方法成功制备了具有增强热稳定性和力学性能的剥离及插层 VMT/PS 纳米复合材料，使 VMT 成为一种高附加值的多功能聚合物填料。

Tjong 等[4] 研究开发了一种利用低分子量反应性修饰剂制备聚合物纳米复合材料的新方法，这是第一份使用马来酸酐作为反应试剂制备原位纳米复合材料的报告，马来酸酐既可以作为聚合物基体的修饰添加剂，也可以作为硅酸

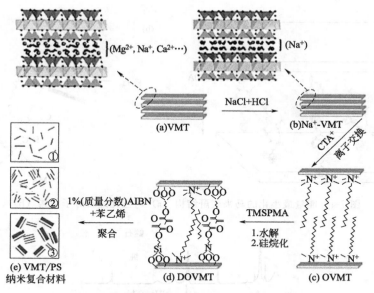

图 7-3　蛭石/聚苯乙烯纳米复合材料的工艺示意图

盐的膨胀剂。在热塑性塑料中加入无机填料也会显著增加复合材料的加工熔体黏度，纳米尺度分散的增强和高的表面体积比使纳米复合材料的力学性能得到改善。黏土通常被用作聚合物的添加剂，因为它们是由层状硅酸盐构成的，可以与有机分子相互插入（图 7-4）。马来酸酐（MA）既可作为聚合物基体的改性剂，又可作为硅酸盐的膨胀剂，通过简单地熔融混合 MA、VMT 和 PP 制备了蛭石/聚丙烯纳米复合材料，并对所得蛭石/聚丙烯纳米复合材料的形貌、热性能和力学性能进行了研究。通过 SEM、TEM 对蛭石/聚丙烯纳米复合材料进行表征，其结果表明，纳米复合材料层间膨胀剥离形成有序的层状结构，纳米复合材料的拉伸模量和强度随蛭石用量的增加而显著增加，这种力学性能的提高是由蛭石在 PP 中的纳米尺度强化引起的。TGA 结果表明，蛭石在很大程度上改善了 PP 的热稳定性；动态力学分析（DMA）表明，纳米复合材料表现出一种由三元 PP/MA/蛭石组成的新微相的形成。

　　聚合物纳米复合材料是一种高性能材料，有望满足新的应用要求，并取代现有材料。Macheca 等[5] 采用溶液分散法制备了亚微米蛭石片状生物纳米复合材料，研究了质子化二聚脂肪酸聚酰胺链对填料表面的原位有机改性，以铵离子交换蛭石为原料，采用二聚脂肪酸聚酰胺制备了生物纳米复合材料。他们首先通过热冲击或过氧化氢处理去除矿物表面的片状强化，然后进行超声波处理，接着再将蛭石片的乙酸分散液与聚酰胺溶液在同一溶剂中混合制成复合材

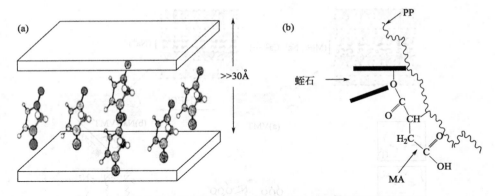

图 7-4　能量最小化的马来酸酐结构（a）与三元蛭石分子结构（b）

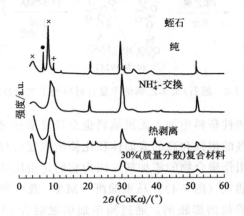

图 7-5　不同蛭石样品的 XRD 图

料，最后进行加水沉淀回收复合材料。通过 SEM 和透射电镜（TEM）表征证实了这种生物纳米复合材料的形成，并且也说明了这些薄片在基体中是随机分布的，其厚度从亚微米级到纳米级不等。如图 7-5 所示，在 XRD 图中显示出聚合物没有插层到蛭石中，说明片状形貌在超声阶段是固定的。动态力学分析结果表明，随着填料用量的增加，拉伸强度增加，断裂伸长率急剧下降。如图 7-6 所示，当蛭石的质量分数为 30％时，拉伸强度约为纯聚酰胺的 2 倍。此外，他们还发现低温致裂导致薄片表面的黏聚而非黏附失效，这是影响基体与薄片间良好黏附性的主要因素。如图 7-7 所示，在实验温度范围内，从 PLLA/TiO₂ 体系可以看出，结晶速率随结晶温度的升高而降低；复合模量随温度和组成的变化分析表明，在玻璃化转变温度以下，通过引入无机填料的增强作用和 T_g 的明显变化，可以充分解释其复合刚度。在制备具有优异力学性能的聚酰胺-黏土纳米复合材料时，用表面活性剂对黏土进行有机化并不是必需的。

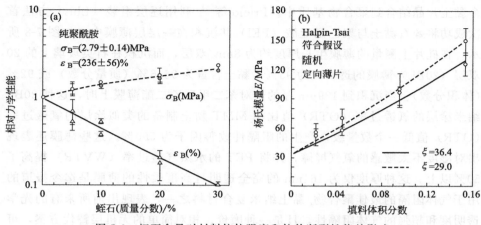

图 7-6 蛭石含量对材料抗拉强度和拉伸断裂性能的影响
(a) 与蛭石含量对材料杨氏模量的影响 (b)

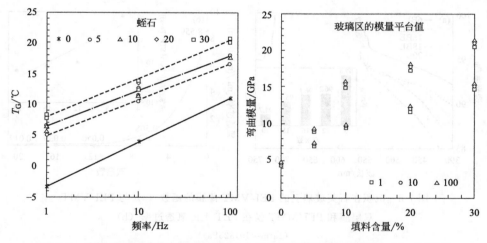

图 7-7 填料含量对玻璃化转变温度 (a) 和储能模量 (弯曲模式) (b) 的影响

7.2 蛭石在改性无机纳米复合材料方面的应用

随着纳米科学和纳米技术的发展，蛭石用于制备超薄二维纳米功能材料受到越来越多的关注，其潜在的应用领域也从传统的农业、环境、能源和航空发展到生物医药、特殊保护材料、抗菌、聚合物等复合材料的特殊领域。本节重点介绍蛭石在改性无机纳米复合材料各个领域的应用研究进展。

聚合物/黏土纳米复合材料成功的关键是能够将均匀分散、高度剥离的单个黏土片晶结合到聚合物基质中。Priolo 等[6] 利用逐层组装（LbL）方法首次成功将蛭石黏土与聚乙烯亚胺（PEI）共沉积在一层层薄膜中，如图 7-8 所示，在硅片上测量的薄膜生长厚度约为 8nm/双层，而沉积在石英玻璃上的 20 双层（20BL）薄膜的透明度为 95%，黏土含量为 96.6%（质量分数）或 92%（体积分数）。当沉积到 179μm 厚的聚对苯二甲酸乙二酯薄膜上时，这种 20BL 纳米涂层的氧透过率（OTR）值比用 MMT 黏土制备的类似涂层的氧透过率（OTR）值低一个数量级，产生的阻隔性改善因子为 500%。这些薄膜还表现出对湿度不太敏感的氧气屏障，并将 PET 的水蒸气透过率（WVTR）提高了 50% 以上。这种厚度仅为 164nm 的完全透明且高度柔性的薄膜是迄今报道的用于气体阻隔的最佳聚合物/黏土纳米复合材料之一，表现出前所未有的光学透明度和超强的气体阻隔性，且是一种廉价、相对简单的无机层替代方案，可用于各种包装应用。

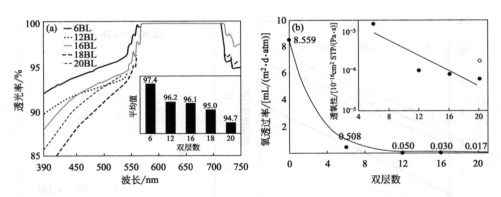

图 7-8 沉积在石英玻璃上的 PEI/VMT 薄膜的函数（a）与 PEI/VMT
双层膜和 PEI/MMT 膜在 PET 上的氧透过率（b）

（1atm=101325Pa）

Vaia 等[7] 利用聚环氧乙烷直接在 Na 或 Li 交换层状硅酸盐中插层制备聚氧化乙烯（PEO）纳米复合材料。对其进行 XRD 表征，如图 7-9 所示，结果表明当加热到 80℃时，6h 后只观察到与该层相对应的反射。通过交流阻抗法测定 PEO 纳米复合材料的离子电导率，为了减少水分干扰，将制备的样品装入密封的电化学电池中。结果表明，在 30℃下，含 40%（质量分数）PEO 的 PEO/Li 表现出微弱的温度依赖性，激活能为 11.76kJ/mol。与传统的 LiBF$_4$/PEO 电解质相比，纳米复合材料在室温下具有更高的离子电导率，其单离子导电特性使其成为一种很有前途的电解质材料。

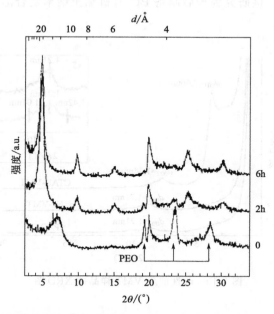

图 7-9　加热至 80℃时 2h 和 6h 后产物的 XRD 图

　　由于泡沫塑料样品的力学性能和气体渗透性测试困难，需采用块状薄膜样品作为初步样品来选择合适的聚氨酯体系。Park 等[8] 采用一种新的原位插层聚合方法将蛭石（VMT）分散在聚氨酯（PU）中，用长链季铵盐对 VMT 进行阳离子交换改性后，其在亚甲基二苯基二异氰酸酯（MDI）中的分散性显著提高。通过将有机改性 VMT 分散在聚合亚甲基二苯基二异氰酸酯中，选用多元醇共混物（PO200）与 MDI-MB 母粒混合，用聚醚多元醇本体原位聚合制备聚氨酯-VMT 纳米复合材料。在聚合亚甲基二苯基二异氰酸酯-母料（MDI-MB）混合物中，EPO1400 的插层使得 CTAB-VMT 的层间距增大，CTAB-VMT 的黏度和屈服应力均有所增加，这说明 CTAB-VMT 在 MDI 中的分散性较好。如图 7-10 所示，由 TEM 图可知，与没有 EPO1400 辅助的直接共混法得到的 CTAB-VMT 大而粗的颗粒相比，多元醇辅助的 CTAB-VMT 共混法显著改善了插层和剥离，有机黏土的分散也使拉伸强度显著增加。与纯硬质聚氨酯相比，CTAB-VMT 用量仅为 2%（质量分数）时，储能模量提高了 52%。与纯 PU 相比，CTAB-VMT 用量为 3%（质量分数）时，硬质 PU 纳米复合材料对 CO_2 的渗透率可降低到 60%，黏土片在聚合物基质中的分散性更好。如图 7-11 所示，再加上有机黏土片剥离形成高的纵横比，可以更大幅度地降低 CO_2 的渗透性，含有机黏土颗粒的刚性聚氨酯纳米复合膜具有更好的气阻性能和力学性能，该研究为今后制备 PU-有机黏土纳米复合泡沫材料及评价其性能奠定了基础。

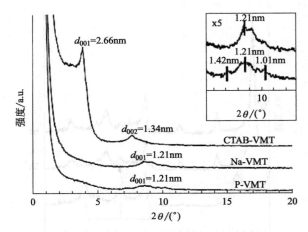

图 7-10　改性前后 VMT 样品的 XRD 图

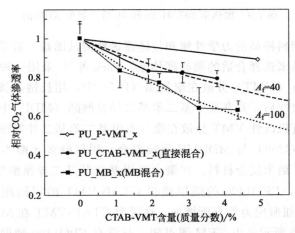

图 7-11　几种纳米复合膜的相对二氧化碳气体渗透率随 VMT 质量分数的变化规律

　　VMT 为云母型硅酸盐，具有层状结构，比表面积大，吸附能力强，是一种无氧化还原性质的非活性无机主体，因此聚合反应是可控的。Yang 等[9] 在膨胀蛭石（VMT）表面包覆自组装单分子膜（SAM），化学接枝导电聚吡咯（PPy），合成 VMT 颗粒表面改性后的 PPy/VMT 纳米复合材料，其合成过程如图 7-12 所示。由 SEM、XRD 和 TG 分析表明，PPy/VMT 纳米复合材料的形貌表现为层状结构和包覆形态，PPy/VMT 纳米复合材料的主峰与 SAM-

VMT 粒子相似，SAM-VMT 在聚合条件下包覆后，晶体结构保持完好，呈现半结晶行为，氨基官能化 VMT 对 PPy 降解有阻挡作用，使 PPy/VMT 纳米复合材料的热稳定性得到提高，复合材料具有较高的室温电导率，可达 50S/cm，且电导率对温度的依赖性较弱，PPy/VMT 纳米复合材料可作为屏蔽电磁干扰、抗静电涂料和电流变液等应用的理想候选材料。

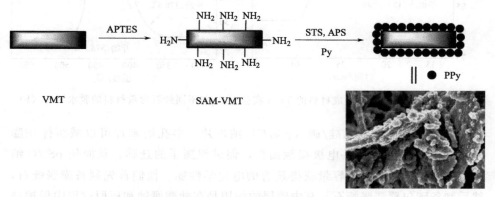

图 7-12　包覆结构 PPy/VMT 纳米复合材料的合成过程示意图

　　Xia 等[10] 制备了基于羧甲基纤维素钠（CMC）和蛭石的新型颗粒复合材料，它可以减少天然材料的缺点，实现热化学蓄热材料的颗粒化，稳定移动床反应器所用材料的尺寸。为弥补天然蓄热材料的蓄热率、蓄热密度和力学性能等方面的不足，他们以天然的 CaO/Ca(OH)$_2$ 材料为参比材料，经过多次脱水循环，合成具有完整结构的颗粒复合材料。在复合材料内部，由于 CMC 的炭化和烧结作用，形成像棉絮团一样的网状结构。此外，氧化钙颗粒以 Ca(OH)$_2$ 的形式生长的地方，蛭石提供了更大的体积，这有利于提高复合材料的力学性能。网孔结构和蛭石作为骨架对支撑复合材料发挥了很大的作用，骨架并不影响气体的扩散过程，因为骨架具有丰富的微孔和中孔，这些微孔和中孔足够宽，可以将气体输送到储热材料中。如图 7-13 所示，CMC 含量和制备温度越高，网格结构越致密，机械强度越高。复合材料的蓄热率明显高于天然纯材料，降低了复合材料中 Ca(OH)$_2$ 的分解温度，这可能是因为 CMC 炭化得到活性炭。考虑到蓄热率、力学性能和工业应用，复合颗粒材料仍是天然纯材料的候选材料。此外，对于经过数百次脱水处理后的复合材料的物理和化学性质的研究还需要更多的努力。

　　Huang 等[11] 利用硅比容量高、结构稳定、工作电压低等特点作锂离子电池（LIBs）的潜在负极材料。为了克服硅在循环过程中本征导电性差、体积变化大、库仑效率低、倍率低等缺点，他们以蛭石为模板，在熔融盐溶液中与铝

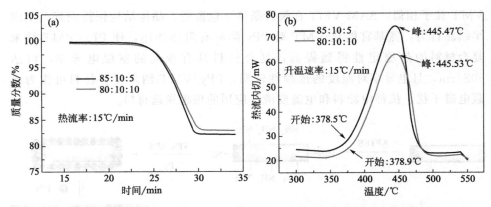

图 7-13　不同蛭石含量合成材料的 TGA 实验（a）与不同蛭石含量材料的脱水温度（b）

反应，成功制备出多孔硅/碳（pSi/C）纳米片。多孔纳米片可以减缓体积膨胀，提供较大的电解质-电极接触面积，促进锂离子的迁移，从而使 pSi/C 纳米片的阳极以优异的比容量获得显著的电化学性能。他们首先制备膨胀蛭石，然后制备碳包覆膨胀蛭石，其中碳层的作用是在盐酸腐蚀和还原过程中保护硅的多孔结构不被破坏，如图 7-14 所示，XRD 和拉曼光谱表征也表明了有碳层的存在。最后由碳包覆膨胀蛭石合成 pSi/C 复合纳米片，研究结果表明 pSi/C 复合纳米片可作为锂离子电池（LIBs）的潜在负极材料。在合成过程中硅暴露于空气中会产生二氧化硅，二氧化硅的出现某种程度上恶化了 pSi/C 阳极的电化学性能，它会耗尽锂金属，导致初始库仑效率低。BJH 法可测定大多数小于 10nm 的孔，进一步证实了 pSi/C 纳米片的多孔结构。通过测定一定电位范围内的初始恒电流充放电状态并进行多次循环后，由纳米层状结构与碳层衍生

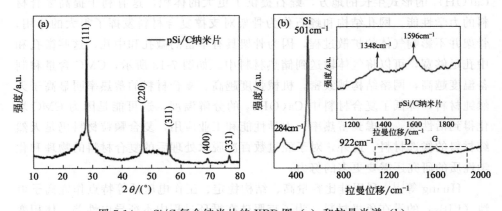

图 7-14　pSi/C 复合纳米片的 XRD 图（a）和拉曼光谱（b）

的稳定 SEI 层协同耦合，pSi/C 复合纳米片表现出优异的速率性能和良好的循环性能，还原前将碳层预涂覆在蛭石上，既保护了层状形貌，又提高了电导率和电化学性能。

7.3　蛭石在其他复合材料方面的应用

近年来，矿物材料得到了越来越多的关注，蛭石及其相关材料的研究也取得了长足的进展，还建立了各种物理和化学方法来减小蛭石颗粒的大小。蛭石尺寸的减小可使比表面积、离子交换能力、表面活性基团和表面亲水/疏水特性提高，从而使蛭石能够在亲水或疏水环境或各自的基质中使用。因此，蛭石的应用领域也从传统领域迅速发展到能源、生物材料等新兴领域。

聚氨酯（PU）是用途最广泛的聚合物之一，通过改变多元醇和异氰酸酯前体的类型和功能，可以很容易地调整 PU 的性能。聚氨酯弹性体具有良好的弹性和阻尼性能，被广泛应用于涂料、胶黏剂和泡沫塑料等领域。Qian 等[12]以原矿蛭石为原料，采用季铵盐阳离子交换法对其进行改性，并将其分散在聚醚基多元醇中，然后进行无溶剂聚合，合成聚氨酯/蛭石纳米复合材料，并通过 FTIR、元素分析等手段对改性过程进行分析和表征。结果表明，离子交换引起的表面性质的变化和层间距的增大使有机黏土在聚醚多元醇中的分散性得到了改善；同时除了多元醇中的环氧乙烷（EO）与环氧丙烷（PO）的不同配比对多元醇在黏土中的插层有影响外，多元醇的结构也是影响插层过程的一个重要因素。如图 7-15 所示，通过 XRD 和 SEM 对复合材料中黏土剥离的程度进行表征，结果表明，十六烷基三甲基溴化铵/蛭石（CTAB-VMT）分散体层间距最大，剪切减薄效果最好，可用于 PU 复合材料的合成。

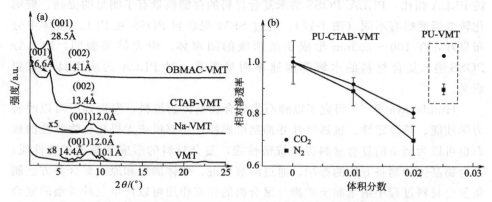

图 7-15　改性前后蛭石样品的 XRD 图（a）和复合膜的相对渗透率的变化（b）

在过去十年中，纳米黏土颗粒在聚合物基体中分散形成的非强制塑料在工业上受到了广泛的关注。Fernández 等[13] 通过有机阳离子插层 [烯基双（2-羟乙基）甲铵]、硅烷接枝（缩水甘油氧丙基三甲氧基硅烷）、硅烷接枝与烷基铵阳离子插层相结合对蛭石（VMT）进行改性，用熔融法制备了聚丙交酯（PLLA）/有机-蛭石纳米复合材料，研究了纳米材料浓度、结构和热性能对聚丙交酯（PLLA）/有机-蛭石纳米复合材料的影响。同时采用凝胶渗透色谱法（GPC）测定了纳米复合材料制备过程中熔体处理条件对聚合物基体分子量的影响，采用 XRD、TEM 和 SEM 对纳米复合材料的形貌进行了表征，用差示扫描量热法（DSC）和热重法（TGA）对黏土和纳米复合材料的热行为进行了分析，并采用微尺度热解燃烧量热法（PCFC）对纳米复合材料的可燃性进行了测定。其结果表明，由于 PLLA 的末端基团与含有环氧基团的黏土之间的相互作用增强，黏土的双重改性使蛭石有较高水平的剥离。DSC 分析表明，纳米复合材料的玻璃化转变温度和冷结晶温度略低于纯 PLLA，结晶热焓随有机热焓的增加而增加，而黏土的结晶性并没有受到影响，只受到晶体大小的影响，用 2%（质量分数）的有机黏土制备的纳米复合材料表现出较高的热稳定性。

Pan 等[14] 通过溶液和混凝法制备了 1%～10%（质量分数）的生物可降解聚丙交酯（PLLA）/多面体硅倍半硅氧烷（POSS）纳米复合材料，以使 POSS 在 PLLA 基体中更好地分散。他们采用不同的方法对纯 PLLA 和 PLLA/POSS 纳米复合材料的结晶、动态力学性能和水解降解进行详细研究。如图 7-16 所示，等温熔融结晶研究表明，POSS 在 PLLA 基体中分布较好，PLLA/POSS 纳米复合材料的整体结晶速率比纯 PLLA 快，且随 POSS 负载的增加而增加。尽管存在 POSS，但 PLLA 的结晶机制和晶体结构却没有改变。与纯 PLLA 相比，PLLA/POSS 纳米复合材料的存储模量有了明显的提高，玻璃化转变温度略有不同（图 7-17）。通过 SEM 观察到 POSS 在 PLLA 基体中分布良好，在 100～200nm 形成亚微米级的团聚体。研究结果表明，PLLA/POSS 纳米复合材料的水解降解速率明显提高，对 PLLA 的应用具有重要意义。

Hundakova 等[15] 研究了以蛭石为聚合物基体的填料，发现蛭石可以改善力学性能、热稳定性、抗透气性并抑制可燃性，用有机或无机化合物改性的蛭石也可以为制备的复合材料提供抗菌性能，复合材料的形成受黏土矿物性质、聚合物基体和制备方法的影响。通过溶液共混、熔体插层和原位聚合等方法制备复合材料过程中纳米黏土矿物与聚合物的相互作用可以产生三种类型的复合结构：微复合材料、纳米复合夹层和纳米复合剥离。黏土矿物的结构是亲水

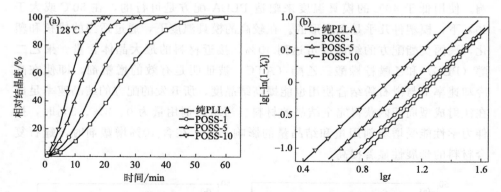

图 7-16　128℃时纯聚丙交酯及其纳米复合材料相对结晶度随结晶时间的变化

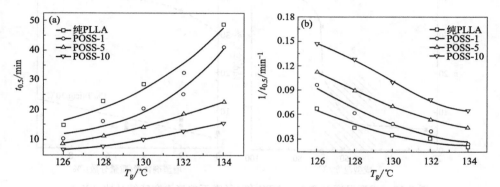

图 7-17　纯 PLLA 及其纳米复合材料 $t_{0.5}$ 的温度依赖性（a）和 $1/t_{0.5}$ 的温度依赖性（b）

的，需改性才能与聚合物基体相容。有机物种作为寄主也扩大了层间空间，促进聚合物的嵌链，进而剥离黏土中的聚合物基体。结果表明，该纳米粉体对金黄色葡萄球菌、粪肠球菌和大肠杆菌均有一定的抑制作用。有机填料可以作为一种抗菌化合物，也可以作为补强剂。蛭石复合材料表现出更高的拉伸弹性模量，可以在许多方面得到应用。

Li 等[16] 以提高聚丙交酯结晶含量为目标，研究在典型聚合物加工条件下促进聚丙交酯结晶的不同策略。通过添加滑石粉、硬脂酸钠和乳酸钙作为潜在成核剂，评价非均相成核的效果。采用差示扫描量热法（DSC）研究蛭石在温和非等温条件下的结晶动力学，在 80～120℃ 温度范围，分析以 10℃/min、20℃/min、40℃/min 和 80℃/min 的冷却速率冷却对结晶度的影响，在高冷却速率下，成核剂和增塑剂的结合是提高结晶度的必要条件。如图 7-18 所示，对有核和增塑的聚丙交酯样品进行注射成型，并测定了模具温度对结晶性的影响。使用低于 40℃ 的模具温度来塑造 PLLA 配方是可行的，在 50℃ 或大于 60℃ 下，模塑件几乎是无定形的。在较高的模具温度下，通过适当的成核和塑化，聚丙交酯配方的结晶度可达到 40%，接近材料的最大晶体含量。聚乙二醇（PEG）和乙酰柠檬酸三乙酯（ATC）被证明是有效的增塑剂，即使在高冷却速率下与滑石粉结合使用也能提高结晶度，所开发的配方的结晶速率足以在注射成型周期内获得完全结晶的材料。当增塑剂用量为 0、2%、5% 时，拉伸力学性能受增塑剂用量和结晶量的影响不大，在含 10% 增塑剂时，蛭石复合材料的延展性显著提高。

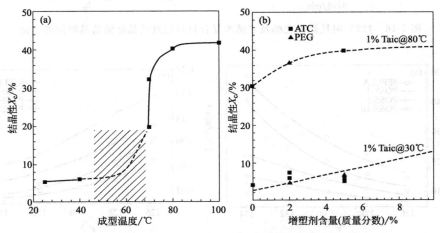

图 7-18　成型温度对含 5% ATC 和 1% 滑石的聚丙交酯结晶性（X_c）的影响（a）与增塑剂含量对 30℃ 和 80℃ 时结晶性的影响（b）

Wu[17] 等首次发现了一种减少多硫化物溶解和穿梭效应的新策略，即利用膨胀蛭石直接作为硫源，对多硫化物有很强的阴离子吸附作用。此外，他们使用低成本的材料演示了一种简单的膨胀蛭石-硫复合阴极的制备方法。如图 7-19 所示，对该材料后期的电解质和电极的电化学性能进行分析，并研究了膨胀蛭石粉末和多硫化合物之间的相互作用、量子化学计算和电动电势测量。由于蛭石表面天然的阳离子与多硫化物阴离子的相互作用，含有 S_n^{2-} 的阴离子层被吸附在蛭石表面，成功降低了多硫化物的溶解及其穿梭效应，而电解液侧电荷补偿所诱导的 Li+ 积聚层有利于电荷转移和离子迁移。如图 7-20 所示，膨胀蛭石-硫复合材料与平常的碳-硫复合材料相比，具有非常显著的长期循环稳定性。

二维无机材料是制备具有优异力学性能和气阻性能的无机-有机复合材料的理想无机填料。田维亮等[18] 以天然矿物为原料，采用水辅助阴离子交换法

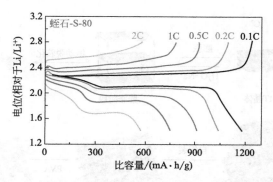

图 7-19　蛭石产品对应的充放电曲线

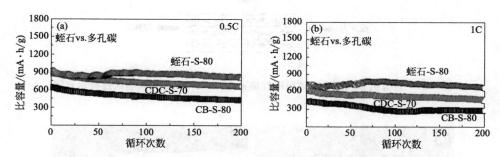

图 7-20　蛭石/碳复合材料在 0.5C 和 1C 下 200 个循环的循环性能对比图

制备具有良好结构的 VMT 纳米膜，通过蛭石纳米层与聚乙烯醇的自组装，在氢键作用下成功制备出具有高度取向的蛭石-聚合物复合膜，通过自组装在复合膜中实现机械强度和韧性的完美结合，其合成示意图如图 7-21 所示。如图 7-22 所示，蛭石纳米薄膜在聚合物基体中分散均匀，气体扩散长度长，扩散阻力强，表现出良好的阻氧性和阻水蒸气性能。高度柔性透明的 VMT-PVA 复合膜具有光滑连续的表面，层状结构均匀且取向良好。随着 PVA 中 VMT 量的增加，VMT-PVA 的层状结构逐渐形成，且 Mg、Al、Si 和 C 均匀分布在二维有序的 VMT-PVA 复合膜中。在 450～700nm 的可见光波长范围内，所有 VMT-PVA 复合膜的透光率均超过 90%，且吸光度与 VMT 的量呈线性关系。当 VMT 含量为 9% 和 12% 时，VMT-PVA 复合膜的韧性和屈服强度分别提高了 38% 和 43%。该方法简单、经济，为从天然矿物和优良的无机-有机气体阻隔材料中获得结构清晰的蛭石纳米层提供了一种很有潜力的方法，在柔性显示、制药和食品包装领域具有广阔的应用前景。

　　聚氯乙烯（PVC）是一种含氯塑料，因其通用性强、成本低、稳定性好、

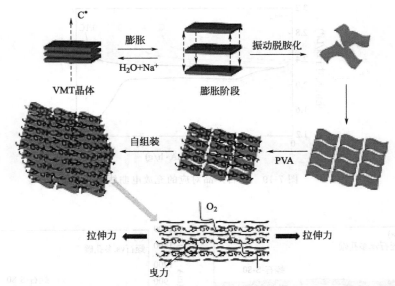

图 7-21　具有机械强度和气体阻隔性能的 VMT-PVA 复合膜形成过程示意图

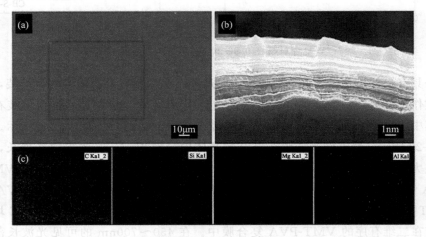

图 7-22　VMT-PVA 复合膜的俯视 SEM 图（a）、侧视 SEM 图（b）和 EDX 图（c）

不易腐蚀等特点，在日常生活中得到了广泛的应用，但长期使用会导致热脱氯化氢，使颜色变深、性能退化，甚至危害健康，因此需加入热稳定剂来稳定 PVC 制品。田维亮等[19] 采用水辅助阴离子交换法从矿物 VMT 中剥离出具有良好形貌的蛭石纳米片，所制备的 VMT 纳米片用作聚氯乙烯（PVC）的热稳定剂，以抵抗 PVC 的脱氯化氢反应，其结果如图 7-23 所示。由蛭石的 XRD

图可知，剥离后的蛭石结晶度和纯度都有所提高。VMT-PVC 复合材料的 FTIR 谱图显示，由于对称表面弱吸附水的羟基弯曲和拉伸振动，在 $2920cm^{-1}$ 和 $2849cm^{-1}$ 处有较强的吸收。由图 7-24 可知，VMT 纳米片的加入延缓了 PVC 的发黑，热稳定性随 VMT 纳米片粒径的减小而提高，加入 6%（质量分数） VMT 添加剂的 PVC 树脂的脱氯化氢温度提高了 13℃，其热稳定性的提高归因于 VMT 的负电层压板。这项工作不仅为制备 VMT 纳米片提供了一种经济有效的方法，而且为热稳定剂的设计提供了新的思路。

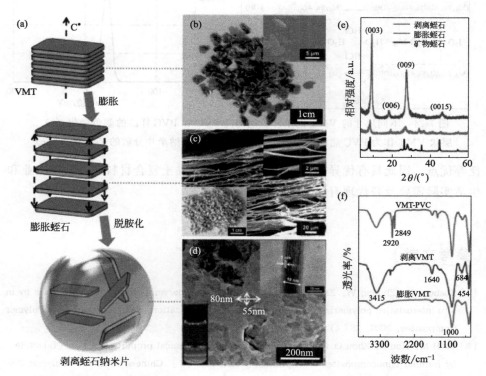

图 7-23　剥离过程的示意图（a）；矿物 VMT，插图：矿物 VMT 的 SEM 图（b）；
膨胀 VMT 的 SEM 图，插图：放大的 SEM 图和膨胀 VMT 图（c）；剥离
VMT 的 TEM 图，插图：具有代表性的纳米薄片的放大视图和纳米薄片分散的丁达
尔现象（d）；矿物 VMT、膨胀 VMT 和剥离 VMT 的 XRD 图（e）；膨胀 VMT、
剥离 VMT 和 VMT-PVC 复合材料的 FTIR 光谱（f）

　　蛭石尺寸的减小可增加比表面积、离子交换能力、表面活性基团和表面亲水/疏水特性，在聚合物中添加黏土纳米颗粒能够显著改善耐热性、刚性、强度、韧性、耐冲击性、阻隔和阻燃等性能，再加上成本低廉、黏土矿物来源广

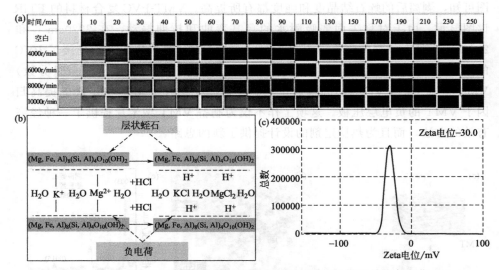

图 7-24　不同尺寸的 VMT 纳米片稳定的纯 PVC 和 PVC 样品的颜色变化（a）、
层状 VMT 作为 PVC 热稳定剂的机理（b）和 VMT 纳米片分散的 Zeta 电位（c）

泛等优点，因此具有优异性能的蛭石聚合物纳米黏土复合材料有望满足工业和
生活实际需要及替代现有相关功能材料的潜力。

参考文献

[1] Zhang J H, Zhuang W, Zhang Q, et al. Novel polylactide/vermiculite nanocomposites by in situ intercalative polymerization I preparation, characterization, and properties [J]. Polymer Composites, 2007, 28（4）: 545-550.

[2] Ye H M, Hou K, Zhou Q. Improve the thermal and mechanical properties of poly（L-lactide）by forming nanocomposites with pristine vermiculite [J]. Chinese Journal of Polymer Science, 2016, 34（1）: 1-12.

[3] Wang L, Wang X, Chen Z Y, et al. Effect of doubly organo-modified vermiculite on the properties of vermiculite/polystyrene nanocomposites [J]. Applied Clay Science, 2013, 75（7）: 74-81.

[4] Tjong S C, Meng Y Z, Hay A S. Novel preparation and properties of polypropylene-vermiculite nanocomposites [J]. Chemistry of Materials, 2002, 14（1）: 44-51.

[5] Macheca A D, Focke W W, Muiambo H F, et al. Stiffening mechanisms in vermiculite-amorphous polyamide bio-nanocomposites [J]. European Polymer Journal, 2016, 74: 51-63.

[6] Priolo M A, Holder K M, Greenlee S M, et al. Transparency, gas barrier, and moisture resistance of large-aspect-ratio vermiculite nanobrick wall thin films [J]. ACS Applied Materials &

Interfaces, 2012, 4（10）：5529-5533.

[7] Vaia R A, Vasudevan S, Krawiec W, et al. New polymer electrolyte nanocomposites: melt intercalation of poly（ethylene oxide）in mica-type silicates [J]. Advanced Materials, 1995, 7（2）：154-156.

[8] Park Y T, Qian Y Q, Lindsay C I, et al. Polyol-assisted vermiculite dispersion in polyurethane nanocomposites [J]. ACS Applied Materials & Interfaces, 2013, 5（8）：3054-3062.

[9] Yang C, Liu P, Guo J, et al. Polypyrrole/vermiculite nanocomposites via self-assembling and in situ chemical oxidative polymerization [J]. Methods, 2010, 160（7）：592-598.

[10] Xia B Q, Zhao C Y, Yan J, et al. Development of granular thermochemical heat storage composite based on calcium oxide [J]. Renewable Energy, 2020, 147: 969-978.

[11] Huang X, Cen D C, Wei R, et al. Synthesis of porous Si/C composite nanosheets from vermiculite with a hierarchical structure as a high-performance anode for lithium-ion battery [J]. ACS Applied Materials & Interfaces, 2019, 11（30）：26854-26862.

[12] Qian Y Q, Lindsay C I, Macosko C, et al. Synthesis and properties of vermiculite-reinforced polyurethane nanocomposites [J]. ACS Applied Materials & Interfaces, 2011, 3（9）：3709-3717.

[13] Fernández M J, Aranburu I. Poly（L-lactic acid）/organically modified vermiculite nanocomposites prepared by melt compounding: effect of clay modification on microstructure and thermal properties [J]. European Polymer Journal, 2013, 49（6）：1257-1267.

[14] Pan H, Qiu Z B. Biodegradable poly（L-lactide）/polyhedral oligomeric silsesquioxanes nanocomposites: enhanced crystallization, mechanical properties, and hydrolytic degradation [J]. Macromolecules, 2010, 43（3）：1499-1506.

[15] Hundakova M, Tokarsky J, Valaskova M. Structure and antibacterial properties of polyethylene/organo-vermiculite composites [J]. Solid State Sciences, 2015, 48: 197-204.

[16] Li H B, Huneault M A. Effect of nucleation and plasticization on the crystallization of poly（lactic acid）[J]. Polymer, 2007, 48（23）：6855-6866.

[17] Wu F X, Lv H X, Chen S Q, et al. Natural vermiculite enables high-performance in lithium-sulfur batteries via electrical double layer effects [J]. Advanced Functional Materials, 2019, 29（27）：1-9.

[18] Tian W L, Li Z, Ge Z H, et al. Self-assembly of vermiculite-polymer composite films with improved mechanical and gas barrier properties [J]. Applied Clay Science, 2019, 180: 1-6.

[19] Tian W L, Li Z, Zhang K W, et al. Facile synthesis of exfoliated vermiculite nanosheets as a thermal stabilizer in polyvinyl chloride resin [J]. RSC Advances, 2019, 9（34）：19675-19679.

第 8 章
蛭石在建筑业方面的应用

蛭石具有热导率低、耐火性能好和化学性能稳定等优势，在建筑业中应用非常广泛，比如防火板、耐火砖和防腐涂料等，也涉及陶瓷、阻燃隔热复合材料等方面的应用。本章将介绍蛭石在建筑业方面的应用进展。

8.1　蛭石在摩擦材料方面的应用

普通的三元、四元复合摩擦材料的热弹性和热稳定性都不是很高。Satapathy 等[1] 利用蛭石具有层状结构、热阻性能较好、资源丰富的特点，对粉煤灰-蛭石五元摩擦复合材料进行了研究。为了探讨和分析粉煤灰-蛭石复合材料在岩石纤维和芳纶纤维存在下的性能，通过复合材料的协同作用制备了不同配方的复合材料，进而研究蛭石-粉煤灰复合摩擦材料的摩擦性能，包括摩擦衰减、摩擦恢复、摩擦水平和磨损性能，复合材料的摩擦演化通常分为三个阶段，即摩擦积累、摩擦峰值和摩擦衰减。从图 8-1 可以观察到，复合材料摩擦系数保持在 0.355～0.389 的范围内，均显示出中等至中高等性能；蛭石的掺入降低了材料的硬度等力学性能，而压缩性和剪切强度不受影响；复合材料 FV-1 的摩擦系数呈现出持续衰减的趋势，同时伴随着最大的圆盘温升。然而蛭石含量最高的 FV-4 的圆盘温升最低，并显示出超过 23％的摩擦褪色。随着蛭石含量的增加，摩擦圆盘的温度逐渐降低，成功证明了蛭石-粉煤灰复合材料增强了摩擦材料的耐摩擦性，以达到摩擦性能协同的目标。

为解决复合材料的升温问题，Yu 等[2] 对聚合物层状硅酸盐纳米复合材料的热性能和力学性能进行了大量的研究。他们首先合成了蒙脱土（MMT）/酚醛树脂（PF）纳米复合材料，发现蒙脱土部分剥离，复合材料力学性能优越。蛭石与 MMT 有相同的理化性质，通过 ODBA 改性膨胀蛭石，利用熔融插层法制备基于 PF 和 PF/OVMT 的刹车片[3]。图 8-2 所示为固化 PF 和 PF/OVMT

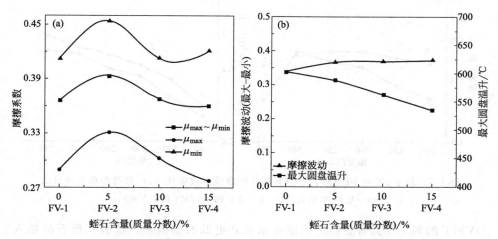

图 8-1　摩擦系数随蛭石含量的变化（a）与摩擦波动随蛭石含量的变化（b）

纳米复合材料从室温到 800℃ 的 TGA 曲线。从室温到 320℃ 时，PF 的热失重率约为 85%，PF/OVMT 纳米复合材料的质量保持率约为 98.7%，几乎没有热重损失，热重分析表明 PF/OVMT 纳米复合材料具有优异的热性能。

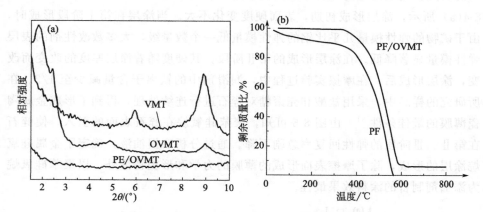

图 8-2　VMT、OVMT、PF/OVMT 纳米复合材料的 XRD
图（a）和 PF、PF/OVMT 纳米复合材料在空气中的 TGA 曲线（b）

经有机改性蛭石合成的 PF/OVMT 纳米复合材料具有剥离和插层的混合结构。如图 8-3 所示，对两种刹车片的力学性能进行研究，并对复合材料的摩擦磨损性能进行了分析，确定了影响复合材料摩擦磨损性能的主要因素。基于 PF/OVMT 的刹车片冲击强度得到提高，与基于 PF 的刹车片相比，基于 PF/

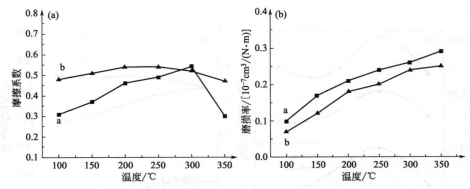

图 8-3　基于 PF 和 PF/OVMT 的刹车片的摩擦系数曲线（a）和磨损率曲线（b）

（a—基于 PF 的刹车片；b—基于 PF/OVMT 的刹车片）

OVMT 的刹车片具有更稳定的摩擦系数和更低的磨损率，这表明蛭石的加入有助于降低最大圆盘温升，蛭石的添加使复合材料的热降解温度升高。

　　Shapkin 等[4] 以蛭石为基料，利用蛭石具有层状结构、层间结合较弱、有利于层间滑动等特点对摩擦表面改性材料进行了研究。为了探明由改性蛭石形成涂层的工艺过程和蛭石改性对润滑油添加剂摩擦性能的影响，他们做了深入的研究。用酸处理的蛭石添加剂优于用酸和壳聚糖处理的蛭石添加剂，如图 8-4(a) 所示，涂层形成初期，表面硬度变化不大。当涂层在第 I 阶段形成时，由于矿物的弹性模量几乎比钢的弹性模量低一个数量级，大多数改性剂的表层弹性模量显著降低。在涂层形成的第 II 阶段，其硬度随着涂层厚度的改变而改变，涂层形成后，在摩擦实验过程中，润滑剂中的铁离子含量减少至 1/2。在所研究的样品中，采用盐酸和壳聚糖对蛭石进行连续处理，得到了形成金属陶瓷薄膜的最佳条件[5]。由图 8-5 可知，聚苯硅氧烷在蛭石表面的引入，使蛭石在第 II、III 阶段的弹性回复率急剧下降。通过分析磨损油液，确定了金属硅氧烷涂层的形成，除了摩擦表面形成的薄膜的力学和形貌特征外，以聚苯硅氧烷为添加剂制备的涂料效果最佳。

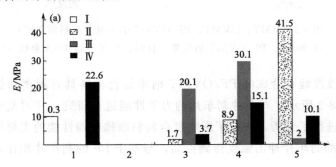

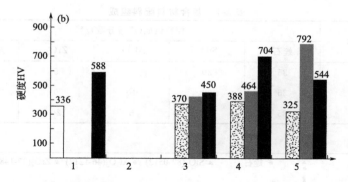

图 8-4　40Kh 钢表层弹性模量（a）和硬度（b）与改性材料类型的关系
Ⅰ—研磨；Ⅱ—改性；Ⅲ—涂层形成；Ⅳ—摩擦实验；
1—PTFE；2—VMT+10%PTFE；3—VMT+HCl；4—VMT+HCl+壳聚糖；5—VMT+HCl+9%PPS

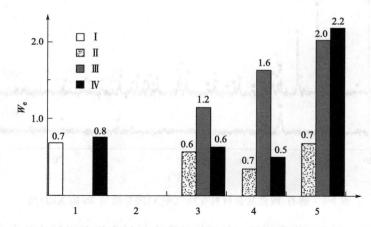

图 8-5　40Kh 钢表层弹性回复率 W_e 与改性材料类型的关系

8.2　蛭石在陶瓷复合材料方面的应用

Eom 等[6] 发现以膨胀蛭石制成的隔热板因其热稳定性和低导热性而广泛应用于工业中。先进的蛭石板可分为两种类型：轻量型和高强度型，前者机械强度低，热导率也低，后者反之。实现高机械强度和低热导率是隔热行业面临的困境，他们利用蛭石的层状结构来制备具有高抗压强度和热稳定性好的蛭石-陶瓷复合材料，并利用不同陶瓷材料通过不同配比按表 8-1 制备了具有层状结构的蛭石-陶瓷复合材料。

表 8-1　复合材料配料组成

样品名称	配料组成（质量分数）/%				
	蛭石	SiO_2	Al_2O_3	ZrO_2	纤维素纤维
VC1	35	30	5	5	25
VC2	35	30	10	0	25
VC3	35	15	5	20	25

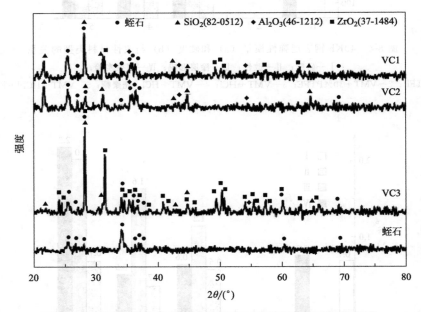

图 8-6　蛭石-陶瓷复合材料在空气中 1100℃烧结 3h 的 XRD 图

　　如图 8-6 所示，未发现蛭石与添加的陶瓷材料之间有明显的反应产物，这表明材料为蛭石-陶瓷复合材料。由图 8-7 可知，表面的微观结构由蛭石-陶瓷复合材料和对齐的孔组成 [图 8-7(a)]，相反平行表面的微观结构由不规则形状的孔和片状颗粒组成 [图 8-7(b)]，加入的陶瓷粉体在微观结构上观察不明显，说明蛭石-陶瓷复合颗粒的形成。由于纤维素纤维的排列，蛭石-陶瓷复合颗粒优先与压制方向垂直排列。因此，通过添加纤维素纤维并采用单轴加压，可形成层状结构。添加更多的 ZrO_2 会产生更多的层，即更薄的蛭石-陶瓷层，从而使其有更低的热导率。三者相比，VC1 垂直于挤压方向的强度较高，样品强度的提高归因于在蛭石中添加陶瓷（SiO_2、Al_2O_3、ZrO_2）作为蛭石的有效黏结剂。在蛭石-陶瓷复合材料中加入纤维素纤维形成层状结构，层状结构具有各向异性的热导率和抗压强度，使其结合强度提高和特定方向的热导率降低。

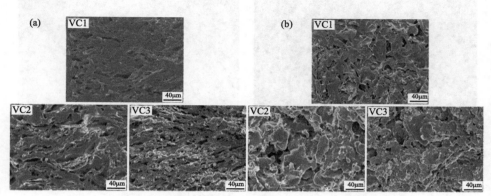

图 8-7　垂直于压制方向的蛭石-陶瓷复合材料断裂表面的 SEM
图（a）和平行于压制方向的蛭石-陶瓷复合材料断口的 SEM 图（b）

　　Ngayakamo 等[7] 认为瓷绝缘子需要高机械强度和高介电强度来承受高压、高机械电阻。目前石英电瓷普遍存在机械强度较低的问题，电瓷的高强度可以通过特定的原材料来实现。蛭石具有低密度、良好的热性能和绝缘性能、化学惰性等特点，被认为是生产绝缘材料和防火产品的重要无机非金属矿物。他们通过研究卡拉尼蛭石替代石英生产高强度瓷绝缘子，认为蛭石可作为潜在的替换材料。

　　筛分蛭石后用 XRF 测量其化学组成，并对其表面形貌进行表征。由图 8-8 和图 8-9 分析可知，蛭石具有层状结构，含 20％卡拉尼蛭石的 P-3 陶瓷样品气孔减少，具有非常好的物理力学性能和介电性能，表明卡拉尼蛭石具有制备瓷绝缘子的潜力。由图 8-10 分析可知，由于烧结过程中粉末样品的压制压力较小，可能会影响陶瓷样品的物理力学性能和介电性能，因此需改进陶瓷样品的制备方法，并应考虑卡拉尼蛭石无法承受 1250℃以上的高温烧结。

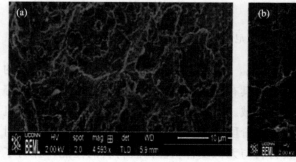
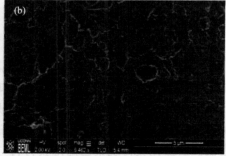

图 8-8

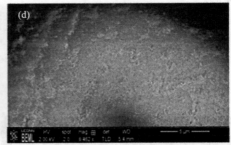

图 8-8　陶瓷样品 SEM 图

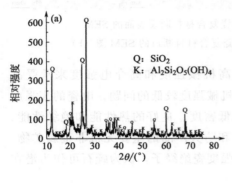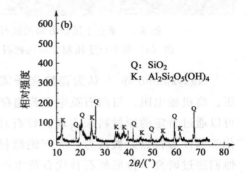
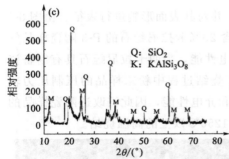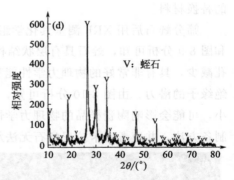

图 8-9　卡拉尼蛭石 XRD 图

Hye 等[8] 在研究包装材料时发现，过去的包装材料只是用来保持产品的状态，而现在的材料则更具科技性，具有抗氧化、屏蔽紫外线、耐热、抗菌等功能的膜材料已应用到越来越多的领域。在包装材料中掺入黏土、沸石等无机材料来控制乙烯气体的吸收，在制膜阶段应用方便，与其他技术相比成本相对较低。通过比较传统聚乙烯薄膜材料与无机复合功能薄膜材料的性能，探讨了无机复合材料功能薄膜的制备方法。蛭石经过酸处理并添加蛭石材料，制备出

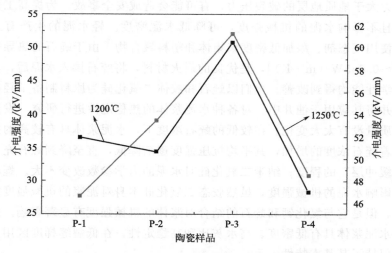

图 8-10　1200℃和 1250℃烧结陶瓷样品的介电强度

具有增强孔特性的多孔材料，通过测定薄膜的透氧性、透水性来研究蛭石薄膜复合材料的性能。如图 8-11 所示，通过 SEM 对膜内蛭石进行表征，检验膜内蛭石比例。经物理和化学预处理的材料，蛭石的平均粒径小于 $1\mu m$，比表面积为 $464.20m^2/g$，孔容为 $0.48cm^3/g$。与原材料相比，其粒径减小至 1/20，比表面积增大约 20 倍。测定含 3％蛭石材料的聚合物薄膜和常规未处理聚乙烯薄膜的雾度、透氧性和透水性，分别与普通聚乙烯薄膜的值进行比较，发现含蛭石的复合材料雾度有所提高，透氧性和透水性增加了 15.6％和 13.3％。研究表明，蛭石材料能改善薄膜性能，如果将其应用于水果和蔬菜包装会有较好的效果。

图 8-11　蛭石聚乙烯薄膜的 SEM 图（a）与 0、3％蛭石浓度的关系（b）和 EDX 图（c）

8.3　蛭石在建筑材料方面的应用

Da Silva 等[9] 发现在低裂缝梯度地质区油井固井作业时，如果水泥柱施加的压力大于地质地层的破裂压力，有可能会造成安全事故。为提高工作安全质量并且不影响水泥的机械强度，可降低水泥密度。轻水泥的生产有三种方式，即使用气态剂、添加低密度聚集体和塑料聚合物。由于蛭石的热导率较低 $[0.062{\sim}0.065W/(m \cdot K)]$，是优良的耐火材料，将蛭石掺入水泥后，其耐热性和力学性能均得到改善。他们以蛭石和胶体二氧化硅为原料制备了轻质水泥浆体，并将其应用于油井中。对各种水泥浆体的热稳定性进行研究，发现膨胀蛭石的质量没有太大变化。在较低的蛭石浓度下，水泥浆体具有较高的抗压强度，随着蛭石浓度的增加，其平均抗压强度逐渐降低，直至降到蛭石充当抗压强度"缓冲层"的程度；纳米二氧化硅对水泥的力学参数改变不大。蛭石的存在显著影响水泥的机械强度，虽然胶态二氧化硅本身对泥浆的机械强度没有显著影响，但是它与氯化钙和蛭石的结合对浆体的机械强度有显著影响。蛭石的掺入使水泥浆体具有低密度、高水灰比和高稳定性，在低裂缝梯度区用于油井固井时保持了其基本特性。

Mo 等[10] 发现抗高温建筑材料在建筑结构中的应用越来越受到人们的关注。火灾可能会对混凝土或水泥基材料造成损坏，严重时存在剥离风险，使材料强度严重损失，导致建筑结构失效。研究抗高温性能的抹灰砂浆可以解决上述问题，可在水泥基砂浆中掺入密度很低的蛭石、珍珠岩、聚苯乙烯等非结构性轻集料作为局部换砂材料。本实验将膨胀蛭石混入水泥基砂浆作为局部换砂材料。如图 8-12 所示，对于含 5% 蛭石的水泥浆体，浆体的流变性能没有显著变化，当蛭石用量增加到 10% 和 20% 时其影响显著。水泥固化后测量其强度，含有膨胀蛭石（VMT30 和 VMT60）的砂浆在 7~28d 增加的强度高于不含膨胀蛭石的砂浆，掺入膨胀蛭石作为局部换砂材料，增大了新拌砂浆的流动直径。由于其轻质特性，膨胀蛭石作为部分换砂替代物降低了砂浆的单位质量和抗压强度。膨胀蛭石砂浆与普通砂浆相比，抗压强度损失较小，抗高温性能增强，随着蛭石用量的增加，砂浆吸水率和水灰比均增加。

Rojas-Ramírez 等[11] 通过分析蛭石工业加工过程中残留的细颗粒的化学成分，进一步研究其理化性质，发现这种粉末可以用作水泥砂浆和混凝土中水泥的部分替代品。他们通过用这种细颗粒代替大量水泥混合砂浆，分析其流化性，发现含 5% 蛭石砂浆的流化性几乎不变，含 20% 蛭石砂浆的流化性改变显著。由图 8-13 可知，含有相同比例粒子的 VMT-N 替换的浆体粒径更接近，在这些 VMT-N 浆体中，颗粒的流动性很差，因此黏度和屈服应力都高于其他情况。通过计算胶凝材料的主要流变特性、屈服应力和塑性黏度，并将计算结果与颗粒间距 IPS 进行关联，以描述这些颗粒是如何影响其屈服应力和塑性黏度的。IPS 越低，屈服应力和黏度越高，呈指数相关。如图 8-

14 所示，分别采用 YODEL 模型和自然干扰模型估计屈服应力及黏度，并与实验数据进行比较，可以观察到实验值和计算值之间有良好的相关性，因此，将观察到的趋势外推到添加量较高的砂浆中是合理的。但必须考虑的是，对流变性能的评估不足以确定蛭石渣作为辅助胶凝材料的潜力，还需分析部分替换水泥在硬化状态下的力学性能。

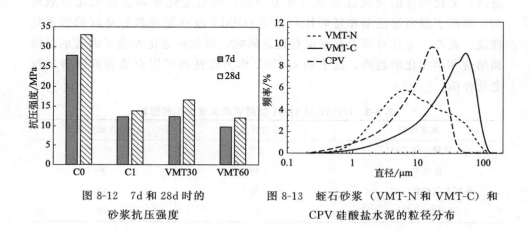

图 8-12　7d 和 28d 时的　　　　　图 8-13　蛭石砂浆（VMT-N 和 VMT-C）和
砂浆抗压强度　　　　　　　　　　CPV 硅酸盐水泥的粒径分布

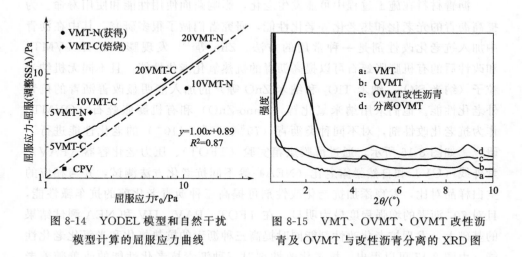

图 8-14　YODEL 模型和自然干扰　　　图 8-15　VMT、OVMT、OVMT 改性沥
模型计算的屈服应力曲线　　　　　　青及 OVMT 与改性沥青分离的 XRD 图

　　由于沥青具有良好的黏弹性，因此在道路建设中非常重要。Zhang 等[12]采用十八烷基二甲基苄基氯化铵对 VMT 进行了改性，结合改性 OVMT 对沥青的性能进行了研究，并提出一种测定 OVMT 改性沥青微观结构的新方法。通过溶解过滤法将 OVMT 改性沥青溶解于三氯乙烯中，然后从该溶液中过滤

OVMT，对分离后的 OVMT 进行 XRD 表征，并研究其黏结剂的老化机理。如图 8-15 所示，改性 OVMT 沥青具有半剥离的纳米结构；如表 8-2 所示，通过薄膜烘箱实验（TFOT）和原位热老化实验，研究了改性 OVMT 沥青的微观结构、热老化性能及机理，其结果表明 OVMT 的引入明显地阻止了 TFOT 和原位热老化后沥青的物理性质和形貌变化。随着 TFOT 和原位热老化的进行，老化沥青的物理性质变得更为固态，质量变化率和黏度老化指数增加，降低了残余渗透率和延展性，表明 OVMT 改性沥青具有良好的抗老化性能。此外，老化对沥青形态也有显著影响，原位热老化加速了沥青的分散相结合和单相化的趋势，这表明 OVMT 作为改性剂可以有效提高沥青的抗老化性能。

表 8-2　OVMT 对 TFOT 前后沥青物理性质的影响

衰老指标	未改性沥青	OVMT 改性沥青
质量变化率/%	0.09	0.02
渗透率/%	80	90
黏度老化指数(60℃)/%	88	43
延展性(15℃)/%	20	46

沥青材料在施工过程中可能发生老化，影响路面使用性能和使用寿命。为提高沥青的光老化和热老化等老化性能，研究者们做了很多研究，其中在沥青中加入抗老化改性剂是一种常用的方法。Zhu 等[13] 发现膨胀蛭石（VMT）和改性后的有机膨胀蛭石可以提高沥青的抗热氧化老化性能，且不同无机纳米粒子（纳米 SiO_2、纳米 TiO_2 和纳米 ZnO 等）的加入能明显改善沥青的抗紫外老化性能。他们采用纳米氧化锌（Nano-ZnO）和有机膨胀蛭石（OVMT）作为抗老化改性剂，对不同种类沥青（70#、90#、110#）的老化性能进行了研究。如图 8-16 所示，通过薄膜烘箱实验（TFOT）、压力老化容器（PAV）、紫外线（UV）和自然暴露老化（NEA）等不同抗老化方法测试，并与相应的空白样品对比，发现添加抗老化改性剂可提高三种沥青老化前的抗车辙性能，且对 70# 沥青的增强程度最为明显。在 TFOT、PAV、UV 和 NEA 测试结果的基础上，发现抗老化改性剂能同时提高三种沥青的抗热氧化和光氧化老化性能。由图 8-17 可以得出，抗老化改性剂对三种沥青抗老化性能的改善随着老化程度的增加而越来越显著，此外，与 70# 和 90# 沥青相比，110# 沥青经各种老化方法后抗老化性能增强最为显著。如图 8-18 所示，由弯梁流变仪实验结果可知，抗老化改性剂对 90# 沥青经 PAV 老化后的低温流变性能有较好的改善，但对 110# 和 70# 沥青经 PAV 老化后的低温流变性能改善不大。

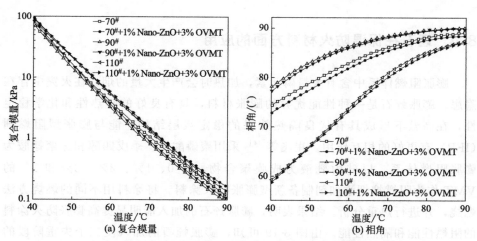

图 8-16　抗老化改性剂对不同沥青动态剪切流变性能的影响

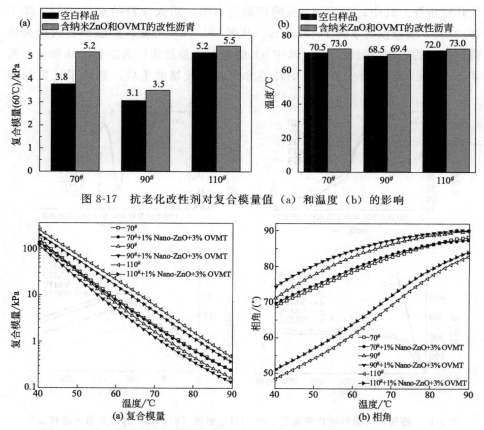

图 8-17　抗老化改性剂对复合模量值（a）和温度（b）的影响

图 8-18　抗老化改性剂对不同沥青 TFOT 时效后动态剪切流变学性能的影响

8.4　蛭石在保温防火材料方面的应用

　　膨胀阻燃体系中含有大量磷元素，加热时会产生大量的烟，在火灾中存在隐患。膨胀蛭石是一种性能优异的膨胀材料，具有良好的隔热性和化学稳定性，在高温下形成具有优良隔热效果的稳定炭层结构，能与膨胀型阻燃剂（IFR）有更好的相互作用。崔飞等[14]采用聚磷酸铵、季戊四醇和三聚氰胺为膨胀阻燃体系，以硅丙乳液为成膜聚合物，将0、1%、2%、3%和5%的VMT作为阻燃抑烟添加剂制备新型膨胀防火涂料，将涂料用不同的燃烧方法燃烧，并进行热重分析。结果表明，膨胀蛭石的加入能明显提高膨胀防火涂料的阻燃性能和隔热性能。由图8-19可知，膨胀蛭石的加入使三个失重阶段的质量损失速率减小、质量损失下降、初始分解温度升高，明显提高了防火涂料的热稳定性。其中，当添加5%的膨胀蛭石时，防火涂料的炭化体积下降了49.33%，质量损失下降了17.18%。从图8-19（d）可知，膨胀蛭石的加入使防火涂料的生烟量明显降低，其中5%的蛭石添加量使防火涂料的残炭量提高了10.64%，明显减少了热量的传递和气相挥发物的生成，达到了优良的抑

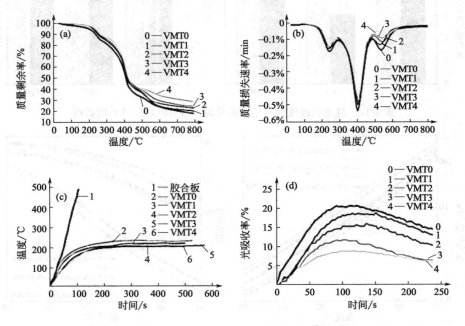

图8-19　膨胀防火涂料的热重曲线（a）、DTG曲线（b）、蛭石含量对防火涂料温升的影响（c）和蛭石含量对防火涂料生烟性能的影响（d）

烟、阻燃作用。

蛭石基水泥或石膏基保温材料是一种很有前景的保温材料，属于生态防火材料，具有良好的隔热性能。从应用于耐火材料的理论模型出发，Atynian 等[15] 发现与其他多孔材料相比，蛭石的使用有助于降低混凝土的热导率，在低温条件下对蛭石进行煅烧可降低能源成本。研究结果表明，盐溶液预处理会引起蛭石晶体晶格单元的变化；与普通未经处理的蛭石相比，它允许在较低的燃烧温度下接收延伸的蛭石；与普通煅烧蛭石制备的材料相比，低温煅烧蛭石制备的材料强度特性丝毫不差，且隔热性能明显优于普通煅烧蛭石制备的材料。将煅烧温度降低到 400℃时，蛭石作为混凝土集料的隔热性能得到显著改善，同时还可大大降低施工重量，从而降低对地面的压力，既节省了建筑材料，又使施工成本降低。

从天然矿物和工业矿物原料中开发高效复合胶凝材料已成为现在的研究热点，Bazhirov 等[16] 发现自然界中存在丰富的蛭石矿物原料，但是目前并没有被很好地发展利用起来，在一定的加工条件下，这些原材料可以成为各种工业的成熟资源。通过加热，蛭石片之间的分子水迅速变成蒸汽，使云母片始终沿垂直于云母解离的方向移动，在加热焙烧过程中蛭石出现热膨胀现象，云母片之间薄的空气夹层使矿物具有许多有价值的特性，特别是耐火性和低导热性。利用 SEM 对蛭石样品的微观结构进行表征，能谱法测定样品的元素化学组成，热重分析测量热力学特性（相变和物理化学反应的热量及温度），并记录 25～1600℃温度范围内固体和粉末材料质量的变化。通过对蛭石样品进行复杂的热研究，确定其热膨胀、导热性等热效应。对蛭石的 TG、DTG 和 DSC 曲线分析表明，膨胀蛭石具有耐火、高熔点、低导热、低体积密度等优良性能。膨胀蛭石由于其独特的性能，可以作为微孔组分制备复合耐热材料，达到蛭石开发利用的目的。

亓云霞等[17] 发现 HDPE（高密度聚乙烯）具有良好的电绝缘性和耐腐蚀性，力学性能优良，且拥有良好的改形性，在电子、电器、建材、化工领域占有较大的市场。但是高密度聚乙烯着火点较低，受热发生形变，限制了其在建筑工业的发展。为改善 HDPE 的热性能，他们利用蛭石研究阻燃剂。膨胀型阻燃剂（IFR）是通过形成膨胀炭层来隔热、隔氧并且抑制聚合物分解后产生的可燃性物质的扩散，膨胀炭层的强度、厚度和致密程度是影响阻燃的关键指标。由图 8-20 可得，采用三羟乙基异氰酸酯为成炭剂与聚磷酸铵复合生成的 IFR 对乙烯聚合物的阻燃效果明显，IFR 和 VMT 在阻燃 HDPE 体系中具有良好的促进作用；当 VMT 质量分数在 9%以下时，HDPE 的 LOI 值高于 31%，最高达 33%。膨胀蛭石不仅可以降低 HDPE 的热释放速率，还在一定程度上

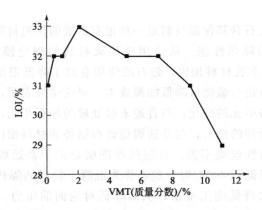

图 8-20　蛭石含量对复合材料氧指数的影响

促进了 IFR 及 HDPE 的前期热降解过程，但在高温阶段很大程度上抑制了 IFR 和 HDPE 的热降解过程。

聚酰亚胺（PI）材料以其质量轻、力学性能好、热性能好和燃烧性能好等突出特点，在各个领域应用良好，但随着在极端工作环境中的应用增加，要求聚酰亚胺泡沫塑料有更高的热阻和介电性。V 型蛭石成本低、质量轻、隔热性能好，适用于制备高温、防火保温材料。Li 等[18] 采用异氰酸酯预分散蛭石制备蛭石增强柔性聚酰亚胺泡沫塑料，研究了聚酰亚胺泡沫塑料的孔结构、热稳定性和燃烧性能以及蛭石在泡沫材料中的应用。如图 8-21 所示，随着蛭石含量的增加，泡孔直径和开孔率减小，蛭石泡沫的表观密度高于纯聚酰亚胺泡沫，蛭石的掺入显著提高了材料的抗压强度，且蛭石的加入提高了聚酰亚胺泡沫塑料的热稳定性和阻燃性。如图 8-22 所示，聚酰亚胺泡沫在 5％、10％失重时的温度均在 333.8℃和 407.98℃以上，表明其具有较高的阻燃性。无机填料对热分解过程中产生的挥发性产物起到传质屏障的作用，从而延缓热降解行为。当外部聚酰正胺被降解时，蛭石填料会富集在泡沫塑料表面，起到隔热层的作用，保护内部泡沫塑料不被热降解。由图 8-23 可以得出，随着蛭石含量的增加，塑料的峰值放热速率和 CO 生成量降低，经锥形量热仪测试，聚酰亚胺泡沫的残余炭层保留了基本的胞状结构，表明其在易燃环境中的稳定性得到了改善。

方小林等[19] 根据膨胀蛭石的保温性和结构特性将其作为阻燃剂，制备出既阻燃又保温的新型复合材料。酚醛树脂有非常好的保温性能[20]，但是存在脆性大、强度低等缺陷。我国蛭石矿产资源丰富，且价格低廉，在高温下结构发生变化，变成膨胀蛭石，具有很好的防火和保温性能[21]。为制备出一种兼

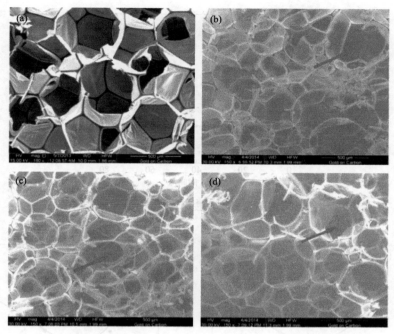

图 8-21　蛭石含量为 0（a）、4％（b）、8％（c）和 10％（d）的
聚酰亚胺泡沫结构的 SEM 图

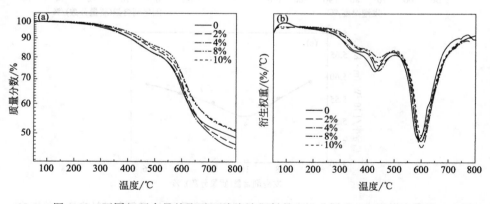

图 8-22　不同蛭石含量的聚酰亚胺泡沫塑料的 TG（a）和 DTG（b）曲线

具保温性和阻燃性的材料，他们采用中温发泡的方法将两者进行复合，分析发泡温度、固化剂含量、时间等对复合后形成的材料性能的影响。如图 8-24 所示，对比不同温度后发现，材料在 80℃时发泡温度和材料固化的速率最为合适，固化剂含量和发泡剂含量分别达到 10％时其热导率达到最低点，发泡剂

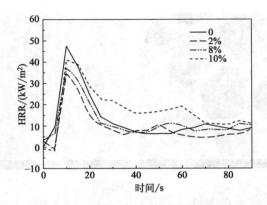

图 8-23　蛭石对聚酰亚胺泡沫热释放速率的影响

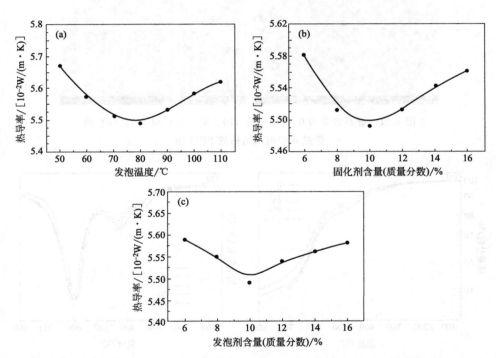

图 8-24　发泡温度（a）、固化剂含量（b）和发泡剂含量（c）对复合材料热导率的影响

含量小于 10％时，发泡剂含量和材料的热导率呈负相关，发泡剂含量增加时热导率减小。同样如图 8-25 所示，当表面活性剂含量为 5％时热导率最小，复合材料的制备需要有合适的固化时间，固化时间达到 2h 以后，材料的压缩强度基本不变。利用蛭石膨胀性制备复合材料时，蛭石含量达到 60％时为最佳。

材料的阻燃性能可根据其极限氧指数来判断，从图 8-26 可看出，极限氧指数与蛭石含量呈正相关，极限氧指数越高，材料的阻燃性能越好。膨胀蛭石含量的增加还会影响材料的热释放速率，从而起到保温作用，由此可见膨胀蛭石在保温阻燃材料中有重要的应用价值。

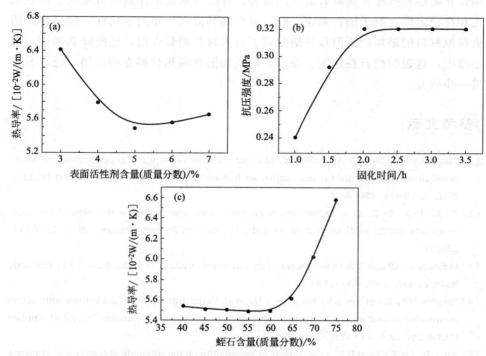

图 8-25　表面活性剂含量对复合材料热导率的影响（a）、固化时间对复合材料抗压强度的影响（b）和蛭石含量对复合材料热导率的影响（c）

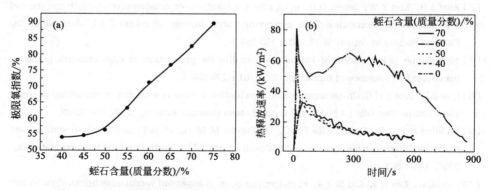

图 8-26　蛭石含量对复合材料极限氧指数（a）和热释放速率（b）的影响

蛭石作为建材的改性剂能够起到很好的优化作用，作为摩擦材料改性剂能够降低摩擦材料的温升，增强其耐摩擦性。再加上有机膨胀蛭石插层能够降低材料的摩擦系数与传热系数，极大地延长刹车片的使用寿命。在陶瓷基复合材料中加入纤维素纤维形成层状结构使其具有各向异性的热导率和抗压强度，使陶瓷在耐热和抗压方面具有极大的改善。蛭石使水泥浆体具有低密度、高水灰比和高稳定性。对于沥青来说，蛭石可提高其流化性和抗老化性。蛭石作为防火保温材料的添加剂不但很好地提高了防火材料的着火点，还能降低噪声，减小密度，这表明蛭石在建筑、摩擦、陶瓷和阻燃隔热材料方面应用广泛，有待进一步研究。

参考文献

[1] Satapathy B K, Patnaik A, Dadkar N, et al. Influence of vermiculite on performance of flyash-based fibre-reinforced hybrid composites as friction materials [J] . Materials and Design, 2011, 32 (8-9): 4354-4361.

[2] Yu J, He J, Ya C, et al. Preparation of phenolic resin/organized expanded vermiculite nano-composite and its application in brake pad [J] . Applied Polymer Science, 2011, 119 (1): 275-281.

[3] Mohanty S, Chugh Y P. Development of fly ash based automotive brake lining [J] . Tribology International, 2007, 40: 17-24.

[4] Shapkin N P, Leont' ev L B, Makarov V N, et al. Vermiculite-based organosilicate antifriction composites as coatings on friction surfaces of steel articles [J] . Russian Journal of Applied Chemistry, 2014, 87 (12): 1810-1816.

[5] Xu X L, Lu X, Yang D L, et al. Effects of vermiculite on the tribological behavior of PI-matrix friction materials [J] . IOP Conference Series: Materials Science and Engineering, 2015, 87 (1): 12-24.

[6] Eom J H, Kim Y W, Jeong D H, et al. Effect of additives on compressive strength and thermal conductivity of vermiculite-silica composites with layered structure [J] . Journal of the Ceramic Society of Japan, 2012, 120: 150-154.

[7] Ngayakamo B. Evaluation of kalalani vermiculite for production of high strength porcelain insulators [J] . Science of Sintering, 2019, 51 : 223-232.

[8] Hye S L, Jeong H C. Characterization and evaluation of porous vermiculite containing polyethylene composites film [J] . Journal of the Korean Ceramic Society, 2018, 55: 85-89.

[9] Da Silva A F R G, De Oliveira F J C, De Freitas M M A, et al. Lightweight oil well cement slurry modified with vermiculite and colloidal silicon [J] . Construction and Building Materials, 2018, 166: 908-915.

[10] Mo K H, Lee H J, Liu M Y J, et al. Incorporation of expanded vermiculite lightweight aggregate in cement mortar [J] . Construction and Building Materials, 2018, 179 (02): 302-306.

[11] Rojas-Ramírez R A, Maciel M H, de Oliveira Romano R C, et al. The impact of vermiculite residual fines in the rheological properties of cement pastes formulated with different waste contents [J]. Applied Clay Science, 2019, 170:97-105.

[12] Zhang H, Xu H, Wang X, et al. Microstructures and thermal aging mechanism of expanded vermiculite modified bitumen [J]. Construction and Building Materials, 2013, 47 (08): 919-926.

[13] Zhu C, Zhang H, Shi C, et al. Effect of nano-zinc oxide and organic expanded vermiculite on rheological properties of different bitumens before and after aging [J]. Construction and Building Materials, 2017, 146 (03): 30-37.

[14] 崔飞, 颜龙, 罗炼. 膨胀蛭石在防火涂料中的阻燃和抑烟作用 [J]. 消防科学与技术, 2016, 35 (05): 668-671.

[15] Atynian A, Bukhanova K, Tkachenko R, et al. Energy efficient building materials with vermiculite filler [J]. International Journal of Engineering Research in Africa, 2019, 43 (02): 20-24.

[16] Bazhirov T S, Protsenko V S, Bazhirov N S, et al. Physicochemical investigations of vermiculite-microporous component for heat-resistant materials [J]. Chemical Technology, 2019, 437 (04): 136 - 142.

[17] 亓云霞, 任强, 李锦春, 等. 膨胀蛭石协同膨胀型阻燃剂阻燃 HDPE 研究 [J]. 现代塑料加工应用, 2011, 23 (06): 36-39.

[18] Li Y, Fu W L, Chen Y J, et al. Improved thermal stability and flame resistance of flexible polyimide foams by vermiculite reinforcement [J]. Journal of Applied Polymer Science, 2017, 44 (2): 134-138.

[19] 方小林, 宋俊, 郑云波, 等. 膨胀蛭石/酚醛阻燃保温复合材料的制备及性能 [J]. 复合材料学报, 2016, 33 (11): 2426-2435.

[20] 鲁小城, 闫红强, 王华清, 等. 阻燃苎麻／酚醛树脂复合材料的制备及性能 [J]. 复合材料学报, 2011, 28 (3): 1-5.

[21] 刘福生, 彭同江. 膨胀蛭石的利用及其新进展 [J]. 非金属矿, 2001, 24 (4): 5-7.

原矿蛭石膨胀后，体积迅速增大，密度显著降低，孔隙率增加，具有强大的吸附性能，且化学性质稳定。膨胀蛭石对水具有吸收性，从而具有保水缓释作用，在农业上广泛用作植物的培养基和化肥的缓释剂载体。在培养植物的幼苗、扦插生根、种子发芽等方面具有显著优势。农业上一般通过掺杂膨胀蛭石提高种子出芽率、扦插的生根率、幼苗的成活率。同时，还可利用膨胀蛭石的性质制备蓄水保水材料和土壤改良剂，从而为植物的生长提供更好的条件。本章将介绍蛭石在农业方面的应用和研究进展。

9.1 蛭石在培养基质方面的应用

Ernest 等[1] 通过实验证明了蛭石中的铬、镍元素不会抑制植物对于必需营养元素的吸收，从理论上证明了蛭石应用在农业上的可行性。María 等[2] 按照蛭石∶有机土壤混合物＝95∶5 的比例配制培养基质，并添加不同比例的裙带菜，培养番茄幼苗。不添加裙带菜作为实验的对照组，添加裙带菜作为实验组。培养 30d 后，发现添加裙带菜的番茄幼苗在植株大小、根长、茎长等方面都比其他组要好。从图 9-1 可以看出：图（a）、（d）、（g）中，图（g）中的植株要比图（a）和图（d）大得多，在图（b）、（e）、（h）中，图（h）的叶子面积也要优于图（b）和图（e），在图（c）、（f）、（i）中，图（i）根的长度要长于图（c）和图（f）。由此可知，蛭石和裙带菜共同促进了番茄植株的生长。

孙凤建等[3] 进行了不同育苗基质对辣椒苗生长发育影响的实验。发现将金针菇渣、泥炭、珍珠岩、蛭石按 60∶5∶20∶15 的比例配制基质，辣椒苗生长发育良好，出苗率高达 60.7%，优于其他基质的培养效果，且成本较低，可在辣椒苗的生产中推广应用。实验表明，蛭石作为一种培养基质的成分，在提高辣椒的出苗率上有很大的促进作用。

图 9-1　番茄植株的生长情况

　　王会[4] 在研究不同基质配方对山茱萸试管苗移栽驯化成活率及驯化苗生长特性的影响时，筛选出有利于山茱萸试管苗移栽驯化的最佳基质配方为蛭石∶珍珠岩∶腐殖土＝1∶1∶2。该研究主要是通过 6 种不同的基质配方，分别研究山茱萸的幼苗生长情况和新叶的数量，表 9-1 为不同基质对山茱萸试管苗成活率的影响，图 9-2 为不同基质对山茱萸试管苗新叶数的影响。从图表中的数据结果可知，基质配方 2 的幼苗成活率在 10d、20d、30d 都是最高的，成活率在 78%～83% 之间，而且新叶子生长的数量也是基质配方 2 最多，尤其是在 30d 后，植株长出来的叶子数量相对其他基质而言是最多的。蛭石和其他基质在比例合适的情况下，可以和其他成分共同促进植物的生长。

表 9-1　不同基质对山茱萸试管苗成活率的影响

基质配方	成活率/%		
	10d	20d	30d
1(蛭石∶珍珠岩∶河沙＝1∶1∶2)	80	75	75
2(蛭石∶珍珠岩∶腐殖土＝1∶1∶2)	83	78	78
3(蛭石∶河沙＝2∶1)	75	70	67
4(蛭石∶腐殖土＝2∶1)	76	72	70
5(珍珠岩∶河沙＝2∶1)	73	68	68
6(珍珠岩∶腐殖土＝2∶1)	74	71	68

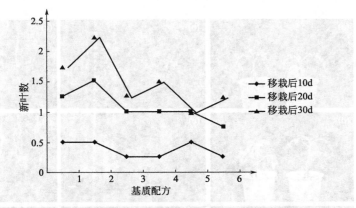

图 9-2　不同基质对山茱萸试管苗新叶数的影响

崔瑶等[5] 以紫云英为实验材料，探讨了不同基质对紫云英种子萌发成苗的影响。他们选用 10 种不同的基质作为对照，实验中不同基质的配方分别是：实验组 1（椰糠：珍珠岩＝1：1），2（蛭石：珍珠岩＝1：1），3（泥炭土：珍珠岩＝1：1），4（蛭石：椰糠＝1：1），5（蛭石），6（珍珠岩），7（泥炭土），8（蛭石：泥炭土＝1：1），9（椰糠），对照组（云南红壤）。实验发现，蛭石培养基质（实验组 5）对种子发芽率的促进作用最大，促进效果为 74%，如图 9-3 所示，其幼苗的鲜重增加量最大为 0.186g，与对照组相比增加了 116.3%，其干重的最大增加量为 0.035g，与对照组相比增加了 94.4%，蛭石的添加以及蛭石和椰糠的协同作用对种子萌发成苗方面有良好的促进作用。

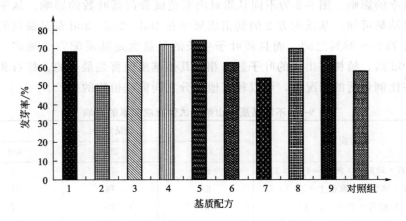

图 9-3　不同基质下紫云英种子的发芽率

林本宽[6] 研究了不同基质对银杏扦插生根效果的影响，通过银杏在河沙、蛭石、珍珠岩、椰糠、泥炭土、黄土等基质中的硬枝扦插，统计银杏的生根率、根系长度等情况，结果表明：蛭石作为扦插基质时银杏生根率可高达 89.20%，平均根长为 3.60cm，根系效果指数达 10.10，扦插效果最好。如表 9-2 所示，从不同基质对银杏生根的影响的实验数据可以看出，蛭石在促进银杏扦插生根方面的效果是最好的，河沙和椰糠效果次之。

表 9-2　不同基质对银杏生根的影响

实验组	生根率/%	平均根长/cm	根系效果指数
河沙	67.67	3.50	8.80
蛭石	89.20	3.60	10.10
珍珠岩	73.73	0.87	6.37
椰糠	72.53	2.87	7.87
泥炭土	19.30	1.23	0.59
黄土	21.53	1.50	0.87

曾凤等[7] 研究了不同基质对南瓜和葫芦出芽率的影响，他们以草炭∶蛭石∶珍珠岩＝3∶2∶2 为对照组，实验组依次是：1（椰糠∶蛭石＝3∶2），2（椰糠∶草炭∶蛭石∶珍珠岩＝2∶3∶3∶2），3（草炭∶蛭石∶珍珠岩＝4∶2∶2）。在相同的培养时间后分别统计南瓜和葫芦的出芽率以及各个组的培养基质成本，结果发现以椰糠∶蛭石＝3∶2 的培养基质最优，南瓜的出芽率为 93%，葫芦的出芽率为 97%，且每盘的基质成本为 0.54 元，相比于其他组成本是最低的。

刘式超等[8] 研究了不同的培养基质对裸花紫珠嫩枝扦插生根的影响，他们设置了 8 个实验组，即 100% 河沙（T1），100% 蛭石（T2），河沙∶蛭石＝1∶1（T3），河沙∶泥炭土＝1∶1（T4），泥炭∶蛭石∶河沙＝1∶1∶1（T5），泥炭∶蛭石∶河沙＝2∶1∶1（T6），泥炭∶蛭石∶河沙＝1∶2∶1（T7），泥炭∶蛭石∶河沙＝1∶1∶2（T8），T3～T8 均为体积比。将裸花紫珠培养相同的时间后发现，泥炭∶蛭石∶河沙＝2∶1∶1 的培养基质培育的植株的生根率高达 74.67%，生根数量 5.40 条/株，最大根长为 6.09cm。而单纯使用蛭石其生根率为 52.74%，生根数量为 4 条/株，最大根长为 4.74cm。通过对比两个结果，可以发现蛭石与其他基质的协同作用共同提高了植株的生根率。

Nhung 等[9] 发现蛭石培养基中的光自养微繁殖（PA）可以促进植物的驯化，提高组培苗移栽的成功率。他们使用了四种支撑材料（琼脂、珍珠岩、矿物棉和蛭石），并比较了它们对山葵体外生长的影响。结果表明，琼脂和蛭石中的试管苗生长最快，岩棉中的试管苗生长最慢。如表 9-3 所示，琼脂培养基和蛭石培养基的数据整体相差不大，芽干重分别为 697.8mg、704.3mg；根干重分别为 113.9mg、107.0mg；整株干重基本一样；根、茎、叶的含水率相差也不大，在 88%～91.4% 之间。可见蛭石在促进山葵的生长方面，可以代替琼脂，且培苗效果不会受到影响。

表 9-3　山葵离体培养 28 天的生长效果

处理	芽干重 /mg	根干重 /mg	整株干重 /mg	叶含水率 /%	茎含水率 /%	根含水率 /%	整株含水率 /%
琼脂	697.8	113.9	811.7	88.1	89.5	91.4	89.3
蛭石	704.3	107.0	811.2	86.9	86.9	91.0	88.1
珍珠岩	620.2	87.3	707.5	87.7	87.7	91.3	88.6
矿物棉	452.2	65.3	517.5	88.2	88.2	91.5	89.4

　　综上所述，由于蛭石优良的性质，可将蛭石用于培养基质的制备，蛭石类培养基质可以提高植物的出芽率、生根率等，进而促进植物的生长。利用蛭石特殊的结构和性质，可将蛭石与其他基质成分掺杂使用，如与珍珠岩、琼脂等配合使用，可大大提高蛭石培养基质的培苗效果。

9.2　蛭石在土壤蓄水保水方面的应用

　　黄静等[10] 以玉米秸秆纤维素及改性蛭石为原料，柠檬酸为交联剂，制备环保复合吸水材料，研究改性蛭石含量、柠檬酸/柠檬酸三钠浓度、交联温度及交联时间对材料吸水率的影响。结果表明，最佳制备工艺条件为：柠檬酸/柠檬酸三钠浓度 8%，交联温度 70℃，改性蛭石含量 2g，交联时间 1h。在此条件下，吸水材料的吸水倍率可达到 19.17。秸秆纤维素与改性蛭石形成了表面粗糙、疏松多孔、比表面积较大的复合材料。环保复合吸水材料具有较好的重复利用性，当吸水时间为 4min 时，吸水速率最大，吸水材料的保水率可达到 5.982g/min。保水率随着温度升高和时间延长呈下降趋势，在 20℃时保水率较高。吸水材料具有良好的耐盐能力，在农业土壤蓄水保水方面具有很大的应用前景。

　　乌兰[11] 以膨胀蛭石（VMT）、丙烯酸（AA）、丙烯酰胺（AM）为原料，通过水溶液聚合法制得了聚丙烯酸-共丙烯酰胺/蛭石高吸水保水复合材料。研究了蛭石的添加量、丙烯酰胺用量、中和度、引发剂用量以及交联剂用量等对吸水率的影响。得到的最佳反应条件为：中和度为70％，丙烯酰胺、蛭石、引发剂和交联剂量分别为丙烯酸单体质量的20％、12％、0.8％和0.12％。结果表明，蛭石加入量为12％时，复合材料的吸水和保水性能明显得到增强，这表明蛭石在土壤吸水保水方面具有很大的应用潜力。

李刚等[12,13]研究了蛭石插层聚合制备吸水材料的过程中各因素对蛭石/有机复合高性能吸水材料吸水性能的影响，通过低成本、工艺简单的方法制备出高性能的吸水材料，该高性能吸水材料的推广将有助于新疆优势矿产资源的利用。他们还研究了蛭石/有机复合高性能吸水材料的制备方法，指出其吸水倍率可达280.5。在自然状态下与纯水相比，可延长蒸发15d。如图9-4所示，在土壤中掺加吸水材料可增加40％的吸水效果，水分蒸发时间可延长10d左右。

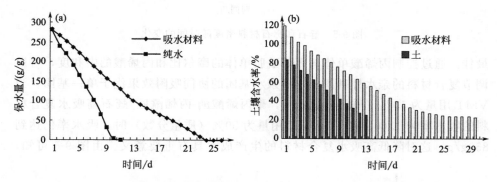

图9-4　吸水材料在自然状态下的保水性能（a）与在土壤中的保水性能（b）

Christopher[14]等制备了一种新型低密度沸石/蛭石复合颗粒吸水材料，解决了沸石在环境和废物管理中应用的一些重要问题。因蛭石颗粒的存在，沸石晶体可在无黏附剂的情况下黏附于蛭石层间使其具有大的粒径。此外，新材料的多孔性保证了它在离子交换实验中优于天然沸石颗粒，材料的体积密度很低（0.75g/cm³），使得大多数颗粒在水上漂浮可以超过15h。由图9-5可知，沸石与蛭石的混合材料比单纯的蛭石密度大，其吸水效果更好，使用复合基质能够制备出颗粒小和低密度的材料。通过浮选或利用其颗粒性质，可以很容易地处理所得材料，并将其从含水废物流中分离出来。

Tang等[15]采用水溶液聚合法合成了一种新型聚丙烯酸酯-共丙烯酰胺/膨胀蛭石（VMT）高吸水性复合材料。研究发现，当交联剂质量分数为0.08％、引发剂质量分数为1.2％、中和度为75％、丙烯酰胺与丙烯酸摩尔比为1∶4、单体质量分数为55％、反应温度为80℃时制备的复合材料吸水性能

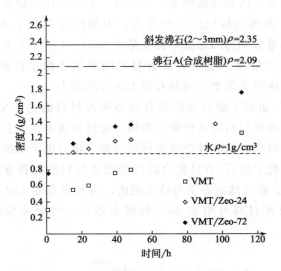

图 9-5　蛭石和沸石材料密度随时间的变化

最佳。通过控制丙烯酸单体与丙烯酰胺单体的摩尔比和丙烯酸的中和度，可以调节复合材料的亲水性基团，发现亲水基团的协同吸附效果优于单一基团。当 VMT 用量为 10%（质量分数）时，聚丙烯酸酯-丙烯酰胺/蛭石高吸水复合材料的吸水率为 1360g/g，当 VMT 用量为 50%（质量分数）时，吸水率仍达到 850g/g，这对降低高吸水复合材料的生产成本具有重要意义。由图 9-6 可知，

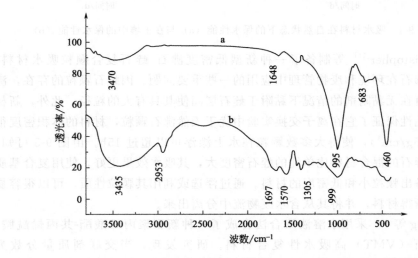

图 9-6　VMT（a）和聚丙烯酸酯-丙烯酰胺/蛭石高吸水复合材料（b）的红外光谱

（制备条件：50% 蛭石，0.08% 交联剂，1.2% 引发剂，75% 中和度，55% 单体浓度）

聚丙烯酸酯-丙烯酰胺/蛭石高吸水复合材料的性能比 VMT 要好得多，其亲水性基团多，可以保证复合材料的吸水效果。

综上所述，将蛭石用于制备吸水保水的材料，在吸水率、保水性等方面，其性能都高于同类型的材料，由于其稳定的化学性质，极强的吸附性、吸水性，使得蛭石成为制备这种材料的最佳选择。将这种材料应用在农业上，对土壤的改良作用是十分可观的。

9.3 蛭石在农业肥方面的应用

Mirian 等[16] 研究发现，在热带环境中，营养贫瘠的土壤普遍存在，导致高施肥率以支持农业活动，并且人为活动产生大量含氮废水，他们研究了两种矿物（天然沸石和蛭石）对高 pH 值和高 K 值工业废水中 NH_4^+ 的去除效果。他们将蛭石作为一种替代性缓释肥料在土壤中进行实验，为了得到吸附 NH_4^+ 的最佳条件，采用合成溶液和工业废水进行了间歇实验。结果表明，这两种矿物对 NH_4^+ 的去除率都很高（沸石为 85%，蛭石为约 70%），并且能够降低工业废水的 pH 值，在这个过程中，与留在溶液中的 Na^+ 相比，去除的 NH_4^+ 和 K^+ 更多。这些矿物通过蒸馏水浸出（两种矿物均释放 2mg/L NH_4^+）酸溶液（从沸石中释放 10mg/L NH_4^+，从蛭石中释放 50mg/L NH_4^+），作为缓释肥料进行实验。在 NH_4^+ 沸石土壤培养实验中，交换位点的 NH_4^+ 保留时间较长，淋洗和生物硝化作用使其损失最小，可防止土壤酸化。这两种矿物在去除溶液中的 NH_4^+ 方面都表现出很高的效率，且 NH_4^+ 可以作为一种养分在土壤中缓慢释放。

Wu 等[17] 制备了一种具有三层结构的新型纤维素乙酸酯包膜控释保水复合肥，其核心为水溶性复合肥颗粒，内层为醋酸纤维素（CA），外层为聚丙烯酸-丙烯酰胺/未膨胀蛭石 [P(AA-co-AM)/UVMT] 高吸水复合材料。他们研究和优化了丙烯酰胺用量、交联剂用量、引发剂用量、丙烯酸中和度和未膨胀蛭石浓度，分析了 CAFCW 的溶胀率、缓释性和保水性。在室温自来水中膨胀 90min，CAFCW 的吸水率是其自身质量的 72 倍。如图 9-7 所示，其肥料的缓释效果比普通肥料高 10% 左右，可以延长肥料有效时间 15d 左右。元素分析和原子吸收分光光度计结果表明，CAFCW 产品含氮 11%、磷 6%（以 P_2O_5 计）、钾 9%（以 K_2O 计）、钙 1%（以 CaO 计）、镁 0.4%（以 MgO 计），且该产品具有良好的控释保水性能，可在土壤中降解，对环境友好，特别适用于农业和园艺领域。

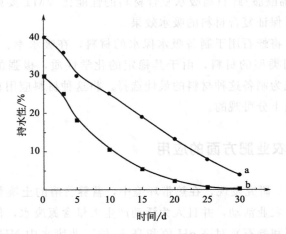

图 9-7 含 CAFCW（a）和不含 CAFCW（b）土壤的持水特性

Antolín 等[18] 研究发现，泥中含有一定量的无机氮，主要是硝酸盐和铵离子，被用作氮肥。然而，由于污泥中无机氮的存在，污泥添加到豆科植物中会导致根瘤代谢受损。通过温室实验，研究了污泥对紫花苜蓿生长、光合作用、氮同化和根瘤代谢的影响。他们用珍珠岩和蛭石的混合物（2∶1，体积比）在盆中种植植物，三种方法处理的植株分别为：①接种根瘤菌并以 10%（质量分数）（RS）的速率进行污泥改良的植株；②未经任何改良的接种根瘤菌的植株；③未接种硝酸铵的植株。固氮植物由于补偿了根瘤菌的碳消耗，其生长和蔗糖磷酸合成酶活性较低，但光合作用较高。与未处理的植物相比，污泥处理的植物通过降低光合能力、叶绿体和氮浓度而表现出由于固氮而导致的碳汇强度损失；污泥对结瘤没有影响，但降低了参与碳和氮代谢的结瘤酶活性，可能导致有毒氮化合物的积累。通过蛭石和珍珠岩的协同作用，可以为植株补充氮肥，共同促进植物的生长。

张新生等[19] 探究了不同肥料对小麦的增产效果。以无肥作为对照组，蛭石粉、磷酸氢二铵、蛭石复合肥、无蛭石混肥作为实验组。如表 9-4 所示，实验结果表明，蛭石复合肥小麦产量最高，可达 28.7kg，与不添加任何肥料相比，增产 78.8%。蛭石复合肥作为农业肥料，其效果明显高于普通的复合肥，这是因为其结构特殊，吸附性强，保水保肥能力强，对改善作物土壤环境起到正向作用。因此蛭石复合肥与同等养分含量的混肥或磷酸氢二铵相比，增产作用明显。磷酸氢二铵以硅酸钠作包膜，肥效较缓，且氮磷比例为 1∶3.3，可能限制了肥效的发挥，故产量不及蛭石肥。

表 9-4 小麦蛭石复合肥增产效果

肥料	小麦产量/kg	折合单产/(kg/hm²)	增产/%
磷酸氢二铵	24.2	4336.5	56.7
蛭石复合肥	28.7	4945.5	78.7
无蛭石混肥	23.0	3970.5	43.5
蛭石粉	20.3	3498.0	26.4
无肥	16.1	2767.5	0.0

应文绍等[20] 研究了蛭石在新疆地区作为复合肥的使用效果，他们发现蛭石对改良土壤、促进作物生长、提高产量均有很好的效果，这主要是因为膨胀蛭石有良好的通气性，有利于土壤中好氧微生物的生长，促进植株根系的发育和蔓延，起到保护植株根系的作用。膨胀蛭石的膨胀率高，体积可膨胀到原来的很多倍，使其可以吸附大量的水分并慢慢释放，供植物吸收，可以起到节约用水的作用，特别适用于干旱地区，有改良土壤的作用。长期使用蛭石复合肥不会因为施肥过量而造成土地板结，可以使黏性土疏松，将速效肥变为长效肥，提高肥料的利用率。蛭石所含的 K_2O、P_2O_5、MgO 等均是植物生长的有利元素。在施用蛭石复合肥料氮肥后，可提供作物所需的微量元素。这些微量元素吸附在蛭石载体上，可缓慢释放，使植物充分吸收肥料，在一定程度上降低了肥料的成本。

Xu 等[21] 介绍了一种提高厌氧共消化系统性能和消化液肥料利用率的新方法，提出了用蛭石提高消化液中总磷含量的可行方法。在厌氧消化系统中，消化液中磷的含量是评价其肥料利用率的关键，他们将富含磷的蛭石用作芦荟皮渣与牛粪厌氧间歇共消化系统的促进剂，引入蛭石后，生物气累积产气量（295.14～353.96mL/g VS）、化学需氧量（COD）去除率（45.53%～71.03%）和挥发性固形物去除率（50.70%～52.76%）均显著高于参比反应器（234.08mL/g VS，39.38%～45.10%）。热肥力分析表明，蛭石消化液稳定性好，肥效高（5.97%～6.81%），全磷含量高（11.44～13.29g/kg），蛭石的加入可以改善共消化性能。添加 0.3%（质量分数）蛭石后，累积产气量最高（353.96mL/g VS），COD 去除率最高（71.03%），远高于参比反应器（234.08mL/g VS，39.38%）。研究结果表明，蛭石消化液稳定性好、全磷含量高、肥效高，且蛭石在共消化系统中能提供微量金属营养并促进微生物和有机物的吸附，具有很好的应用潜力。

综上所述，由于蛭石肥为人们带来了巨大的收益，因此得到了人们的认可。蛭石肥之所以有如此大的效果，主要是蛭石在被制成肥料时，具有缓慢释放肥料中营养物质的作用，提高了使用肥料的效果。另外由于蛭石具有良好的吸附效果，在提高土壤的肥力方面也有很好的效果。蛭石肥已经在新疆得到大面积的使用，为人们提高农作物收成的同时，降低了普通肥料的使用量，从而节约了大量的成本，最终获得可观的收益。

9.4 蛭石在土壤改良方面的应用

Ekaterina 等[22] 根据俄罗斯摩尔曼斯克地区科拉半岛的铜镍冶炼厂附近的一块荒地，评估了蛭石-蜥蜴石废弃物作为土壤改良剂促进植物生长的效果。他们在铜镍冶炼厂附近收集泥炭表层土（0～20cm），其镍、铜和钴的土壤总浓度分别为1612mg/kg、1481mg/kg 和63mg/kg，土壤 pH 值为4.3，并用石灰废料和不同类型的蛭石-蜥蜴石废料（粗、细和在700℃下热活化）对土壤进行改良，部分未经处理的土壤进行空白对照。每周干湿循环，所有土壤在控制条件下用黑麦草栽培21d。如图9-8所示为土壤处理后植物生长的情况，其中：1是对照组，2是石灰渣，含有微量营养素的通用肥料（0.4g/kg），3是粗蛭石-蜥蜴石废料，4是细蛭石-蜥蜴石废料，5是粗蛭石-蜥蜴石废料（700℃下热活化）。结果表明，土壤中高含量的铜对植物生长无影响，而镍、钴对植物有毒害作用，将10%（质量分数）的蛭石-蜥蜴石废料与10%（质量分数）的石灰混合，可以促进植物生长，热活化废弃物对促进植物生长的效果最好，可将叶片镍浓度从1022mg/kg 降至88～117mg/kg。由图9-8可以看出，4 和5 的植株生长状态良好，土壤有明显的改善；由表9-5可以看出，添加蛭石后将其活化，可以大大降低铜、镍、钴的浓度，从而改良土壤。

图 9-8　土壤处理后植物生长的情况

表 9-5 植物经过不同处理后的生长情况

处理	地上部生物量/mg^{-1}	最终高度/cm	叶面铜浓度/(mg/kg)	叶面镍浓度/(mg/kg)	叶面钴浓度/(mg/kg)
对照组	0.27	2.4	87	1022	38
石灰渣＋通用肥料	3.3	8.0	48	117	10
粗蛭石-蜥蜴石废料［10%（质量分数）］	4.0	8.9	46	103	8.6
细蛭石-蜥蜴石废料［10%（质量分数）］	4.5	9.0	60	92	7.1
粗蛭石-蜥蜴石废料［700℃下热活化，10%（质量分数）］	4.9	10	50	88	8.5

许剑臣等[23] 研究了不同改良剂对重金属复合污染土壤的修复效果，他们采用室内土壤培养实验和室外盆栽实验相结合，研究不同施用量（10g/kg 和 20g/kg）的蛭石（A）、泥炭（B）和骨粉（C）以及两两组合施用下，改良剂对土壤重金属 DT-PA 有效态、植物（以空心菜为例）生物量、株高以及植物可食用部分重金属含量的影响。结果表明，土壤具有较强的缓冲能力，添加改良剂并没有明显提升土壤 pH 值。单施 2%泥炭对土壤重金属 Cu、Zn 的钝化效果优于其他处理组，相对空白对照组，在第 42 天 2 种金属有效态含量分别降低了 57.65%和 65.55%，而 1%蛭石和 1%骨粉的混合添加能有效降低土壤中有效态 Cd 含量，相对空白对照组在第 42 天有效态 Cd 含量降低了 40.52%。三种改良剂单独施加和混合施加对空心菜均具有显著的增产增收效果，且混施改良剂对空心菜增产效果较好，各处理组中空心菜体内 Cu、Zn 和 Cd 含量均有显著降低，其中 2%泥炭、1%蛭石＋1%泥炭和 1%蛭石＋1%骨粉处理组分别对空心菜内 Cu、Zn 和 Cd 含量降低效果最好，相对空白对照组分别降低了 75.39%、70.75%和 75.42%。因此，在该类型污染土壤中泥炭、蛭石＋泥炭和蛭石＋骨粉分别对空心菜吸收土壤中的 Cu、Zn 和 Cd 具有较好的阻控效果，蛭石和其他材料的配合使用，对土壤改良效果良好。

Chris 等[24] 对黏土降低农业氮温室气体排放（即 N_2O 和 NH_3）的效果进行了研究，通过使用自动封闭容器分析系统实验，测试了两种黏土（蛭石和膨润土）对减少 N_2O 和 NH_3 的排放和从牲畜粪便（牛肉、猪、家禽）纳入农业土壤中有机碳损失的能力。利用生物 logistic 函数对累积气体排放量进行建模，16 个处理中有 15 个符合该模型（$P < 0.05$）。在单独评估肥料时，观察到随着黏土添加量的增加，NH_3 和 N_2O 排放量总体呈下降趋势。与不添加黏土相比，在最高黏土添加水平下，NH_3 排放量较低，但这一差异不显著，N_2O 的排放显著降低。且大多数处理还显示出随着黏土添加量的增加，碳保留量增加，与不含黏土的处理相比，含黏土的处理中碳保留量增加了 10 倍。对黏土缓解农业温室气体排放的效果进行初步评估，显示出很好的应用前景。蛭石和膨润土都是高 CEC 黏土，通过实验表明，添加蛭石和膨润土可减少土壤施用畜禽粪便的含氮气体的排放，特别是 N_2O，同时这些黏土还增加了土壤/肥料改良剂中的碳保留量，这种新型黏土基温室气体减排技术具有广阔的应用前景。

Zhang 等[25] 发现某些矿物可以改善土壤的结构，他们以黄河三角洲沿海轻度盐渍土地区为研究对象，通过 2 年的田间实验，研究了矿物改良剂对小麦产量和土壤性质的影响。他们将 5 种矿物材料组合成沸石＋磷矿石（ZP）、沸石＋硅钙土改良剂（ZC）、蛭石＋磷矿石（VP）、蛭石＋药用石（VS），在所有处理中，与对照组相比，复合矿物改良剂提高了小麦产量，其中 VP（45.7%）、ZP（43.5%）和 ZC（43.6%）处理的小麦增产幅度相似，而 VS 处理（26.3%）的小麦增产幅度明显较小。这些增产归因于较大的干物质积累和较高的每公顷籽粒数。与对照组相比，施用 ZP 和 ZC 显著降低了 0～20cm 土层的可溶性镁（Mg）和钠（Na）含量，降低了土壤电导率（EC）和钠吸附率（SAR），增加了土壤有机碳（SOC）。在 0～20cm 土层施用 VP 使土壤速效磷（P）和速效钾（K）分别增加 34.7% 和 69.3%。施用 VS 使土壤有机碳、全氮、速效磷和速效钾略有增加，结合矿物质改良剂使用显著增加了小麦产量。由于土壤表面可溶性 Na^+ 含量、EC 和 SAR 的降低，以及土壤有机碳和速效磷的增加，增加了干物质和小麦产量，复合矿质改良剂能显著提高小麦产量 27.4%～45.7%，增加干物质 22.5%～35.0%，并改善了盐碱地的土壤性质，可在盐碱地沿海地区使用矿物改良剂。

Noriko 等[26] 发现沸石和蛭石作土壤改良剂有望防止放射性铯在土壤中的溶解和被植物吸收，他们将沸石和蛭石与添加无载体铯（^{137}Cs）和不添加无载体铯^{137}Cs 的土壤 [1%（质量分数）] 混合，发现不同的放射性铯截留电位（RIP）与土壤固定痕量放射性铯的能力有关。将土壤暴露于干湿循环中以加速^{137}Cs 的固定化，并在 30 次干湿循环前后测定 1mol/L 乙酸铵的可提取性。在加速老化（即干循环和湿循环）之前，当^{137}Cs 在土壤上被吸附时，沸石和蛭石的添加导致低裂土中交换性^{137}Cs 的数量减少，而高裂土中交换性^{137}Cs 的数量增加；加速老化后，无论采用何种改性剂，可交换性^{137}Cs 的含量都显著降低。无论 RIP 值如何，蛭石和沸石的加入都部分抑制了放射性铯在加速老化过程中的固定，吸附在沸石高选择性位点上的^{137}Cs 可被 1mol/L 乙酸铵交换。因此，^{137}Cs 选择性地吸附在沸石的高选择性位点上，^{137}Cs 在老化诱导固定后重新分布到磨损的边缘位点可能是有限的。

9.5 蛭石在其他方面的应用

Mahboobeh 等[27] 研究了甘蔗根、茎、叶内部耐盐细菌的多样性，以及它们对提高锌、钾元素的溶解度和抗真菌活性。他们用含蛭石的琼脂培养基测定菌株对锌和钾元素溶解度的增强能力，从 59 株菌株中鉴定出具有促进植物生长的 5 株菌株，并证明假单胞菌和阴沟肠杆菌具有抑制镰刀菌生长的能力，这表明细菌具有很高的可塑性，对植物生长特性具有促进作用，锌和钾溶性细菌也有可能作为生物肥料用于改良土壤，表明蛭石在促进植物生长方面具有积极作用。

Ivanova 等[28] 讨论了在铜镍冶炼厂影响区的蛭石-蜥蜴石废料上种植观赏植物的可能性。他们采用 23 种观赏植物（主要是肉质植物、景天科植物）作为幼苗种植在 10cm 厚的采矿废料层中，多数观赏植物的繁殖因子达 17，对于一些肉质植物（虎耳草属、报春属、景天属）的繁殖因子可达 232，该研究方法可用于北方城市的绿化，包括工业设施附近的土地绿化。

Coelho 等[29] 发现营养液灌溉的沙子和蛭石生产丛枝菌根真菌（AMF）菌剂具有广阔的应用前景，有机添加物可以刺激 AMF 的产孢效果，并取代营养液。他们通过选定的有机基质（蚯蚓粪、椰末和托氏粉）配合沙子和蛭石，最大限度地提高了 AMF（长棘球蚴、类爪螨、异齿类和白化大孢子）的产量。不同的 AMF 和添加到底物中的有机源的孢子产量是不同的，与其他 AMF 和基质相比，蚯蚓堆肥提高了长穗镰刀菌的产孢量，Tropstrato 抑制了异卵双歧杆菌的产孢，而单卵双歧杆菌的繁殖不受有机化合物的影响。在玉米植株中，接种长穗镰刀菌促进了玉米植株生物量的积累。采用沙子+蛭石+10％蚯蚓粪的接种剂生产体系有利于玉米植株的生长和生产带菌剂的长穗镰刀菌感染性菌剂。

蛭石由于其化学性质稳定，且含有植物生长的营养元素，是培养幼苗、扦插生根、种子发芽基质中的重要组成部分。此外，蛭石的膨胀性、吸水性使其可以作为一种吸水保水材料，用于保持土壤的水分，改良土壤效果。对于一些缺水严重且土壤贫瘠的地区，如果合理运用蛭石制备相应的材料对其进行改善，将会有意想不到的效果。因此，蛭石在农业上应用的潜力巨大，需要进一步研究开发新的农用材料，提高其应用空间。

参考文献

［1］Ernest M M, Marw A, Landrew A. Accessory minerals and potentially toxic elements in tanzanian vermiculites with respect to agricultural applications［J］. Communications in Soil Science and Plant Analysis, 2011, 42: 1123-1142.

［2］María F S, Silvana L C, Andrea Y M, et al. Amelioration of tomato plants cultivated in organic-matter impoverished soil by supplementation with Undaria pinnatifida［J］. Algal Research, 2020, 46: 101785.

［3］孙凤建. 不同育苗基质对辣椒苗生长发育的影响［J］. 上海蔬菜, 2017,（06）: 76-77.

［4］王会. 基质对山茱萸试管苗移栽驯化影响的研究［J］. 农家参谋, 2018,（07）: 75.

［5］崔瑶, 张青瑞, 施卫省. 育苗基质对紫云英种子萌发成苗的影响［J］. 土壤与作物, 2016, 5（01）: 36-41.

［6］林本宽. 不同基质对银杏扦插的影响［J］. 绿色科技, 2019,（11）: 126-128.

［7］曾凤, 车亚莉, 马韬, 等. 不同基质配比对西瓜砧木嫁接前期生长的影响［J］. 长江蔬菜, 2019,（04）: 59-62.

［8］刘式超, 周再知, 张金浩, 等. 裸花紫珠嫩枝扦插生根影响因子研究［J］. 植物研究, 2016, 36（05）: 739-746.

［9］Nhung N H, Yoshiaki K, Toshio S, et al. Effects of supporting materials in in vitro acclimatization stage on ex vitro growth of wasabi plants［J］. Scientia Horticulturae, 2020, 261: 109042.

［10］黄静, 梁密, 陈秋慧, 等. 秸秆纤维素/改性蛭石环保吸水材料的研究［J］. 应用化工, 2018, 47（05）: 879-882, 886.

［11］乌兰. 聚（丙烯酸-co-丙烯酰胺）/蛭石高吸水保水复合材料的合成与性能研究［J］. 非金属矿, 2009, 32（02）: 1-3, 7.

［12］李刚, 刘开平, 成信东, 等. 蛭石/有机复合高吸水保水复合材料的研究［J］. 化学工程与装备, 2009,（06）: 19-21.

［13］李刚, 刘开平, 梁庆宣, 等. 蛭石-有机复合高性能吸水材料吸水保水特性研究［J］. 非金属矿, 2007,（01）: 5-7.

［14］Christopher D J, Fred W. Novel low density granular adsorbents-properties of a composite matrix from zeolitisation of vermiculite［J］. Chemosphere, 2007, 68（6）: 1153-1162.

［15］Tang Q W, Lin J M, Wu J H, et al. Preparation and water absorbency of a novel poly（acrylate-co-acrylamide）/vermiculite superabsorbent composite［J］. Journal of Applied Polymer Science, 2007, 104: 735-739.

［16］Shinzato M C, Wu L F, Mariano T O, et al. Mineral sorbents for ammonium recycling from industry to agriculture［J］. Environmental Science and Pollution Research, 2020, 27（8）: 13599-13616.

[17] Wu L, Liu M Z. Preparation and characterization of cellulose acetate-coated compound fertilizer with controlled-release and water-retention [J]. Wiley Inter Science, 2008, 19: 785-792.

[18] Antolín M C, Laura F M, Manuel S D. Relationship between photosynthetic capacity, nitrogen assimilation and nodule metabolism in alfalfa (Medicago sativa) grown with sewage sludge [J]. Journal of Hazardous Materials, 2010, 182 (1): 210-216.

[19] 张新生, 王爱春, 徐新民, 等. 蛭石复合肥实验简报 [J]. 新疆农业科学, 2000, (06): 287-288.

[20] 应文绍, 胡钟灵. 蛭石在农业上的应用 [J]. 新疆农业科技, 1992, (06): 42.

[21] Xu H F, Yun S N, Wang C, et al. Improving performance and phosphorus content of anaerobic codigestion of dairy manure with aloe peel waste using vermiculite [J]. Bioresource Technology, 2020, 301: 122753.

[22] Ekaterina T, Felipe T P, Dmitry V M, et al. Vermiculite-lizardite industrial wastes promote plan growth in a peat soil affected by a Cu/Ni smelter: a case study at the Kola Peninsula [J]. Journal of Soil Science and Plant Nutrition, 2019.

[23] 许剑臣, 李晔, 肖华锋, 等. 改良剂对重金属复合污染土壤的修复效果 [J]. 环境工程学报, 2017, 11 (12): 6511-6517.

[24] Chris P, Matthew R, Jaye H, et al. Clays can decrease gaseous nutrient losses from soil-applied livestock manures [J]. Journal of Environmental Quality, 2016, 45 (2): 638-645.

[25] Zhang J S, Jiang X L, Miao Q, et al. Combining mineral amendments improves wheat yield and soil properties in a coastal saline area [J]. Agronomy, 2019, 9 (2): 1-12.

[26] Noriko Y, Atsuko H, Takashi S. Effects of zeolite and vermiculite addition on exchangeable radiocaesium in soil with accelerated ageing [J]. Journal of Environmental Radioactivity, 2019, 203: 18-24.

[27] Mahboobeh P, Naeimeh E, Hossein M, et al. Screening of salt tolerant sugarcane endophytic bacteria with potassium and zinc for their solubilizing and antifungal activity [J]. A Society of Science and Nature Publication, 2016, (3): 530-538.

[28] Ivanova L, Slukovskaya M, Kremenetskaya I, et al. Ornamental plant cultivation using vermiculite-lizardite mining waste in the industrial zone of the subarctic [M]. Systems Thinking and Moral Imagination, 2020: 199-204.

[29] Coelho I R, Pedone-Bonfim Maria V L, Silva Fábio S B, et al. Optimization of the production of mycorrhizal inoculum on substrate with organic fertilizer [J]. Brazilian Journal of Microbiology, 2014, 45 (4): 1173-1178.

·第 10 章·
蛭石在畜牧业方面的应用

蛭石因其独特的结构和性质，被广泛应用于许多领域。在畜牧业方面，蛭石可用作载体、吸附剂、抑菌剂和饲料添加剂等。蛭石作为饲料添加剂既能使食物在动物肠道消化系统中缓慢下移，增加肠胃的消化能力[1]，又能加速家禽的生长速度、产量和质量，如提高瘦肉的比率、提高产蛋量、产出低脂肪牛奶等[2]。在饲料中添加蛭石还可以吸收饲料中的有毒物质（如作物上残留的杀虫剂），使动物体内和牛奶中的污染物含量减少，这是蛭石有选择性吸附的结果[3]。在养殖观赏鱼和食用鱼的过程中，蛭石可用于除去水体中对鱼有毒的氨，减少水中微生物的含量，并且将膨胀蛭石拌入饲料后因其容重小，可限制饲料下沉，使得鱼类充分食用。此外，蛭石能吸收动物粪便的臭味，降低粪便的温度和延缓腐烂，在改善家禽生长环境[4] 等方面具有优势。本章将介绍蛭石在畜牧业方面的应用和研究进展。

10.1　蛭石用作饲料添加剂方面的应用

国外学者对飞禽的饲料进行了研究，通过改善饲料中的各组分的配比，并加入少量具有高吸附能力和离子交换特性的天然矿物来帮助禽畜动物更全面地吸收饲料中的营养成分。添加天然矿物到饲料中可以减少抗生素的使用，从而减少药物残留的问题。利用蛭石本身无害、价格低廉的特性，加入天然矿物蛭石做饲料添加剂对动物无毒且有益，还可以降低生产成本。

蛭石已被广泛添加到家禽饲料中，用于改善家禽的生长速率和健康状况。Abdigaliyeva 等[5] 利用蛭石矿物饲料来饲养肉鸡，通过蛭石和鱼粉对肉鸡组织形态的影响，对血液参数、生长性能和肉质进行分析。将 100 只刚出生 1d 的肉鸡分为五组，在 42d 的实验周期里，分别对每组的肉鸡喂食 A（基础饲料）、B（3％蛭石粉）、C（5％蛭石粉）、D（3％蛭石粉和鱼粉混合饲料，1％

蛭石粉＋2％鱼粉）以及 E（5％蛭石粉和鱼粉混合饲料，1.5％蛭石粉＋3.5％
鱼粉）五种不同的饲料，通过对肉鸡血液参数的检测来反映肉鸡的生长。结果
表明，添加 5％蛭石粉＋鱼粉饲料的肉鸡（E）蛋白浓度比对照组略高。与对
照组相比，各实验组钙含量均有增加，这与蛭石的最高离子交换活性有关，添
加 3％蛭石粉＋鱼粉的肉鸡钙离子浓度比对照组高，且添加 3％蛭石粉＋鱼粉
的肉鸡血清中磷含量较对照组略有增加。通过上市天数、死亡率和饲料吸收效
率几个指标来评估一群肉鸡的生长速率，结果表明，蛭石粉＋鱼粉组肉鸡的生
长速率明显比对照组快。如图 10-1 所示，通过对实验组和对照组肉鸡肌肉组
织横断面和纵断面进行对比，发现对照组和实验组肉鸡肌肉组织具有相同的组
织学和形态学特征，即肉鸡的肉质并未改变，加入一定量的蛭石不但保证了肉
的高品质，还使得肉鸡的生长速度明显提高，并且加入蛭石添加剂后不会引起
实验鸡的病理变化。

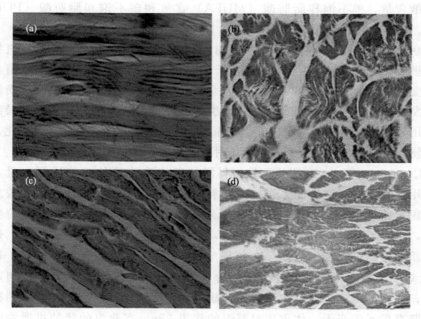

图 10-1　实验组肉鸡肌肉组织横断面（a）和纵断面（b）；
对照组肉鸡肌肉组织横断面（c）和纵断面（d）

　　Reham 等[6] 在蛋鸡的饲料中加入蛭石粉，通过检测蛋鸡的各项指标来
反映蛭石添加剂对蛋鸡的影响，具体包括蛋鸡形态参数、化学成分、脂肪酸
组成和产蛋量。在含有鱼粉、肉和骨粉的饲料中，添加蛭石粉可以改善禽类
的生长状况，降低生产成本，提高其产蛋量[7]。鸡蛋含有适当浓度的不饱和

脂肪酸，对人类健康有很多好处，鸡蛋中饱和脂肪酸或单不饱和脂肪酸的含量受饲料中脂肪含量的影响[8]。他们用 100 只蛋鸡进行实验，将其随机分配为 5 组，把它们的饲料分为 5 类，对照组 A 饲料中不包含蛭石粉，其余各组饲料分别为 B（3％蛭石粉）、C（5％蛭石粉）、D（1％蛭石粉＋2％鱼粉）和 E（1.5％蛭石粉＋3.5％鱼粉），在几周后对实验蛋鸡的产蛋质量、化学成分进行检测。

实验结果表明，实验组的母鸡下蛋量和蛋黄中的蛋白质含量比对照组高，鸡蛋的蛋白质含量比对照组也有显著的提高，各实验组蛋黄和蛋白的含水率均显著低于对照组，实验组蛋黄干物质含量与对照组基本相同。这说明添加蛭石的饲料能提高鸡蛋的各项品质指标，鸡蛋中的蛋白质含量、碳水化合物含量以及能量值都有显著提升，蛭石添加剂饲料不仅能够提高产蛋量，而且对鸡蛋蛋黄中氨基酸和脂肪酸含量也有显著影响，添加蛭石能够增加总脂肪酸含量、单不饱和脂肪酸（MUFA）含量和多不饱和脂肪酸（PUFA）含量。

众所周知，畜禽粪是一种不需要加工且肥效极高的有机肥料，可以直接撒在田里来促进农作物的生长。但是由于现代畜牧业的发展，使得大多数畜禽的养殖变为高度集约化[9]的养殖模式，全封闭式的畜牧业生产体系使得粪便的性质发生了改变[10]。粪便大量堆积所引起的环境污染问题日益严重，局部大量使用导致土壤中的矿物质超负荷，并且影响地下水，使地表水富营养化，而且粪便散发出来的臭味会影响养殖场附近人们的日常生活。

Consigliere 等[11] 利用蛭石作饲料添加剂来改变猪的矿物质摄入量，充分利用蛭石阳离子交换能力强的特点来减少猪的肠道对铵盐的吸收和铵盐转化为尿素的效率，以此来减少含氮尿液的排放[12]。经过长达 5 个月的养殖实验，以 56～160kg 小猪为实验对象，每天对其进行饲养和健康检查，使用空气质量检测仪器 Draeger Tube 每隔 50 天对实验环境进行大气检测，每隔 40 天对小猪粪便进行采集并分析成分，使用数字离子氨浓度测量仪测定氨浓度，使用高压气相色谱法测定硝酸盐含量。实验结果表明，实验组的猪在进入肥育单元的当天，体重比对照组的猪重 3kg，实验组的猪的排泄物中的氨氮浓度明显低于对照组，而实验组的猪的排泄物中硝酸盐浓度几乎是对照组的 2 倍，实验组猪畜棚大气氨浓度较高，对照组的猪的排泄物中溶解的氨较高。

蛭石在帮助反刍动物消化方面也起着重要作用，在反刍动物胃内的发酵过程中（胃内的细菌和其他菌在适宜 pH 条件下是活跃的），蛭石能够吸收额外的微生物和其他组分。另外，蛭石还可以维持肠道恰到好处的蠕动，使食物充分消化，并起着与长纤维物质等效的作用。

Sinclair 等[13] 在测定瘤胃 n-3 多不饱和脂肪酸的生物氢化作用及其对绵羊体内微生物代谢和血浆脂肪酸浓度的影响的实验中，研究不同来源的 n-3 脂肪酸对瘤胃生物氢化、小肠脂肪酸流动、血浆吸收及对绵羊瘤胃代谢的影响。以 6 只绵羊为研究对象，将其分为 6 组分别喂养不同的饲料，研究了不同来源的未保护和保护的 n-3 多不饱和脂肪酸对瘤胃内生物氢化的敏感性、对血浆的吸收以及对瘤胃代谢的影响。与鱼油相比，提供海藻或脂肪包裹的鱼油可降低 $C_{22,6}$(n-3) 和 $C_{20,5}$(n-3) 的生物氢化作用，增加十二指肠流量和血浆浓度。尽管十二指肠的非氨氮流量和微生物效率有所改善，但甲酸-甲醛处理亚麻籽油对瘤胃中 $C_{18,3}$(n-3) 的保护作用很小，蛭石的加入吸收亚麻籽油，改善了十二指肠的流量，并有可能控制羊肉中的 n-3 脂肪酸组成。

Maria 等[14] 在研究以黏土为吸附剂的羔羊日粮对瘤胃消化和肉中脂肪酸组成的影响时，通过采用蛭石添加剂来减弱反刍动物瘤胃中的氢化作用，使多不饱和脂肪酸免于瘤胃生物氢化的作用。他们通过对照法，将 40 只公羊分成 4 组，进行长达 45d 的实验，每天分别喂养 4 种饲料：C（不含黏土饲料）、B（30g/kg 膨润土）、V（30g/kg 蛭石）和 BV（15g/kg 膨润土＋15g/kg 蛭石）。其研究结果表明，在添加植物油的高浓缩饲料中添加蛭石作为油吸附剂，既保护多不饱和脂肪酸免受瘤胃氢化作用的影响，也不会影响羊羔体内的 trans-10 的迁移。

此外，蛭石在水产养殖业方面也有应用，水产的集中饲养会造成许多的环境问题，比如导致水体富营养化，容易导致养殖的水产受到环境带来的灾害。在此主要讨论鱼类养殖的问题，在养殖鱼类的过程中，如果把蛭石用作生物隔离物质，不但可以除去水中的有害物质，减少微生物的含量，还可以减少水中气体含量，给鱼类良好的生长环境。

张佳萍等[15] 在研究如何解决水体富营养化的问题中提到了解决水体富营养化的关键在于除去水中的氨氮，蛭石是用来处理水污染问题的一种十分合适的再生类矿物。他们用氯化钠对蛭石进行改性，然后通过对比图 10-2 中速率发现，改性后的蛭石比未改性的蛭石处理氨氮的能力强。通过改进条件，可使鱼在较大的密集养殖情况下健康生长，且生长能得到控制。另外，在这种情况下，经过严格加工的蛭石和珍珠岩适合作饲料添加剂，是提高生长率和减少死亡率的有效方法。把蛭石加到鱼饲料中，可减少鱼饲料中饲料的密度，防止饲料沉入水中，便于水中鱼类进食，促进鱼类生长。

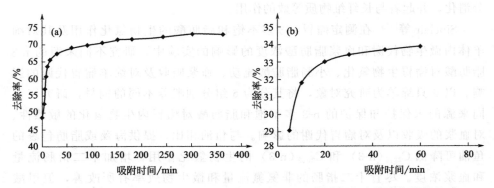

图 10-2　氯化钠改性蛭石（a）与未改性蛭石（b）吸附时间与去除率之间的关系

10.2　蛭石用作抑菌剂在微生物方面的应用

蛭石经常被用作研究真菌生长的理想培养基，为真菌的生长提供了良好的环境，把蛭石与其他物质混合能使基质的干湿密度、有效水分、剩余水分、总孔隙度和含水率降低，基质的曝气空间增大。它对真菌的生长具有选择性，可根据其阳离子交换能力强的特点采用不同材料对其进行改性来增强其对菌类的抑制作用。

Hundáková 等[16]　通过阳离子交换反应使蒙脱石和蛭石富集铈，如图 10-3 所示，通过 XRD 对制备的样品进行结构表征，并对大肠杆菌和铜绿假单胞菌的抑菌效果进行评价。蒙脱石和蛭石属于平面含水层状硅酸盐，它们的中心八面体的阳离子（主要是 Al^{3+} 或 Fe^{3+}）和四面体的阳离子（主要是 Si^{4+}）可以被低价阳离子（如 Al^{3+}、Fe^{3+}、Fe^{2+}、Mg^{2+}）所取代，这些置换使平面含水层状硅酸盐中的层间空间的负电荷被水合交换性阳离子（如 Na^+、K^+、Mg^{2+}、Ca^{2+}）所补偿，这些层间水合阳离子可与其他阳离子交换，也可与 Ce^{3+} 交换。

他们用蒙脱石和蛭石为原料，通过研磨筛选粒径在 $40\mu m$ 以下的部分，采用氯化钠法制备钠型化合物。以纯度为 99% 的硝酸铈作为铈的来源，将蒙脱石和蛭石与 NaCl（1mol/L）水溶液在 80℃ 下混合 2h，将分散物离心洗涤除去氯离子，再将其混合物与 $Ce(NO_3)_3 \cdot 6H_2O$（0.01mol/L、0.1mol/L 和 0.25mol/L）在室温下搅拌混合 24h 后离心洗涤除去硝酸根离子。用革兰阴性菌株（铜绿假单胞菌）和革兰阳性菌株（粪肠球菌）对制备的样品进行抑菌实验，采用肉汤稀释法测定最低抑菌浓度，并作为细菌完全停止生长的最低样品浓度，将样品制成 10% 的水分散体，并进一步稀释为六种不同浓度的溶液。

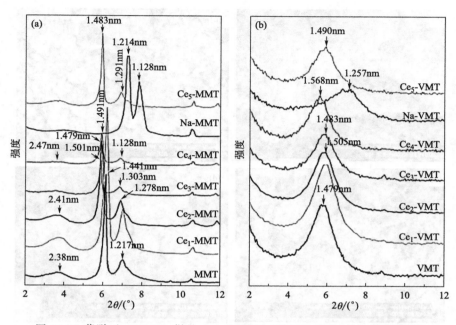

图 10-3 蒙脱石（MMT）样品（a）和蛭石（VMT）样品（b）的 XRD 图

以葡萄糖原液作为对照组，通过对比实验数据可以得出蛭石在实验中对菌落群的影响，蛭石中铈离子的含量高于蒙脱石，对粪肠球菌和铜绿假单胞菌的抑菌实验表明，通过 Ce^{3+} 改性后的材料对细菌生长有一定的抑制作用，抗菌实验也表明抑菌效果取决于样品中铈的含量。

Hundáková 等[17]用硝酸银对蛭石进行酸化处理，并研究了制备的 Ag-VMT 材料对革兰阳性菌（粪肠球菌）和革兰阴性菌（铜绿假单胞菌）的抗菌作用。他们以蛭石为原料，采用盐酸对蛭石进行酸处理，以纯度为 99.99％的硝酸银作为银的来源，在室温下将盐酸溶液（0.5mol/L）和蛭石溶液（1.0mol/L）混合搅拌 14h 后，在 80℃下混合搅拌 10h 制备酸化蛭石样品，离心机分离后洗涤至无氯，在 70℃下干燥 24h，并用革兰阴性菌株（铜绿假单胞菌）和革兰阳性菌株（粪肠球菌）检测样品的抑菌活性，采用肉汤稀释法测定最低抑菌浓度，并作为细菌完全停止生长的最低样品浓度，通过菌落中菌类的存活数来判定 Ag-VMT 材料对菌落的抑制效果。

如图 10-4 所示，通过 SEM 和比表面积（SSA）测定观察蛭石薄片的形貌变化，酸处理后蛭石的层状结构受到干扰，比表面积（SSA）明显增加。图 10-5 中样品 VMT1Ag 的 SEM 图显示了银在该样品中的均匀分布。XRD 图表明，

图 10-4　样品 VMT（a）、VMTAg（b）、VMT05Ag（c）和 VMT1Ag（d）的 SEM 图

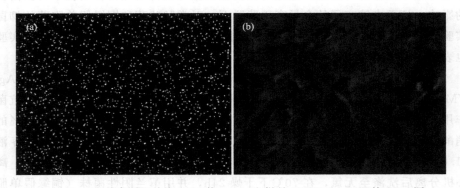

图 10-5　Ag 元素图（放大 2000 倍）（a）和样品 VMT1Ag（b）的 SEM 图

蛭石的基面衍射强度随酸性溶液浓度的增加而降低，蛭石层状结构无序。X 射线荧光（XRF）分析表明，酸化蛭石样品的银含量低于原始蛭石样品。银蛭石材料对革兰阳性菌（粪肠球菌）和革兰阴性菌（铜绿假单胞菌）的抗菌活性实验结果表明，原矿蛭石对细菌生长无影响，所有含银的样品均影响细菌生长，根据被测样品或细菌种类的不同，活性也不同。银蛭石的最小抑菌浓度

（MIC）证实了抑制细菌生长的可能性取决于悬浮液中银的浓度和作用时间，VMTAg 对铜绿假单胞菌（MIC＝0.37％）的抑菌效果优于对粪肠杆菌（MIC＝3.33％）的抑菌效果，VMT05Ag 对两种菌株有同样的积极作用（MIC＝1.11％），VMT1Ag 的抑菌效果较差（MIC＝10％）。

　　Hundáková 等[18] 用硝酸银和硝酸铜溶液处理黏土矿物蛭石，用有机化合物（十二胺）进行固-固熔体插层改性，将制备的有机-无机蛭石作为聚乙烯基体的纳米填料，采用熔融复合法制备聚乙烯与蛭石纳米填料的混合物，并将其压制成薄片。如图 10-6 和图 10-7 所示，用 XRD 分析制备的纳米蛭石填料和聚乙烯/蛭石复合材料的结构变化，XRD 分析证实十二胺插层进入蛭石层间空间，根据层间距的大小，银蛭石样品具有较高的十二胺插层程度，初始浓度较高［10％（质量分数）］的十二胺具有较高的插层程度。假设只有一个样品（PE/DA10AgVMT）形成纳米复合结构，在样品作用 0.5h 后，还观察到粉末纳米填料的抗菌效果，样品对单个微生物的不同抑制作用与微生物细胞的结构有关。如图 10-8～图 10-10 所示，对革兰阳性菌（以金黄色葡萄球菌和粪肠球

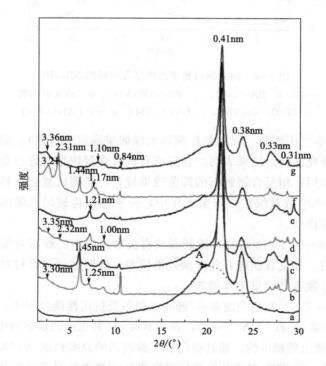

图 10-6　蛭石纳米填料和聚乙烯复合材料的 XRD 图

a—PE；b—DA3AgVMT；c—PE/DA3AgVMT；d—DA3Ag1VMT；e—PE/DA3Ag1VMT；
f—DA10AgVMT；g—PE/DA10AgVMT

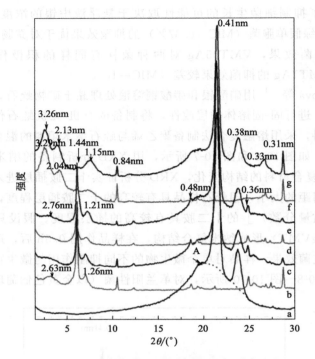

图 10-7　纳米填料和聚乙烯复合材料的 XRD 图

a—PE；b—DA3CuVMT；c—PE/DA3CuVMT；d—DA3Cu1VMT；
e—PE/DA3Cu1VMT；f—DA10CuVMT；g—PE/DA10CuVMT

菌为代表)、革兰阴性菌（以大肠杆菌和铜绿假单胞菌为代表）、酵母菌和白色念珠菌进行研究比较，结果表明，含银或有机质含量较高的蛭石对细菌生长有较好的抑制作用；相反含铜蛭石的抑菌效果较差，经测试复合材料表面细菌生长减少了 5~7 个数量级。在未来工作中，分子模拟将被用来阐明十二胺分子在蛭石层间的排列。

由图 10-8~图 10-10 可知，银蛭石或有机含量较高的蛭石对细菌生长有较好的抑制作用，相反含铜蛭石的抑菌效果较差。经测试，复合材料表面的细菌生长速率在对数级之间呈下降趋势。

Samlíková 等[19] 在研究洗必泰/蛭石的制备及抗菌性能过程中，通过插层法制备抗菌洗必泰/蛭石（CA/VMT），并在不同 pH 和温度的水溶液中搅拌，考察 CA 在蛭石基质上的稳定性。通过稳定性实验前后的总有机碳（TOC）分析，确定了钙的含量，用 XRD 对样品的结构进行表征，并通过对革兰阳性菌（粪肠球菌、金黄色葡萄球菌）和革兰阴性菌（大肠杆菌、铜绿假单胞菌）进行抑菌实验，由其最低抑菌浓度（MIC）评价制备的 CA/VMT 样品的抑菌活性。

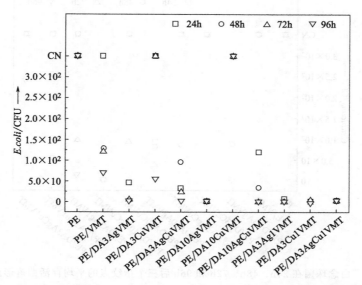

图 10-8 大肠杆菌在 24h、48h、72h 和 96h 后三个指纹点的平均存活菌落形成单位数
（CFU）（CN 表示无穷多）

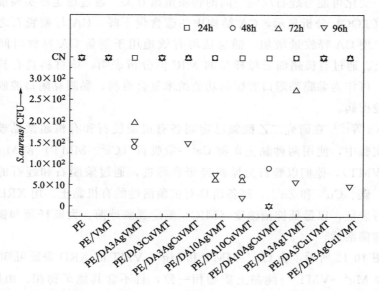

图 10-9 金黄色葡萄球菌在 24h、48h、72h 和 96h 后三个指纹点的平均存活菌落
形成单位数（CFU）（CN 表示无穷多）

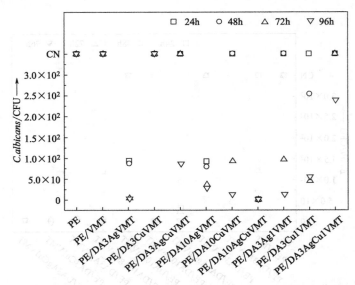

图 10-10　白念珠菌在 24h、48h、72h 和 96h 后三个指纹点的平均存活菌落形成单位数
（CFU）（CN 表示无穷多）

　　根据图 10-11 的 XRD 图，稳定性实验后的 CA/VMT 样品层间空间值略低，这一变化可能与蛭石层间空间的物质重组有关。通过稳定性实验前后的总有机碳（TOC）分析显示，CA 结构中的碳含量下降，CA 与蒙脱石之间的键价不同，使 CA 释放量增加，插层法可有效地用于制备 CA 释放时间较长的 CA/黏土。通过有机超细云母样品的 MIC 值分析表明，该材料具有长期的抗菌活性，可作为黏膜黏附口腔膜的功能纳米复合材料，黏膜黏附口腔膜可用于治疗口腔疾病。

　　Sylva 等[20]在研究二乙酸氯己定制备有机蒙脱石和有机超微晶玻璃的抑菌活性实验中，使用两种黏土矿物 Ca^{2+}-蒙脱石（Ca^{2+}-MMT）和 Mg^{2+}-蛭石（Mg^{2+}-VMT），他们以蛭石为原料经研磨筛选，通过蒙脱石和蛭石的阳离子交换银、碳、Cu^{2+} 和 Zn^{2+}，制备出具有抗菌活性的有机黏土。用 XRD 对样品结构进行表征，以最低抑菌浓度（MIC）测定粪肠球菌、大肠杆菌和铜绿假单胞菌的抑菌活性。

　　如图 10-12 所示，由 Ca^{2+}-MMT 和 Mg^{2+}-VMT 的 XRD 表征可知，Ca^{2+}-MMT 和 Mg^{2+}-VMT 与纯黏土矿物相一致，且不含其他矿物相。由图 10-12（a）可知，天然 Ca^{2+}-MMT 呈反射状，图 10-12（b）中 Mg^{2+}-VMT 的 XRD 图显示了基底反射的序列，证实了层间空间可交换阳离子周围存在两层水分子。通过 Ag^{+}-MMT、Ag^{+}-VMT、Ag^{+}-OMMT 和 Ag^{+}-OVMT 的 MIC 值可

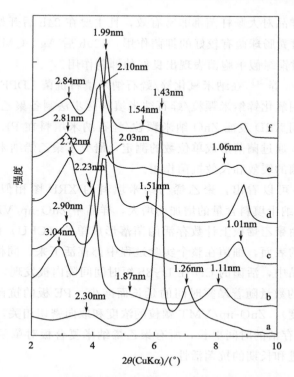

图 10-11 CA/VMT 稳定性实验后样品的 XRD 图

a—VMT；b—CA/VMT；c—CA/VMT/7-20；d—CA/VMT/7-40；e—CA/VMT/2-20；f—CA/VMT/2-40

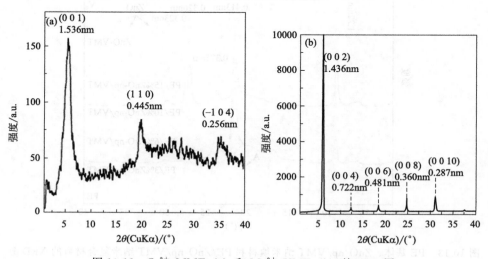

图 10-12 Ca^{2+}-MMT（a）和 Mg^{2+}-VMT（b）的 XRD 图

知，所有研究样品对大肠杆菌都非常有效，且主要在 24h 后开始作用。24h 后 Ag[+]-OMMT 对粪肠球菌有较好的抑菌作用，120h 后 Ag[+]-OMMT 活性增强，Ag[+]-OMMT 对铜绿假单胞菌表现出良好的抑制作用。

Barabaszová 等[21] 在纳米氧化锌/蛭石纳米填料抗菌 LDPE 纳米复合材料的研究中，采用氧化锌纳米颗粒/蛭石纳米填料两步法制备聚乙烯（PE）纳米复合材料。采用 XRD 表征 ZnO 纳米颗粒/蛭石纳米填料在 PE 纳米复合材料中的结构变化，通过菌落形成单位数的测定，研究了聚乙烯纳米复合材料对革兰阳性粪肠球菌的缓效和长效抗菌作用。

由图 10-13 可以看出，聚乙烯与纳米填料的 XRD 图相似，相对强度随 ZnO-np/VMT 纳米填料含量的增加而增大，样品中 ZnO-np/VMT 和 PE 反射无明显变化。由聚乙烯板上计数存活的菌落形成单位（CFU）的平均数可知，在纯聚乙烯板的表面，细菌在整个实验过程中都存活下来。同样在所有 PE 纳米复合材料样品中，活菌的 CN 在 1～8h 短时间间隔内被发现，存活菌落形成单位（CFU）的数量随着暴露时间的延长而减少。PE 板的抗菌活性与 PE 表面形貌（粗糙度）、ZnO-np/VMT 颗粒的浓度和取向密切相关，细菌在蛭石颗粒的表面/层上存活的时间更长，所有聚乙烯纳米复合板对革兰阳性菌粪肠球菌均表现出渐进和长期的抗菌活性。

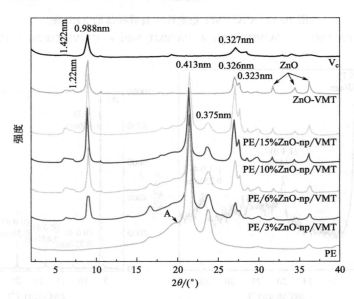

图 10-13　PE 基体、ZnO-np/VMT 纳米填料和 PE/ZnO-np/VMT 纳米复合材料的 XRD 图

现在大部分养殖业喂养的饲料单一，部分饲料还会添加抗生素等来缩短畜

禽生长周期，加快生长速度，以达到出售盈利的目的。使用化学药物来促使畜禽生长会造成药物残留，也对人们的健康造成了威胁。利用蛭石的性质将其作为饲料添加剂不会对家禽产生危害，相反还能补充动物发育的矿物质，增加动物肠胃的消化能力，减少氮的排放，加快畜禽的生长，提高产品的质量和产量，对制备绿色环保型饲料及饲料添加剂产品、加快畜牧业生产和生态农业的建设具有重要意义。同时在抑菌剂方面蛭石也有着不小的作用，改性过后的蛭石复合型材料具有长期的抗菌活性，可作为黏膜黏附口腔膜的功能纳米复合材料，黏膜黏附口腔膜有助于治疗口腔疾病。总之，蛭石在畜牧业的应用研究需要进一步加强，以便发挥其优势，提高效能。

参考文献

[1] 励敏华, 陈玉华. 蛭石在非传统领域的应用现状及发展前景 [J]. 化工地质, 1989, 01: 43-50.

[2] 齐茜, 李佶隆, 马淑雪, 等. 羟基蛋氨酸锌对产蛋后期蛋鸡生产性能、蛋品质和免疫相关基因表达的影响 [J]. 动物营养学报, 2018, 30 (12): 4939-4946.

[3] Inglezakis V J, Stylianou M, Loizidou M. Ion exchange and adsorption equilibrium studies on clinoptilolite, bentonite and vermiculite [J]. Journal of Physics & Chemistry of Solids, 2010, 71 (3): 279-284.

[4] 彭同江, 刘福生. 蛭石的应用矿物学研究与开发利用现状 [J]. 建材地质, 1997, S1: 26-29.

[5] Abdigaliyeva T, Sarsembayeva N, Lozowicka B, et al. Effects of diets with vermiculite on performance, meat morphology parameters of broiler chickens [J]. Journal of Pharmaceutical Sciences and Research, 2017, 9 (5): 745-750.

[6] Reham A E, Shaimaa S, Eman H. Effect of supplementing layer hen diet with phytogenic feed additives on laying performance, egg quality, egg lipid peroxidation and blood biochemical constituents [J]. Animal Nutrition, 2018, 4 (4): 394-400.

[7] 谢瑞祺, 孙林, 李晶晶, 等. 海藻饲料添加剂对蛋鸡产蛋性能、血清抗氧化性及生长的影响 [J]. 饲料研究, 2020, 43 (03): 96-101.

[8] 王健, Esmail S H M. 日粮因素对肉鸡生长和胴体品质的影响 [J]. 中国家禽, 2003, 23: 53-54.

[9] 石有龙. 中国畜牧业发展现状与趋势 [J]. 兽医导刊, 2018, 11: 7-10.

[10] 滕志刚, 李佳龙, 王莹. 集约化草原畜牧业发展模式的作用、存在的问题及对策 [J]. 养殖技术顾问, 2014, 09: 280.

[11] Consigliere R, Costa A, Meloni D. Investigation on the effects of vermiculite-based feed additives on ammonia and nitrate emission from pig slurry and pig growth performances [J]. Veterinary Science Development, 2016, 6: 62-68.

[12] Canh T T, Verstegen M W, Aarnink A J, et al. Influence of dietary factors on nitrogen partitioning and composition of urine and feces of fattening pigs [J]. Journal of Animal Science, 1997, 75 (3): 700-706.

[13] Sinclair L A, Cooper S L, Chikunya S, et al. Biohydrogenation of n-3 polyunsaturated fatty acids in the rumen and their effects on microbial metabolism and plasma fatty acid concentrations in sheep [J]. Animal Science, 2005, 81 (02): 239-248.

[14] Maria A O, Susana P A, Jos é S S, et al. Effects of clays used as oil adsorbents in lamb diets on fatty acid composition of abomasal digesta and meat [J]. Animal Feed Science and Technology, 2016, 213: 64-73.

[15] 张佳萍. 蛭石在除氮技术中的应用研究 [J]. 环境监控与预警, 2012, 4 (03): 45-49.

[16] Hundáková M, Samlíkováa M, Pazdziora E. Antibacterial cerium-montmorillonite and cerium-vermiculite [C]. Brno Czech Republic, 2015: 633-638.

[17] Hundáková M, Pazourková L, Kupková J, et al. Structural and antibacterial properties of original vermiculite and acidified vermiculite with silver [C]. Brno Czech Republic, 2011, 9: 21-23.

[18] Hundáková M, Valášková M, Pazdziora E, et al. Polyethylene/organo-inorgano vermiculites and their antimicrobial properties [J]. Journal of Nanoscience and Nanotechnology, 2019, 19 (5): 2599-2605.

[19] Samlíková M, Holešová S, Hundáková M, et al. Preparation of antibacterial chlorhexidine/vermiculite and release study [J]. International Journal of Mineral Processing, 2017, 159: 1-6.

[20] Sylva H, Magda S, Erich P, et al. Antibacterial activity of organomontmorillonites and organovermiculites prepared using chlorhexidine diacetate [J]. Applied Clay Science, 2013, 83: 17-23.

[21] Barabaszová K C, Holesová S, Hundaková M, et al. Antibacterial LDPE nanocomposites based on zinc oxide nanoparticles/vermiculite nanofiller [J]. Journal of Inorganic & Organometallic Polymers & Materials, 2017, 27 (4): 986-995.

第 11 章

蛭石在储能方面的应用

近年来，由于化石燃料能源的短缺和能源利用率低，储能应用受到了广泛关注[1]。储存的能量主要包括热能、电能和化学能，储能技术被认为是未来能源供应的关键技术之一，储能技术主要以热交换为主，目前常用的热交换法有三种：①显热法；②潜热法；③可逆化学反应热法。在上述方法中，相变储能以其储能密度高、等温特性好等优点，实现了相变材料作为最有效储能材料的应用[2]。蛭石具有多级结构，可以作为相变材料的载体，提高装载量，通过蛭石自身的吸附，降低漏液量，是构建相变材料的主要研究对象之一。本章介绍蛭石在储能方面的应用研究进展。

11.1 蛭石在相变储能材料方面的应用

由于能源短缺和温室气体污染的限制，寻求可再生能源已成为近年来一个全球性的研究课题。相变储能材料在间歇性能源收集中起着至关重要的作用，同时也减少了不可替代的资源消耗。此外，相变储能材料具有储能密度高、潜热性能好、从储存到回收温度变化小、可重复利用等特点，在建筑中的应用是开发利用太阳能的有效途径，也是降低传统能源消耗的有效途径。

在近年的研究中发现，石蜡仍然是低温太阳能蓄热系统的潜热材料，而其他适用于低温加热系统的有机 PCM 在实际使用中还需要进一步的研究。为解决这一问题，Wen 等[3] 对月桂酸-膨胀蛭石复合材料展开了研究，他们将月桂酸作为储热材料，以膨胀蛭石作支撑材料，用不同比例的月桂酸与膨胀蛭石通过真空浸渍法合成了月桂酸-膨胀蛭石复合相变材料，其合成过程如图 11-1 所示。同时用 XRD 和 FTIR 对其进行物相和热可靠性表征，发现复合材料中的月桂酸和膨胀蛭石不发生化学反应，只发生物理结合。如图 11-2 所示，他们对该复合材料的微观结构进行了分析，结果表明膨胀蛭石多孔网络对月桂酸有

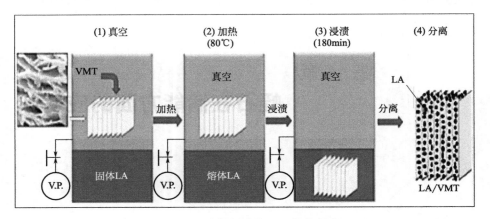

图 11-1　月桂酸-膨胀蛭石的合成图

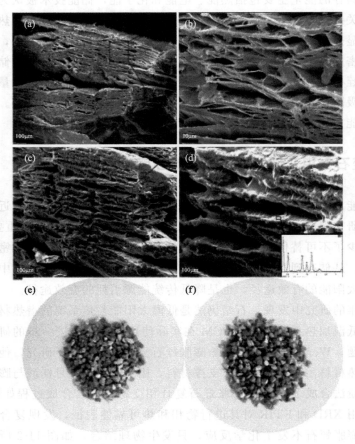

图 11-2　蛭石复合 PCM 的 SEM 图和 EDS 图

充分的吸附作用，即使是在熔融状态下，月桂酸的渗漏也很小。热循环测试表明，经 200 次熔融/冷冻循环后，形状稳定的复合材料 PCM 仍具有足够的稳定性。此外，由于月桂酸（LA）的低热导率会对复合材料的熔化和冻结时间产生影响，当加入具有较高热导率的乙二醇（EG）时，随着 EG 加入量的增加，复合相变材料的热导率得到提高。因此，形式稳定、热导率高的月桂酸-蛭石复合相变材料是储能材料应用的一个合适的选择。

　　Zhang 等[4] 根据共晶效应规律描述的二元和三元脂肪酸可以形成共晶混合物，而多元脂肪酸共晶混合物的相变温度低于共晶混合物中任一组分的相变温度，首先制备了不同质量的月桂酸-棕榈酸-硬脂酸（LA-PA-SA），测定其熔化、冻结温度和潜热，然后以 LA-PA-SA 为 PCM，蛭石（VMT）为载体，采用真空浸渍法制备了月桂酸-棕榈酸-硬脂酸/蛭石（LA-PA-SA/VMT）复合材料。如图 11-3（a）所示，通过 DSC 曲线分析，制备的三元脂肪酸共晶混合物显示出良好的共晶性。用 FTIR 光谱对其进行表征，由于 LA-PA-SA/VMT 稳定复合相变材料的 FTIR 光谱中仅包含 LA-PA-SA 和 VMT 的特征峰，说明两者之间仅是物理作用。如图 11-3（b）所示，为了研究 LA-PA-SA/VMT 的热可靠性，进行 1000 次热循环测试，发现 LA-PA-SA/VMT 的熔化潜热和冻结潜热分别小幅下降，表明制备的 LA-PA-SA/VMT 复合相变材料具有良好的热可靠性。在加入乙二醇（EG）后，对比 LA-PA-SA、LA-PA-SA/VMT 和 LA-PA-SA/VMT/EG 在室温 ［图 11-4（a）］和热处理后 ［图 11-4（b）］的状态，发现 VMT 的层状多孔结构不允许熔化的 PCM 渗出。如图 11-5 所示，通过观察复合材料 LA-PA-SA/VMT 和 LA-PA-SA/VMT/EG 的熔化及冻结曲线，可以看出 EG 可将复合材料的热导率大大提高，说明制备的稳定相变材料 LA-PA-SA/VMT 是一种潜在的储能材料。

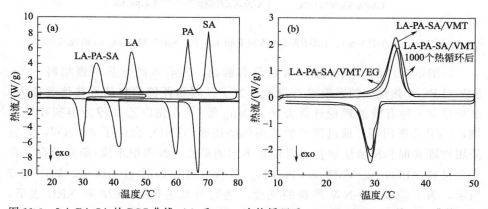

图 11-3　LA-PA-SA 的 DSC 曲线 （a）和 1000 次热循环后 LA-PA-SA/VMT 的 DSC 曲线 （b）

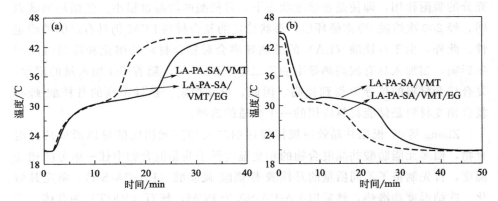

图 11-4　LA-PA-SA/VMT 和 LA-PA-SA/VMT/EG 熔化和冻结曲线

图 11-5　LA-PA-SA、LA-PA-SA/VMT 和 LA-PA-SA/VMT/EG 的热处理图

银纳米线（Ag-NW）被认为是最有前途、最有效的导热增强填料，Ag-NW 对 PCM 热性能的影响鲜有报道，为了预测和评价填料的导热增强能力，必须建立一种有效的理论计算方法。Deng 等[5] 首先以乙二醇为溶剂和还原剂，PVP 为吸附剂，通过简单的溶剂热法还原 AgNO$_3$ 合成了 Ag-NW，然后采用物理共混和浸渍法制备了含银量不同的聚乙二醇银纳米线/膨胀蛭石复合相变材料（PEG-Ag/VMT-ss-CPCMs），其合成过程如图 11-6 所示。如图 11-7 所示，为了检验 Ag-NW 产物的纯度，他们对其进行了 SEM 和 XRD 表征，Ag-NW 由大量均匀的纳米线组成，在产物的 XRD 图谱中未检测到杂质峰，

表明已得到高纯度的 Ag-NW 产品，能量色散 X 射线光谱（EDS）表明产品中存在 Ag。如图 11-8 所示，通过对制得的复合材料 PCM 进行 XRD、FTIR 和 TGA 表征，发现 Ag-NW 在复合材料 PCM 中的衍射峰的强度随 Ag-NW 含量（质量分数）的增加而增大，说明 Ag-NW 的晶体结构在浸渍过程中没有被破坏并且它的吸附作用明显抑制了 PEG 的结晶；PEG-Ag/VMT-ss-CPCMs 在相变过程中没有发生化学反应，并且它的设计工作温度通常在 60℃ 以下，远远低于降解温度，表明 PEG-Ag/VMT-ss-CPCMs 具有良好的化学相容性和热稳定性。对 Ag-NW 热导率增强能力进行理论计算，预测值与实验结果一致，表明 PEG-Ag/VMT-ss-CPCMs 优异的化学相容性和热稳定性有利于储能方面的应用。

步骤1 制备Ag-NW

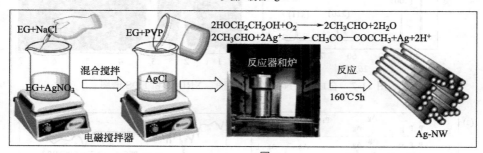

步骤2 制备PEG-Ag/VMT-ss-CPCMs

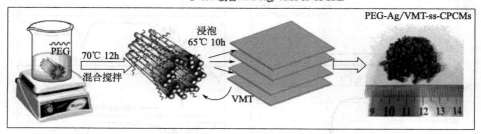

图 11-6　Ag-NW 和 PEG-Ag/VMT-ss-CPCMs 制备工艺示意图

Xu 等[6] 利用膨胀蛭石高孔隙率、低密度的特点，首次制备了一种新型稳定的石蜡/膨胀蛭石轻集料，为进一步开发轻质储能水泥基复合材料（LW-tescs）提供了思路。他们让蛭石分别在 600℃、800℃、1000℃ 的高温下进行焙烧，如图 11-9 所示，通过对比其 BET 表面积图和 XRD 图，发现 VMT-800

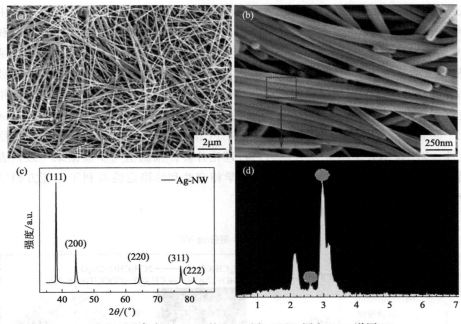

图 11-7　合成 Ag-NW 的 SEM 图、XRD 图和 EDS 谱图

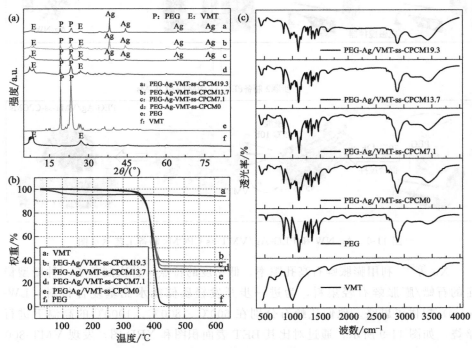

图 11-8　VMT、PEG 和 PEG-Ag/VMT-ss-CPCMs 的 XRD 图（a）、TGA 图（b）和 FTIR 图（c）

具有最佳的膨胀组织和结晶性能，可作为最佳的石蜡支撑基质候选者，采用真空浸渍法制备石蜡：VMT-800＝0.6∶1.0（质量比）的复合 PCM。由图 11-10 和图 11-11 可知，石蜡和 VMT-800 具有化学惰性，且石蜡能很好地真空吸入 VMT-800 膨胀层间空间。DSC 和 TGA 分析表明，复合相变材料的起始熔化温度为（27.0±0.1）℃，潜热为（77.6±4.3）J/g，具有良好的热稳定性。利用 PCM 作为砂体替代材料，进一步开发容重小于 1500kg/m³ 的 LW-tescs，LW-tescs 的热阻性能明显提高并且具有良好的储热性能。

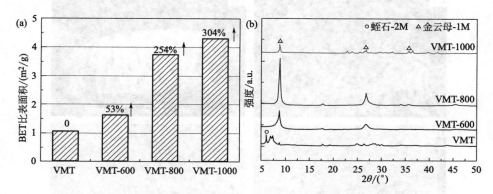

图 11-9　复合相变材料的 BET 表面积（a）和复合材料的 XRD 图（b）

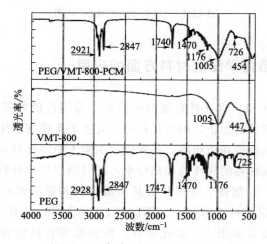

图 11-10　复合 PCM 的 FTIR 图

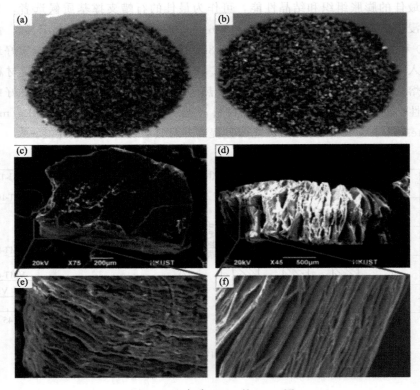

图 11-11　复合 PCM 的 SEM 图

11.2　蛭石在热化学储能材料方面的应用

相变材料（PCM）因其具有储能密度高、等温性能好等优点在储能方面得到广泛应用。到目前为止，相变材料的研究主要集中在利用有机相变材料进行储热，主要包括石蜡和脂肪酸。各种研究探索了由多孔材料组成的复合相变材料，以提高相变材料的热性能和热导率，同时减少相变材料的泄漏。

Karaipekli 等[7] 制备了由脂肪酸共晶混合物和膨胀蛭石组成的新型、形状稳定的复合相变材料（PCMs）。膨胀蛭石（VMT）具有很好的吸附性能、很强的毛细管力和表面张力，多孔性好，脂肪酸等有机物容易在其孔内被吸附，而这种物理作用防止了在相变过程中熔化的共晶混合物在膨胀的 VMT 孔隙中的泄漏。利用差示扫描量热法（DSC）测定了复合 PCMs 的熔化温度和潜热分别在 19.09～25.648℃ 和 61.03～72.05J/g 之间，与某些用于储能的复合相变储能材料的储能性能相比具有重要的潜热储能潜力。为了确定复合材料 PCMs 的热可靠性，进行了 5000 次加热和冷却过程的热循环实验，热循环前后 CA-LA/VMT 的 SEM 图如图 11-12 所示，复合 PCMs 具有良好的热稳定性和结构稳定性。研究结果表明，制备的复合材料具有良好的热性能、热可靠性、化学稳定性和热导率，是一种有前途的低温储能材料。

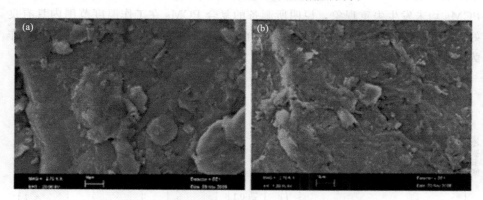

图 11-12　热循环前后形成的稳定复合 PCMs 的 SEM 图

Chung 等[8] 研究了以正十八烷、膨胀蛭石和珍珠岩组成的形状稳定的复合相变材料（PCMs），并对其热性能和热可靠性进行分析。他们以膨胀蛭石（VMT）和膨胀珍珠岩（PLT）为原料，采用真空浸渍法制备了液体正十八烷复合 PCMs。如图 11-13 所示，利用 SEM 对正十八烷膨胀蛭石和珍珠岩的微观结构进行了表征，正十八烷被分散到用作支撑材料的 VMT 和 PLT 的多孔

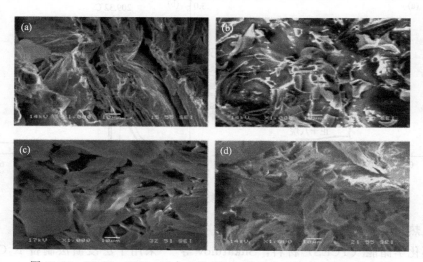

图 11-13　VMT、PLT、正十八烷/VMT 和正十八烷/PLT 的 SEM 图

网络中，经 FTIR 分析表明，正十八烷与膨胀蛭石、珍珠岩具有良好的相容性。如图 11-14 所示，复合材料的热导率降低。差示扫描量热（DSC）分析表明，正十八烷/VMT 和正十八烷/PLT 复合材料具有较大的比表面积及良好的分散性，保持了较大的潜热容量和较高的初始相变温度。如图 11-15 所示，热分解后，复合 PCMs 的质量分数在 250℃ 左右仍保持不变，100℃ 以下的复合 PCMs 均未发生失重现象，说明所制备的复合 PCMs 在工作温度范围内具有良好的热稳定性。因此，正十八烷基复合相变储能材料具有较高的热性能，可作为相变储能的理想材料。

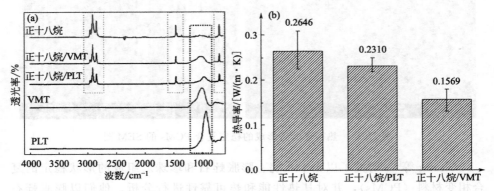

图 11-14　正十八烷、正十八烷/VMT、正十八烷/PLT、VMT 和 PLT 的
FTIR 图（a）与 PCMs 的热导率（b）

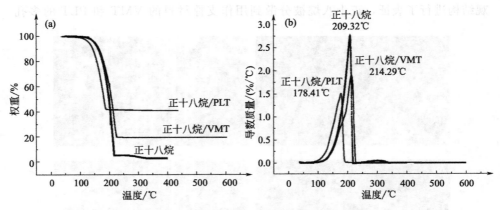

图 11-15　纯 PCM 和复合 PCMs 的热重分析

热化学储能（TCES）是一项具有广阔应用前景的新兴技术。K_2CO_3 可用于热化学储能（TCES）材料，Shkatulov 等[9] 采用干法浸渍法制备 K_2CO_3/

膨胀蛭石复合材料，并对其化学稳定性、晶粒形态稳定性和晶粒尺寸稳定性进行实验研究。如图 11-16 所示，通过 TGA 分析不同温度（26~53℃）和水汽压（8~20mbar）条件下 K_2CO_3/蛭石复合材料的水化动力学，与相同粒径的 K_2CO_3 颗粒相比，受限 K_2CO_3 颗粒的水化速率较快，在 30~50℃ 和水汽压为 22~117mbar 下可吸收 0.4~1.5g/g 的 H_2O，体积蓄热密度可以提高到 0.7~0.9GJ/m³。通过 SEM、EDS、XRD 和压汞孔法（MIP）对初始和循环材料进行表征，发现 90% 的食盐填充了尺寸小于 $7\mu m$ 的蛭石孔隙，循环后由于孔径大于 $7\mu m$，孔隙率增加约 15%。在不规则的 K_2CO_3 结块到 2~3μm 的微晶团聚的循环过程中，盐粒的形貌发生了很大的变化。经过 74 次脱水循环后，复合材料的形貌和织构发生变化，但其化学成分和平均晶粒尺寸没有变化，K_2CO_3 与蛭石之间没有发生化学作用。在 47 个循环中，材料的转化在盐的溶解作用下是稳定的。K_2CO_3 对膨胀蛭石基质的限制可以改善水化和脱水动力学，并使盐稳定在循环过程中。K_2CO_3/蛭石复合材料将溶液保留在孔隙中，通过储热循环组织提高储热密度，该复合材料在热能储存方面具有广阔的应用前景。

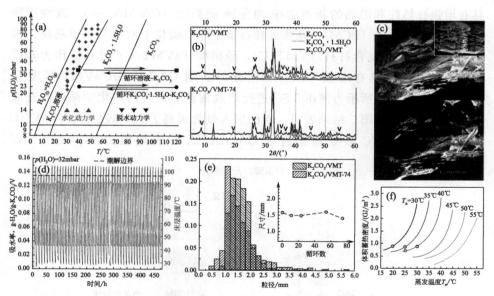

图 11-16　K_2CO_3-H_2O 体系相图上的动力学 TGA、平衡 DVS 和循环实验条件（a）、在 T_e=25℃、T_h=40℃ 条件下，K_2CO_3/VMT 在 47 次吸附/脱附循环过程中的吸水率（b）、K_2CO_3/VMT 的 SEM 图和 EDS 图（c）、K_2CO_3/VMT 和 K_2CO_3/VMT-74 的粒度分布；插图：平均粒径（d）（e）和不同水化温度下 K_2CO_3/VMT 复合材料的体积蓄热密度（f）（ρ_{com}=400kg/m³）

感热和潜热蓄热技术已广泛发展起来，并在实际太阳能蓄热中得到应用。与感热相比，潜热具有更大的存储密度和更小的温度间隔，然而相变过程的泄漏会导致存储性能的长期不稳定。为了解决上述问题，Li 等[10] 采用浸渍法制备了一种硝钠膨胀蛭石型稳定复合相变材料，相变材料的相变温度定值和储能密度低等缺点制约了相变材料的进一步应用，为进一步提高储能密度和能源利用的灵活性，热化学储热正在受到越来越多的关注。热化学储热可分为化学反应和吸附，氢氧化钙由于具有较高的体积能量密度和可逆性，是最常用的化学反应储存材料之一，但反应过程中 $Ca(OH)_2$ 颗粒的团聚阻碍其进一步发展。为了解决这一问题，引入蛭石并利用 $Ca(OH)_2$ 热化学储热，蛭石的包封有效地防止了相变过程中的泄漏，蛭石的引入不仅避免了颗粒团聚，而且提高了反应性能和化学稳定性，吸收式蓄热作为热化学蓄热的一种，不仅蓄热密度高、散热量少，而且能实现跨季节串级利用热能的优点。

建筑物不仅消耗大量的能源，而且在世界各地造成大量温室气体的产生，因此，节能建筑是近年来最重要的问题之一。Wei 等[11] 研究制备了一种同时具有增强导热性和潜热的新型念珠-肉芽肿-硬脂酸（CA-MA-SA）/改性膨胀蛭石复合相变材料（PCM）。在膨胀蛭石层中原位碳化十六烷基三甲基溴化铵得到膨胀蛭石/碳复合材料（VMT/C），经硝酸（aVMT/C）处理后作为基质成功制备了同时具有增强导热性和潜热的新型 CA-MA-SA/aVMT/C 复合PCM，如图 11-17 所示为使用 TSC 进行建筑蓄热和供暖的热化学循环的充放电阶段的简化示意图。结果表明，碳的引入显著提高了 CA-MA-SA/aVMT/C的热导性，而 EVC 酸处理提高了 CA-MA-SA 的吸附能力。CA-MA-SA/

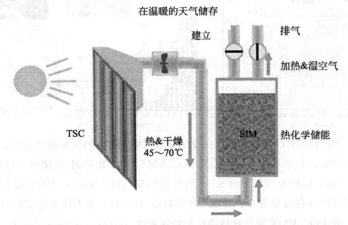

图 11-17　使用 TSC 进行建筑蓄热和供暖的热化学循环的充放电阶段的简化示意图

aVMT/C 的热导率为 0.667W/(m·K)，比 CA-MA-SA/膨胀蛭石（VMT）的热导率高 31.6%。熔化温度为 22.92℃时，CA-MA-SA/aVMT/C 的潜热为 86.4J/g，冻结温度为 21.03℃时，CA-MA-SA/aVMT/C 的潜热为 80.43J/g，其结果显著高于 CA-MA-SA/VMT。如图 11-18 和图 11-19 所示，XRD 图、红外光谱分析、热循环实验和 TGA 结果表明，CA-MA-SA/aVMT/C 复合 PCM 具有良好的化学稳定性、热稳定性和化学惰性。由于其相变温度范围适宜，潜热和热导率较高，热可靠性和化学稳定性好，因此 CA-MA-SA/aVMT/C 是一种理想的潜在建筑节能应用材料。

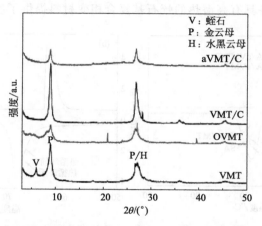

图 11-18　VMT、OVMT、VMT/C、aVMT/C 的 XRD 图

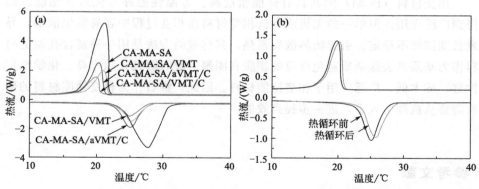

图 11-19　CA-MA-SA 和复合 PCMs 的 DSC 曲线 （a） 与热循环前后
CA-MA-SA/aVMT/C 的 DSC 曲线 （b）

Li 等[12] 研究并制备了一种新型硬脂酸/改性膨胀蛭石复合相变材料（PCM）。他们采用真空浸渍法，通过加载二氧化钛和后续酸处理联合方法对

膨胀蛭石进行改性，以改性膨胀蛭石为最佳硬脂酸支持基质，制备了一种新型的 SA/aVMT-T 复合 PCM，这种 SA/aVMT-T 的熔化和冻结温度分别为65.9℃和63.4℃，SA/aVMT-T 的熔化潜热为146.8J/g，分别比 SA/VMT 和SA/aVMT 高 89.3％和 26.6％，SA/aVMT-T 的热导率为 0.58W/(m·K)，分别比 SA/aVMT 和 SA/aVMT-T 高 11.4％和 20.3％，与其他类似复合 PC-Ms 相比，SA/aVMT-T 表现出良好的热性能和热导率。如图 11-20 所示，由FTIR 和热循环实验可知，SA/aVMT-T 具有良好的化学稳定性和热可靠性。这表明 SA/aVMT-T 复合材料可以作为用于潜热系统的一种有前途的复合相变材料，也为制备具有高潜热的蛭石基复合相变材料提供了参考。

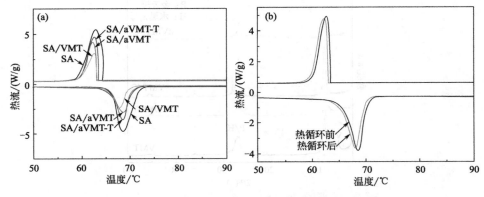

图 11-20　SA/aVMT-T 600 次热循环前后的 DSC 曲线

相变材料（PCM）因其具有储能密度高、等温性能好等优点在储能方面得到广泛应用。但单一的无机或有机相变材料在相变过程中容易发生泄漏，导致长期储能不稳定，引起物料散失蓄热，其有效的方法是用一种富含孔隙的材料作为基质来去除杂质避免反应的膨胀和团聚。蛭石因其孔隙率高、化学稳定性好、成本低，广泛应用于相变储能材料。因此，蛭石作为相变储能材料的研究需要从机理上入手，进一步提高效能。

参考文献

[1] Zhou D, Zhao C Y, Tian Y. Review on thermal energy storage with phase change materials (PCMs) in building applications [J]. Applied Energy, 2012, 92 (12): 593-605.

[2] Özonur Y, Mazman M, Paksoy H O. Microencapsulation of coco fatty acid mixture for thermal energy storage with phase change material [J]. International Journal of Energy Research,

2006, 30（10）：741-749.

[3] Wen R L, Huang Z H, Huang Y T, et al. Synthesis and characterization of lauric acid/ expanded vermiculite as form-stabilized thermal energy storage materials [J]. Energy and Buildings, 2016, 116: 677-683.

[4] Zhang N, Yuan Y P, Li T Y, et al. Study on thermal property of lauric-palmitic-stearic acid/ vermiculite composite as form-stable phase material for energy storage [J]. Advances in Mechanical Engineering, 2015, 7（9）: 22-25.

[5] Deng Y, Li J H, Qian T T, et al. Thermal conductivity enhancement of polyethylene glycol/ expanded vermiculite shape-stabilized composite phase change materials with silver nanowire for thermal energy storage [J]. Chemical Engineering Journal, 2016, 295: 427-435.

[6] Xu B W, Ma H Y, Lu Z Y, et al. Paraffin/expanded vermiculite composite phase change material as aggregate for developing lightweight thermal energy storage cement-based composites [J]. Applied Energy, 2015, 160: 358-367.

[7] Karaipekli A, Sari A. Preparation, thermal properties and thermal reliability of eutectic mixtures of fatty acids/expanded vermiculite as novel form-stable composites for energy storage [J]. Journal of Industrial and Engineering Chemistry, 2010, 16（5）: 767-773.

[8] Chung O, Jeong S G, Kim S. Preparation of energy efficient paraffinic PCMs/expanded vermiculite and perlite composites for energy saving in buildings [J]. Solar Energy Materials and Solar Cells, 2015, 137: 107-112.

[9] Shkatulov A I, Houben J, Fischer H, et al. Stabilization of K_2CO_3 in vermiculite for thermochemical energy storage [J]. Renewable Energy, 2020, 150: 990-1000.

[10] Li R, Zhu J, Zhou W, et al. Thermal properties of sodium nitrateexpanded vermiculite formstable composite phase change materials [J]. Mater, 2016, 104（2）: 190-196.

[11] Wei H T, Xie X Z, Li X Q. Preparation and characterization of capric-myristic-stearic acid eutectic mixture/modified expanded vermiculite composite as a form-stalde phase change material [J]. Applied Energy, 2016, 178: 616-623.

[12] Li X Q, Wei H, Lin X, et al. Preparation of stearic acid/modified expanded vermiculite composite phase change material with simultaneously enhanced thermal conductivity and latent heat [J]. Solar Energy Materials and Solar Cells, 2016, 155（6）: 9-13.

第 12 章
蛭石在医药方面的应用

近年来，药物给药系统因其在限制的剂量下可以达到预期的治疗效果，具有给药频率低、毒性低、可增加药物停留时间等优点。各种天然和合成高分子材料因有良好的生物相容性、生物降解性和药物的长期安全性等特点被广泛应用于药物缓释体系中。但这些材料用作药物载体也存在许多缺点，如由于亲水性药物在载体表面附近积聚产生高爆发效应；在聚合物的水合和降解过程中载体内部形成酸性环境而导致非目标药物降解[1~6]。因此，迫切需要开发和设计出新的口服给药系统。

12.1 蛭石用作药物载体方面的应用

目前，关于蛭石作为药物载体制备聚合物/黏土复合水凝胶的应用研究很少，Wang 等[7] 结合前人的研究以钙离子为交联剂制备了一系列 pH 敏感复合水凝胶微球。利用傅里叶变换红外光谱对所制备的复合水凝胶微球的结构进行了表征，发现双氯芬酸钠（DS）可以成功地包埋在 VMT、壳聚糖-g-聚丙烯酸/蛭石（CTS-g-PAA/VMT）微粒和壳聚糖-g-聚丙烯酸/蛭石/海藻酸钠（CTS-g-PAA/VMT/SA）材料中。对 CTS-g-PAA/VMT/SA 复合水凝胶珠的形态进行 SEM 观察，如图 12-1(a)、(d) 所示，大多数的球形 DS-CTS-g-PAA/VMT/SA 复合水凝胶珠表面光滑，但在室温下干燥后，胶珠显示出松散和空隙表面；如图 12-1(b)、(c) 所示，CTS-g-PAA/SA 的表面十分的紧密，前者更加有助于药物的输送。如图 12-2(a) 所示，对微球的溶胀性能进行研究发现，随着 VMT 含量的增加，聚合物网络中的交联点越多，复合水凝胶的溶胀率越低。此外，如图 12-2(b) 所示，还以 DS 为模型药物，在受刺激胃液（pH=2.1）和肠道液（pH=6.8）中考察了微球的载药和控释行为。结果表明，复合水凝胶微球具有良好的 pH 敏感性，释药速率明显减慢，说明在复合水凝胶微球中加入 VMT 可以提高药物的爆释效果。因此，CTS-*g*-PAA/VMT/SA 水凝胶微球是一种很好的肠道给药系统。

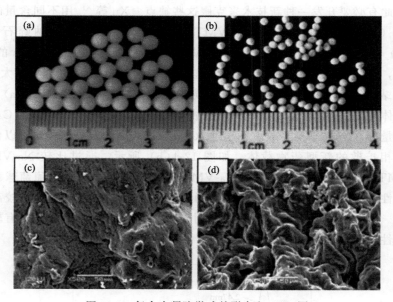

图 12-1　复合水凝胶微球的形态和 SEM 图

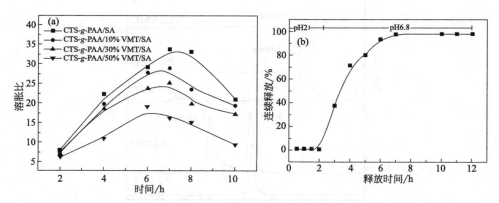

图 12-2　不同 VMT 含量的水凝胶微球的溶胀比变化（a）和 DS 在模拟胃液和
肠道液中复合水凝胶微球上的连续释放曲线（b）

12.2　蛭石材料的抑菌研究

乙酸氯己定是一种阳离子表面活性剂，对革兰阳性菌和革兰阴性菌均有广谱抗菌活性，被认为是减少重症监护病房感染源内传播最合适的试剂。然而，直接在工业和家庭应用中使用它是非常不安全的，因为细菌对抗生素有耐药性，因此有必要开发一种新技术来克服这些缺点。Xu 等[8] 用不同含量的乙酸氯己定（CA）交换钠蛭石（Na-VMT），制备了 CA 插层型钠蛭石（CA-VMTs）杂化体。如图 12-3 所示，由 VMT、Na-VMT 和 CA-VMTs 的 XRD 图可知，CA-VMTs 的基底间距随 CA 含量的增加而增大，其值明显大于 Na-VMT，表明 CA 是以侧双层或侧三层的方式插入蛭石层间。如图 12-4（a）所示，复合载体 CA-VMT 在体外持续缓慢释放，在缓冲溶液 CA-VMT3 中 CA 的最大释放量为 65%，平衡释放率不超过 100%，这表明蛭石黏土材料可以作为一种非均相扩散的新型药物载体。如图 12-4（b）所示，通过比较 Na-VMT 和 CA-VMT3 的抑制区，可以看出 Na-VMT 对大肠杆菌和金黄色葡萄球菌均无抗菌活性，而 CA-VMT3 复合物对大肠杆菌和金黄色葡萄球菌具有较高的抗菌活性。结果表明，CA-VMT 杂合物对革兰阳性菌和革兰阴性菌均有较强的抗菌活性。

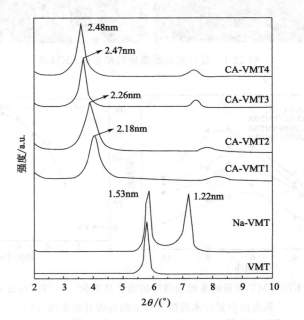

图 12-3　VMT、Na-VMT 和 CA-VMTs 的 XRD 图

　　Samlíková 等[9] 研究了在特殊条件（pH 值为 2 和 7，温度 20℃和 40℃）下用于模拟人体对抗某种炎症制备的抗菌氯己定/蛭石样品（CA/VMT）在水溶液中搅拌前后的稳定性。如图 12-5 所示，根据 XRD 图可以看出与蛭石

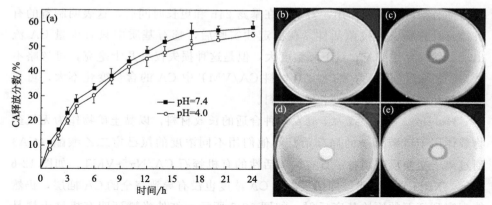

图 12-4　CA-VMT3 在 pH 值为 7.4 和 4.0 时的释放曲线（a）与
Na-VMT（b）、CA-VMT3（c）对大肠杆菌和 Na-VMT（d）、
CA-VMT（e）对金黄色葡萄球菌的抗菌实验图

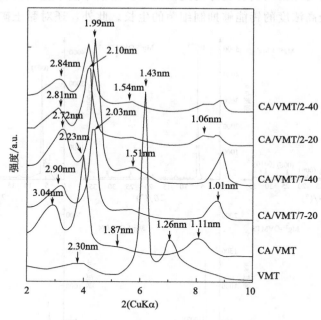

图 12-5　VMT、CA/VMT 的 XRD 图

（VMT）相比，稳定性实验后样品 CA/VMT 的层间距值略高，表明 CA 成功地插层到天然 VMT 的层间空间，而红外光谱中 CA 插入 VMT 后，O—H 和 N—H 拉伸区的高分辨带被弱的、宽的、新的带所取代，这一现象进一步证实了有机蛭石样品中 CA 的存在。所有样品对粪肠球菌、金黄色葡萄球菌和大肠

杆菌都有很好的抗菌作用，特别是在暴露 24h 和更长时间后，这表明制备的有机蛭石具有较长的抗菌活性。在稳定性实验后，蛭石基质中只有少量 CA 流出，虽然样品中 CA 含量下降幅度大，但是这种损失仅有几十毫克，可忽略不计。经稳定性实验后，纳米复合材料 CA/VMT 中 CA 的含量变化不大，可作为口腔黏着膜的功能性纳米复合材料。

Holešová 等[10] 致力于开发一种合适的长效材料，以黏土矿物作为无机药物载体用于口腔感染的局部治疗，他们用不同浓度的氯己定二乙酸酯（CA）通过离子交换反应制备了具有抗菌活性的有机蛭石 CA/Na^+-VMT。如图 12-6 所示，XRD 分析表明，即使最高的 CA 浓度也没有导致完全的 CA 插层，仍然能观察到蛭石的原始基底反射。如图 12-7 所示，红外光谱证明有机黏土样品中钙存在使 N—H 弯曲和 C $=$ N 伸缩带强度增加。由 MIC 值表明，有机蛭石样品中 CA 的含量越高，杀菌效果越好。有机黏土对大肠杆菌、粪肠球菌，特别是金黄色葡萄球菌均具有良好的抗菌活性。而铜绿假单胞菌被证明是非常耐药的，只有最高浓度的钙能够抑制细菌的生长。此外，还对黏土矿物蛭石进行

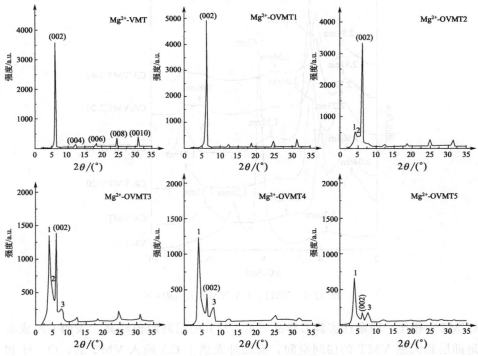

图 12-6　天然 Mg^{2+}-VMT、蛭石样品 Mg^{2+}-OVMT1、Mg^{2+}-OVMT2、Mg^{2+}-OVMT3、Mg^{2+}-OVMT4 和 Mg^{2+}-OVMT5 的 XRD 图

了体内毒理学分析，研究其在经口过程中对胃和肠道的影响，取口腔黏膜、舌、食道、胃、十二指肠末梢、小肠、盲肠、结肠末梢、肝脏等组织标本，进行组织学检查，实验动物均未观察到局部或全身反应，因此蛭石对哺乳动物模型生物的毒性可以排除，受试物在体内的行为是完全惰性的，该结果表明蛭石可以作为一种新型纳米复合抗菌材料的载体。

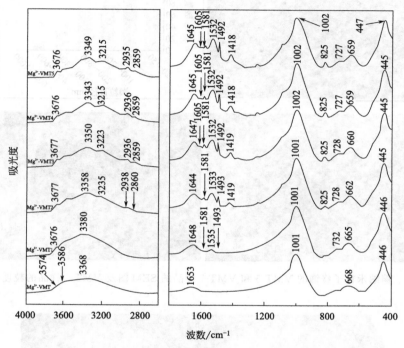

图 12-7　天然 Mg^{2+}-VMT 和有机蛭石 Mg^{2+}-OVMT1～5 的红外光谱

Drelich 等[11] 通过离子交换法和氢还原法制备新型抗菌材料，通过将离子铜还原为金属铜，开发嵌入铜纳米颗粒的蛭石，金属纳米粒子在铝硅酸盐结构中的融合是一种相对较新的方法。他们采用浓硫酸铜溶液高温置换层间镁离子，以氢为还原剂，在 400～600℃下将铜离子还原为金属铜，如图 12-8 所示，在还原过程中，铜主要扩散到蛭石表面，形成直径为 1～400nm 的铜纳米粒子。铜纳米粒子以 145°～155° 的接触角紧密地黏附在蛭石表面，黏附功为 140～270mJ/m^2。由于铜纳米点以强的黏附力嵌入蛭石，因此它很可能不会被洗掉或磨损，为蛭石提供持续的抗菌性能。图 12-9 显示了所选样品对金黄色葡萄球菌的抗菌作用，大的抑制区表明，从蛭石-铜杂化材料中释放出的铜扩散到圆盘周围的琼脂中，进一步影响圆盘周围金黄色葡萄球菌的生长。目前研究最多的银纳米粒子的抗菌活性对温度敏感，在温度超过 75℃ 时会消失[12]，铜基抗菌材料很容易与银基材料竞争，而且价格便宜。

图 12-8 铜纳米粒子修饰的 VMT-5 和 VMT-7 样品的 SEM 图及 VMT-5 样品的粒度分布图

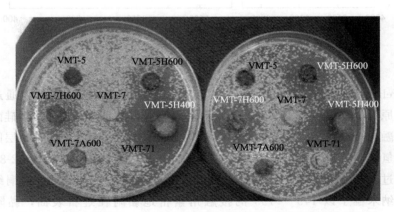

图 12-9 蛭石样品在 37℃ 下对金黄色葡萄球菌的抗菌扩散盘实验结果

Barabaszová 等[13] 采用熔融复合法制备了不同质量分数的氧化锌纳米颗粒/蛭石（ZnO-np/VMT）纳米填料的 PE 纳米复合材料。如图 12-10 所示，ZnO-np/VMT 粒子具有非奇异的形状，并且 ZnO 纳米粒子固定在 VMT 粒子的边缘，

EDXS 分析也证实了 VMT 粒子边缘存在 ZnO-np。不同质量分数的 ZnO-np/VMT 纳米填料制备的 PE 纳米复合材料表面的 SEM 图像如图 12-11 所示，平均粒径为 5μm 的 ZnO-np/VMT 颗粒均匀分散在 PE 基体中，平均粒径为 20μm 的 ZnO-np/VMT 颗粒在 PE 板表面突出。通过 XRD 和傅里叶变换红外光谱研究了 ZnO-np/VMT 纳米填料在 PE 纳米复合材料中的结构变化，但分析结果均未证实 PE 基体与 ZnO-np/VMT 纳米填料的相互作用。在 1～96h 的时间间隔内对粪肠球菌进行抗菌实验，结果发现在纯聚乙烯板的表面，细菌在整个实验过程中都存活下来，而在所有 PE 纳米复合材料样品中，存活菌落形成单位（CFU）的数量随着暴露时间的延长而减少。

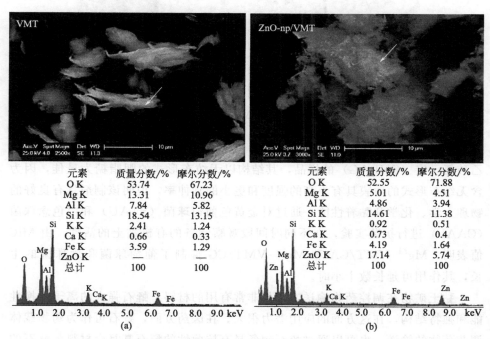

图 12-10　原矿蛭石（R-VMT）(a) 和 ZnO-np/VMT 纳米填料 (b)
的 SEM 图、EDXS 谱及相应的 EDS 峰

感染性口炎是最常见的口腔疾病，由于局部液体或半固体药物制剂的停留时间短，目前的治疗方法不够有效，研究发现一种生物黏附聚合物可以解决这一难题。Jan 等[14] 以胭脂糖为原料，加入纳米改性黏土矿物与氯己定插层，制备口腔黏着膜。用 XRD、SEM 和 FTIR 对其物相、微观结构和热可靠性进行表征，结果均表明抗菌药物被嵌入黏土层间。为了寻找最适合临床应用的成分，他们采用多变量数据分析方法，评价处方和工艺参数对制剂性能的影响，

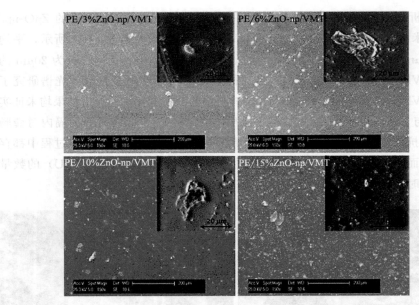

图 12-11　不同质量分数 ZnO-np/VMT 纳米填料的 PE 板表面的 SEM 图

通过测试所制备薄膜的抗菌和抗真菌活性来补充此评价。以蛭石添加 20mg 二乙酸氯己定（CHDAG）的样品，其结构以无纺布形式的胭脂糖为最佳，因为含无纺布形式的薄膜具有更高的强度和更小的延伸率，说明该制剂具有良好的物理力学、化学和黏着性能。通过对金黄色葡萄球菌（STAU）和白色念珠菌（CAAL）进行抗菌实验，在不同时间段观察制备的有机黏土的活性。由 MIC 值表明，Mg^{2+}-VMT/CA 和 Mg^{2+}-VMT/CG 抑制了葡萄球菌和念珠菌的生长，其作用可延长数十小时。

黏土矿物在调控药物输送方面是非常有用的材料。蛭石强大的离子交换性能和独特结构，在这方面的应用潜力很大。在医药方面，蛭石可作为药物载体调节药物的输送，也可以通过蛭石制备具有抗菌性的蛭石基复合材料。蛭石的加入可以减缓药物的释放速率，从而提高药物的突释效果。通过抗菌实验发现，蛭石的加入可提高材料的抗菌性。未来，蛭石可作为无机载体和活化剂制备蛭石基生物材料，广泛应用于生物医药行业中。

参考文献

[1] Liu F, Zhu J, Liu J. Microstructure and characterization of capric-stearic acid/modified

expanded vermiculite thermal storage composites [J]. Journal of Wuhan University of Technology-Materials Science Edition, 2018, 33（2）: 296-304.

[2] Deng Y, He M, Li J. Polyethylene glycol-carbon nanotubes/expanded vermiculite form-stable composite phase change materials: simultaneously enhanced latent heat and heat transfer [J]. Polymers, 2018, 10（8）: 889.

[3] Li J, Qian T, Guan W, et al. Thermal conductivity enhancement of polyethylene glycol/expanded vermiculite shape-stabilized composite phase change materials with silver nanowire for thermal energy storage [J]. Chemical Engineering Journal, 2016, 295（6）: 427-435.

[4] Deng Y, He M, Li Li. Non-isothermal crystallization behavior of polyethylene glycol expanded vermiculite form-stable composite phase change material [J]. Materials Letters, 2019, 234（9）: 17-20.

[5] Zhang X, Qiao J, Zhang W. Thermal behavior of composite phase change materials based on polyethylene glycol and expanded vermiculite with modified porous carbon layer [J]. Materials Science, 2018, 53（18）: 13067-13080.

[6] Xie N, Luo J, Li Z. Salt hydrate/expanded vermiculite composite as a form-stable phase change material for building energy storage [J]. Solar Energy Materials and Solar Cells, 2019, 189（9）: 33-42.

[7] Wang Q, Xie X, Zhang X, et al. Preparation and swelling properties of pH-sensitive composite hydrogel beads based on chitosan-g-poly（acrylic acid）/vermiculite and sodium alginate for diclofenac controlled release [J]. International Journal of Biological Macromolecules, 2010, 46（3）: 356-362.

[8] Xu D F, Du L H, Mai W J. Continuous release and antibacterial activity of chlorhexidine acetate intercalated vermiculite [J]. Materials Research Innovations, 2013, 17（3）: 195-200.

[9] Samlíková M, Holešová S, Hundáková M. Preparation of antibacterial chlorhexidine vermiculite and release study [J]. International Journal of Mineral Processing, 2017, 159（7）: 1-6.

[10] Holešová S, Štembírek J, Bartošová L, et al. Antibacterial efficiency of vermiculite/chlorhexidine nanocomposites and results of the in vivo test of harmlessness of vermiculite [J]. Materials Science & Engineering, 2014, 42（4）: 466-473.

[11] Drelich J, Li B, Bowen P, et al. Vermiculite decorated with copper nanoparticles: novel antibacterial hybrid material [J]. Surface Science, 2011, 257（22）: 9435-9443.

[12] Taylor P L, Ussher A L, Burrell R E. Impact of heat on nanocrystalline silver dressings part I: chemical and biological properties [J]. Biomaterials, 2005, 26（5）: 7221-7229.

[13] Barabaszová K Č, Holešová S, Hundáková M. Antibacterial LDPE nanocomposites based on zinc oxide nanoparticles/vermiculite nanofiller [J]. Journal of Inorganic and Organometallic Polymers and Materials, 2017, 27（4）: 986-995.

[14] Jan G, Sylva H, Jan Š. Carmellose mucoadhesive oral films containing vermiculite chlorhexidine nanocomposites as innovative biomaterials for treatment of oral infections [J]. Biomed Research International, 2015,（5）: 108-146.

·第 13 章·
新型蛭石复合功能材料

蛭石因其特殊的层状结构和性质，在构建新型材料方面具有明显的优势，蛭石可以作为多级结构材料基底，与类水滑石和碳纳米管构建三维多级结构材料。由于多级材料具有相互连接的孔道和大孔径等优点，使这些多级材料具有高比表面积、良好的热和质量传递等特征，可以用作高性能结构化材料，使其在吸附催化领域有良好的应用潜力。蛭石也可以通过改性与聚合物形成热致变色材料或具有传感性的材料，这些材料可用于制备防伪报警材料等，同时也可以通过扩大对膨胀蛭石的开发利用范围，提高蛭石基材料的性能，发挥膨胀蛭石的潜力，这也对蛭石的开发利用具有重要发展意义。本章介绍蛭石新型复合功能材料的研究进展。

13.1　蛭石-类水滑石复合材料

典型的二维层状材料最大的缺点是易堆叠，严重影响表面的利用率。因此，二维层状材料三维结构的构建就成为其研究方向之一。类水滑石（LDHs）是典型的二维层状黏土材料，可以通过原位生长的方法，构建三维结构的薄膜材料。水滑石是典型的阳离子型黏土，能够吸附阴离子，但难以吸附阳离子。但是自然界中存在一种天然的阴离子型黏土矿物——蛭石，它可以吸附阳离子。阴离子黏土和阳离子黏土的复合功能材料的构建鲜有报道，其结构控制是关键[1]。

LDHs 具有可控的层板金属阳离子与层间阴离子结构，而且由于强的交换性能和大比表面积，在吸附与催化等领域具有广泛应用。但是，LDHs 在用作吸附剂和催化剂时，具有明显的缺点，例如颗粒团聚严重，难以分离、循环再生等。具有可控形貌、取向、尺寸和维度的结构化材料明显优于传统材料，已经引起广泛关注。许多化学和物理化学方法，例如水热合成、溶胶-凝胶、共沉淀法等，被用作在不同的基底上构建多级结构 LDHs 的薄膜。由于多级材料具有相互连接的孔道和大孔径等优点，使这些材料具有高比表面积、良好的热和质量传递等特征，可以用作高性能结构化材料[1]，但用阴离子黏土作为基底的报道较少。下面以膨胀蛭石（VMT）作为基底，介绍蛭石与类水滑石利用水热合成方法原位定向生长构建三维结构的薄膜材料。

田维亮[2] 以蛭石为基底，利用水热法在蛭石层板上原位生长 MgAl-LDHs 构建多级结构吸附剂，MgAl-LDHs/蛭石原位生长示意图如图 13-1 所示。层板上的负电荷通过离子交换方式将溶液中的 Mg^{2+} 和 Al^{3+} 吸附到蛭石层板上，通过溶液离子吸附，在表面进行成核和晶化，进而在蛭石表面构建 3D MgAl-LDHs 类水滑石薄膜，此薄膜吸附剂具有 MgAl-LDHs 与蛭石基底结合牢固等优点。如图 13-2 所示，分子动力学模拟分析表明，蛭石层板带负电荷，有助于 MgAl-LDHs 在蛭石表面成核和生长，在蛭石 $[(Si, Al)O_4]$ 四面体和 MgAl-LDHs(AlO_6) 八面体中通过氧原子连接成键 $[M_1—O—M_2$（M_1＝Mg、Al、Ni、Ti，M_2＝Si、Al）]，蛭石与 MgAl-LDHs 以晶格匹配方式进行匹配，以倾斜的方向实现 MgAl-LDHs 原位生长。

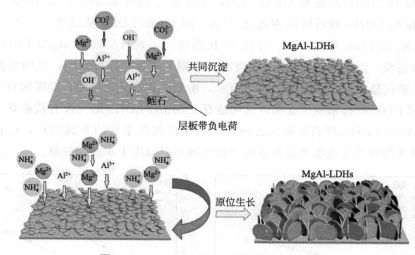

图 13-1　MgAl-LDHs/蛭石原位生长示意图

为验证 MgAl-LDHs/蛭石吸附剂的吸附性能，以 Cr(Ⅵ)($Cr_2O_7^{2-}$) 为研究对象进行吸附实验。如图 13-3 所示，在前 30min MgAl-LDHs/蛭石对 Cr(Ⅵ) 离子的吸附迅速增加，到 120min 时吸附接近平衡，吸附性能较好，且 MgAl-LDHs/蛭石对 Cr(Ⅵ) 的吸附符合朗缪尔吸附等温线模型。如图 13-4 所示，在既定条件下对其进行循环性能研究，结果表明：第一次吸附 Cr(Ⅵ)

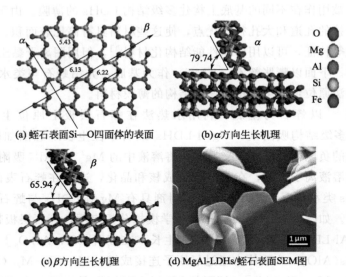

(a) 蛭石表面Si—O四面体的表面　　(b) α 方向生长机理

(c) β 方向生长机理　　(d) MgAl-LDHs/蛭石表面SEM图

图 13-2　MgAl-LDHs/蛭石生长机理图

时，MgAl-LDHs/蛭石和 MgAl-LDHs 清除率是 79％ 和 68％；第 10 次循环时，MgAl-LDHs/蛭石清除率超过 70％，而 MgAl-LDHs 清除率只有 60％ 左右。从图 13-5(a) 可以看出，经过 10 次循环后，蛭石层板上 MgAl-LDHs 仍然保持完整，经 EDX 图可知，在表面上吸附 Cr(Ⅵ) 分布均匀，说明吸附剂吸附性能保持良好。如图 13-5(b) 所示，由红外光谱分析可知，经吸附再生后 MgAl-LDHs/蛭石未发生变化，说明蛭石上 MgAl-LDHs 结构没有被破坏。这表明 MgAl-LDHs/蛭石吸附剂强的吸附再生性能源于它的多级结构，这种高的吸附性能和再生性能使这种多级结构吸附剂有望用于水处理领域。

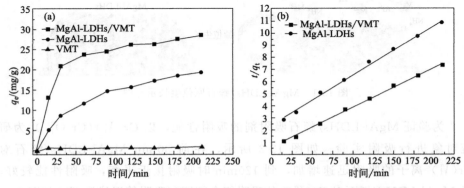

图 13-3　MgAl-LDHs/蛭石、MgAl-LDHs 和蛭石对 Cr(Ⅵ) 离子的
吸附动力学（a）和动力学拟合曲线（b）

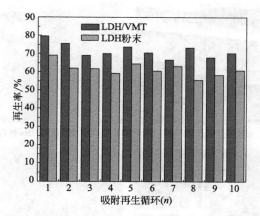

图 13-4　MgAl-LDHs/蛭石和 MgAl-LDHs 的 10 次循环再生图

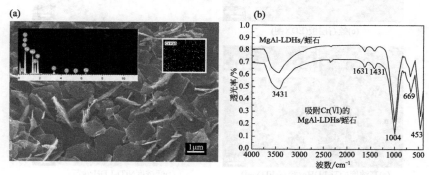

图 13-5　10 次循环后 MgAl-LDHs/蛭石 SEM 图
（插图：EDX 能谱）（a）和红外光谱图（b）

此外，田维亮[2] 利用蛭石层状结构，基于水热法在层间原位插入 NiTi-LDHs 构建多级结构 NiTi-LDHs/蛭石光催化剂，该催化剂在 NiTi-LDHs 与基底蛭石上具有较强结合力。如图 13-6 所示，伴随温度和时间的增加，溶液中碳酸根离子和 pH 都将逐渐增加，有利于 NiTi-LDHs 的生长，制备的 NiTi-LDHs 晶型完整。从图 13-6(b) 和 （d）可以看出，NiTi-LDHs 可以生长在蛭石层板上和边缘上，呈现三维结构，故可通过本方法构建蛭石多级结构功能材料。

通过 XRD 和红外光谱图（图 13-7）可以看出，除蛭石特征峰之外，还增加了（003）和（006）的特征峰，且 NiTi-LDHs/蛭石中出现 NiTi-LDHs 的 $1424cm^{-1}$ 特征吸收峰，说明 NiTi-LDHs 已经生长到蛭石上。此外，在蛭石表面上 Ti $2p_{3/2}$ 和 Ti $2p_{1/2}$ 的结合能转移有助于光电子从 NiTi-LDHs/蛭石到目

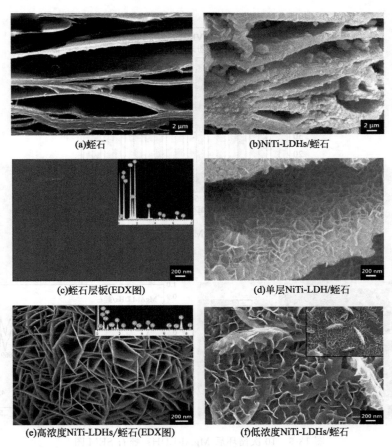

(a)蛭石 (b)NiTi-LDHs/蛭石

(c)蛭石层板(EDX图) (d)单层NiTi-LDH/蛭石

(e)高浓度NiTi-LDHs/蛭石(EDX图) (f)低浓度NiTi-LDHs/蛭石

图 13-6 不同样品 SEM 图

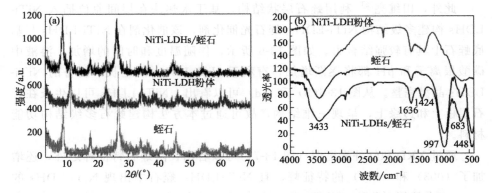

图 13-7 NiTi-LDHs/蛭石、NiTi-LDH 粉体和蛭石的 XRD 图（a）和红外光谱图（b）

标分子亚甲基蓝的转移，并减少电子空穴。因此，NiTi-LDHs/蛭石复合材料
在可见光区具有较强的光子吸收，可提高太阳能利用率。通过对 NiTi-LDHs/
蛭石光催化性能进行研究（图 13-8），发现与蛭石和 NiTi-LDHs 相比，NiTi-
LDHs/蛭石具有优异的光催化性能，对亚甲基蓝的降解率可以达到 96%。经
第 5 次循环后，NiTi-LDHs/蛭石的光催化再生率仍然保持在 90%以上，这主
要是由于 NiTi-LDHs 与蛭石构建的多级结构，具有分散 NiTi-LDHs 粉体的能
力，阻止粉体的团聚，同时 NiTi-LDHs/蛭石具有强的机械稳定性。3D 多级
结构 NiTi-LDHs/蛭石具有高的光催化活性和循环再生性能，有望用于染料降
解和太阳能转化等领域。

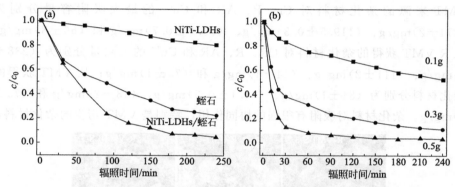

图 13-8　NiTi-LDHs、蛭石、NiTi-LDHs/蛭石对亚甲基蓝光催化性能图（a）和
0.1g、0.3g、0.5g NiTi-LDHs/蛭石对亚甲基蓝光催化性能图（b）

　　Wojciech 等[3] 以蛭石酸活化产生的废料 [原矿蛭石（R-VMT）和膨胀蛭
石（VMT）] 为原料制备类水滑石层状双氢氧化物材料，并将其与活化矿物相
结合，一锅法合成脱除工业阴阳离子染料和金属阳离子的可持续新型蛭石-类
水滑石杂化材料吸附剂。并用两种阴离子染料（刚果红-CR 和活性红 184-R）、
一种阳离子染料（碱性红-AR）和 Cu^{2+} 对新鲜和煅烧热改性（450℃）的材料
进行批量系统吸附实验。实验结果表明，煅烧热改性显著提高了材料对各种污
染物的吸附容量。如图 13-9 所示为样品 R-VMT-LS-3.2 的 SEM 图和元素图，
其中杂化吸附剂（LS）含有分布均匀的 Si^{4+}、Al^{3+} 和 Mg^{2+}，但 Mg^{2+} 和 Al^{3+}
在一些 Si^{4+} 信号较弱的区域（标记为 HT 的区域）积聚，证实了非晶态浸出物
被 Mg^{2+} 和 Al^{3+} 氢氧化物"遮蔽"，这最有可能是 LDHs 聚集体（根据 XRD 分
析）。如图 13-10 所示为液体（a）、液体和固体（b）以及蛭石处理后的固相
（c）获得的材料的相组成，如图 13-11 所示为液体（a）、液体和固体（b）以
及蛭石处理后的固相（c）获得的煅烧材料的相组成。由 LDHs 的 XRD 图发现

其反射出现在图 13-10 和图 13-11 中，这说明在材料中成功形成 LDHs，这与图 13-9 分析的结果一致。与水滑石材料（较高的 c 和 a 晶胞参数）相比，杂化吸附剂中的层间距和两个金属阳离子之间的距离增加，而酸处理矿物以及与水滑石结构不相容的浸出阳离子的存在，抑制了晶体尺寸的增长。由图 13-12 的 ATR 光谱可知，每个样品在大约 $3620 cm^{-1}$ 处表现出特定的 OH 基团振动带，由于蛭石和类水滑石样品的不同结构增加了层间 O—OH 距离，使其谱带发生了变化，这表明八面体薄片在更浓的酸中会发生强烈的浸出。通过吸附实验表明，由 R-VMT 来源的杂化材料对 CR、R、AR 和 Cu^{2+} 的最大吸附容量分别为（289 ± 2）mg/g、（137 ± 2）mg/g、（38.2 ± 0.6）mg/g 和（64 ± 2）mg/g，由 VMT 来源的杂化材料对 Cr、R、AR 和 Cu^{2+} 的最大吸附容量分别为（214 ± 2）mg/g、（119.5 ± 0.3）mg/g、（35.9 ± 0.7）mg/g 和（66 ± 3）mg/g。从 R-VMT 获得的杂化材料对 CR、R、AR 和 Cu^{2+} 的去除量分别为（238 ± 3）mg/g、（111 ± 2）mg/g、（44 ± 1）mg/g 和（70 ± 1）mg/g；从 VMT 获得的杂化材料分别为（84 ± 1）mg/g、（34.1 ± 0.5）mg/g、（43 ± 2）mg/g 和（75 ± 1）mg/g。杂化材料对吸附有很强的协同作用，特别是 VMT 衍生的杂化材料，

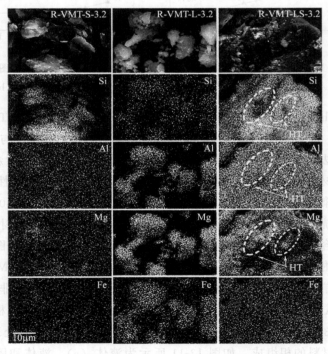

图 13-9　样品 R-VMT-LS-3.2 的 SEM 图和元素图

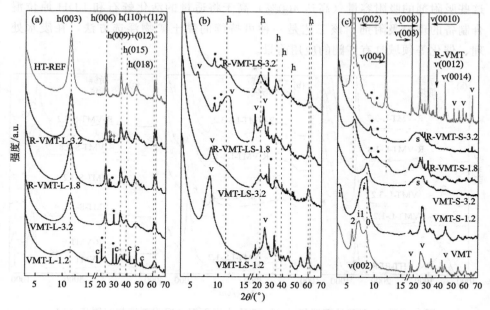

图 13-10 从液体（a）、液体和固体（b）以及蛭石处理后的固相（c）获得的材料的相组成
v—蛭石；h—水滑石；c—Ca 相；s—二氧化硅；＊—其他杂质

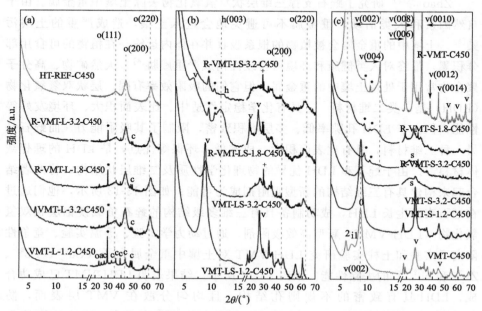

图 13-11 从液体（a）、液体和固体（b）以及蛭石处理后的固相（c）获得的煅烧材料的相组成
o—金属氧化物；v—蛭石；h—水滑石；c—含 Ca 相；s—二氧化硅；＊—其他杂质

这些吸附剂的吸附容量（高达 400％）高于将适量的活化蛭石和 LDH 原位混合制备的理论吸附剂。该工艺是一种可持续的黏土矿物浮选方法，在废水处理、催化等领域具有广阔的应用前景。

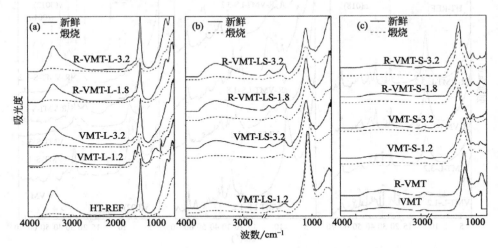

图 13-12　蛭石酸处理液相（a）、蛭石-水滑石混合吸附剂液相与固相（b）和酸处理后留下的固相（c）所得材料的 ATR 光谱

Zhao 等[4] 研究了蛭石支撑三维层状双氢氧化物去除土壤中重金属。由于自然因素和人类活动，重金属不可避免地会进入土壤，造成严重的土壤污染[5]。土壤中的重金属会被植物的根系吸收并在体内运输，在植物的可食用部分积累，最终对人类健康和环境可持续性构成严重威胁[6]。天然矿物、高分子聚合物常用于处理土壤中的重金属，但它们的吸附效率有限。层状双氢氧化物（LDH）是一类二维材料[7]，具有化学稳定性适中、比表面积大、环境友好等性能，但由于 LDH 孔隙率低、多层堆积致密，限制了其吸附能力。而蛭石是另一种二维材料，具有比表面积大、成本低、环保等优点，是 LDH 的理想载体材料[8]。由于蛭石和 LDH 优异的物理化学性质及二维层状结构，将两者结合起来构建具有三维结构的新型吸附剂成为可能。如图 13-13 所示，他们通过在蛭石表面生长 LDH，成功制备具有三维多级结构的蛭石负载镁铝层状双氢氧化物（LDH-VMT）新型高效吸附剂。通过动力学实验、等温实验、竞争性阳离子实验和土柱实验研究 LDH-VMT 对土壤中重金属离子（Cu^{2+}、Pb^{2+}、Zn^{2+} 和 Ni^{2+}）的去除性能。如图 13-14 所示，结果表明 LDH-VMT 已成功合成，LDH 具有致密的不规则孔结构，且均匀分散在 VMT 层表面，防止LDH团聚。并且发现LDH-VMT的主要去除机理与Cu^{2+}/Pb^{2+}的沉淀和

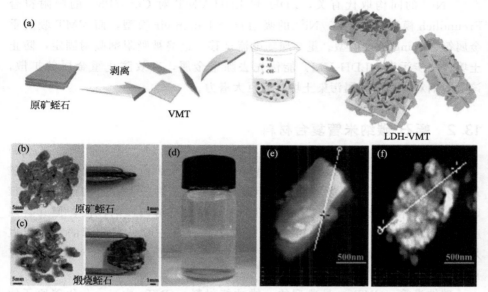

图 13-13　LDH-VMT 合成工艺（a）、原矿蛭石（b）、煅烧蛭石（c）、水溶液中胶体
状态的 VMT（d）、VMT 的 AFM 图（e）和 LDH-VMT 的 AFM 图（f）

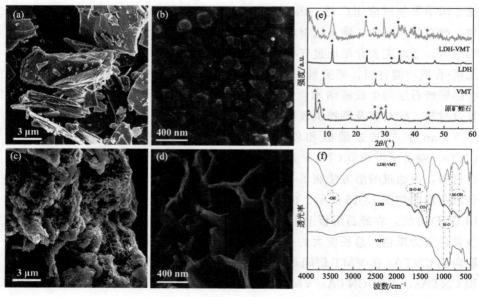

图 13-14　VMT（a）（b）和 LDH-VMT（c）（d）的 SEM 图；原矿蛭石、
VMT、LDH 和 LDH-VMT 的 XRD 图和 FTIR 图（e）（f）

Zn^{2+}/Ni^{2+} 的同构取代有关，LDH 和 LDH-VMT 对 Cu^{2+}/Pb^{2+} 的吸附符合 Freundlich 模型，对 Zn^{2+}/Ni^{2+} 的吸附符合 Langmuir 模型，而 VMT 吸附重金属符合 Langmuir 模型。重金属随电流迁移，最终被吸附剂吸附固定，防止土壤进一步污染，LDH-VMT 能优先去除重金属，有效防止重金属的扩散，该吸附剂对修复重金属污染土壤具有巨大潜力。

13.2 蛭石-碳纳米管复合材料

蛭石是一种典型的无机材料，具有强度高、光热稳定性好等优点，在建筑、农业和国防等领域应用广泛。但其韧度和成型性较差，且功能单一，难以在高新技术领域大规模应用。有机功能材料具有可调控的性能，但其有强度低和耐热性差等缺点。无机-有机复合功能材料一般具有两者的优势，也是制备高性能功能材料最有效的方法之一，现已成为各个领域的研究重点[9]。

碳纳米管（CNTs）是典型的一维功能材料，CNTs 中 sp^2 杂化碳原子使 CNTs 具有了许多奇特的特性[10~16]，包括：大比表面积和孔隙率，小直径，中空结构，良好的光学和电学特性等[17]。由于特殊的物化性质，在光电、储能、医学等领域应用广泛。因此，在过去几十年里，碳纳米管需求量迅速增加。蛭石是典型的二维无机材料，由硅酸盐组成，具有作为基底生长碳纳米管的潜力。下面主要介绍通过气相 CVD 法和热裂解法直接构建蛭石及碳纳米管无机-有机功能材料。研究蛭石无须改性直接通过在气化碳源中提供催化剂，在膨胀蛭石层间生长碳纳米管阵列，探索生长机理，可为实际应用无机-有机复合材料、碳材料及调控机理提供理论与实验依据。

Tian 等[18] 通过碳源和催化剂直接热裂解，在层状蛭石层板间生长 CNTs，制备了可调节 CNTs 亲疏水性、具有三明治结构的 N-CNTAs/蛭石复合材料，再通过酸溶方法制备具有 3D 多级结构的 N-CNTAs/G 复合材料，其合成示意图如图 13-15 所示。由图 13-16 可知，蛭石是一种层状结构材料。利用 CVD 方法，在蛭石层板上生长 CNTAs，蛭石（长度 0.1~0.5cm）颜色从浅黄色变为黑色，总长度大约提高了 20 倍，且具有约 $10\mu m$ 均匀长度和良好取向的 CNTAs 在 VMT 层间垂直生长，显示出具有周期性三明治结构的大面积 CNTAs，表明 CNTAs/VMT 已成功合成，经 HCl 和 HF 处理后，除去 VMT，可得到 CNTAs 和石墨烯（G）式三明治结构的碳材料。

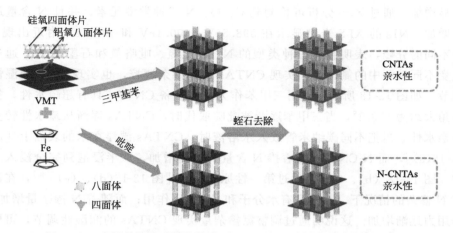

图 13-15　夹层结构的碳纳米管阵列（CNTAs）/蛭石设计合成示意图

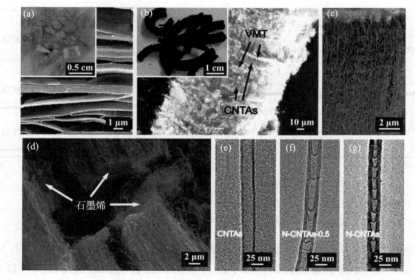

图 13-16　膨胀蛭石（a）、N-CNTAs/蛭石复合材料（b）（c）、酸化处理的
N-CNTAs 的 SEM 图（d）[插图：（a）天然膨胀蛭石和（b）N-CNTAs/蛭石]、
CNTAs（三甲苯为碳源）（e）、N-CNTAs-0.5（三甲苯：吡啶＝1：1 为碳
源）（f）和 N-CNTAs（吡啶为碳源）（g）的 TEM 图

如图 13-17 所示，通过拉曼光谱分析经过氮掺杂后的材料，没有发现 N-CNTAs 的 D 峰和 G 峰位置发生明显位移。但是 CNTAs 和 N-CNTAs 的 D 峰及 G 峰的强度比（I_D/I_G）分别为 0.33 和 0.60，表明在氮掺杂后，缺陷程度

明显增加。通过 XPS 分析可检测到 C、O、N 三种类型元素，并且 N 含量逐渐增加。N1s 的 XPS 光谱显示在 398.5eV、400.1eV 和 401.1eV 附近出现 3 个不同的分峰，表明存在三种类型的 N：吡啶氮、吡咯氮和石墨氮[19]。通过改变不同碳源中的氮含量，实现 CNTAs 中氮掺杂调控，也实现 CNT 润湿性调节。如图 13-18 所示，使用三甲苯作为碳源制备 CNTAs 具有超疏水性，接触角大约为 158.1°，当三甲苯逐渐被吡啶取代时，CNTAs 逐渐从疏水性转变为亲水性。当把不同碳纳米管放入水溶液时，CNTAs 漂浮在水的表面上［图 13-18(a)］，而 N-CNTAs 随着掺 N 含量的逐渐增加，从半浸泡到完全浸入水中［图 13-18（b）、(c)］。通过第一性原理计算［图 13-18(d)、(e)][20]，在没有 N 掺杂的情况下，几乎没有水分子和 CNTAs 作用；而随着 N 掺杂量增加，作用力逐渐增加。这说明通过调整氮掺杂量实现 CNTAs 的润湿性调节，可以应用于其他高级功能复合材料的制备。

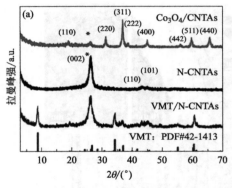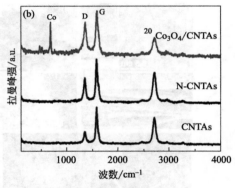

图 13-17　VMT/N-CNTAs、N-CNTAs 和 Co_3O_4/CNTAs 的 XRD 图
［＊代表 CNTs（002）的峰］(a) 和拉曼光谱（b）

Flávia 等[21] 以膨胀蛭石为催化剂载体，将不同浓度的 $Fe(NO_3)_3$ 和 $Mo(acac)_2O_2$ 浸渍于蛭石表面，以甲醇为溶剂在蛭石表面通过 CH_4-CVD 合成生长碳纳米管（CNT）和纳米纤维，制备了一种具有高度疏水性的浮动吸附剂，以去除浮在水面上的油污。实验结果表明，CVD 前剥离蛭石的 SEM 图如图 13-19(a) 所示，其表面有规则的平板层状结构和狭缝形多孔结构。CVD 后，由于碳沉积，所有样品均为黑色，样品 Fe_1（W）看起来非常脆，没有观察到细丝或沉积材料［图 13-19(b) 和（c）］，而 Fe_2（M）和 $Fe_2Mo_{0.30}$（M）的 SEM 图［图 13-19(d)～(i)］表明 VMT 完全改变了结构，进一步放大的 SEM 图清晰地显示了表面完全覆盖着纳米直径和几微米长的碳丝［图 13-19(e)～

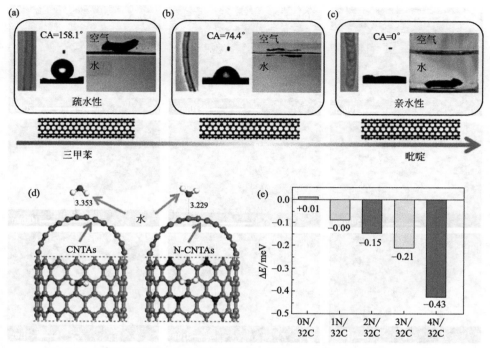

图 13-18　碳纳米管亲疏水性调控示意图：CNTAs（a）、N-CNTAs-0.5（b）、
N-CNTAs（c）、基于第一性原理计算水和 CNTAs 或 N-CNTAs 界面作用
示意图（d）、不同氮掺杂碳纳米管与水的结合能（e）

(i)]。用拉曼光谱［图 13-20(a)］对不同形态的碳材料的研究表明，没有 Mo 的样品的低 I_G/I_D 说明存在大量的非晶碳或碳结构缺陷，当 Mo 被引入样品中，即 $Fe_1Mo_{0.15}$（M）和 $Fe_2Mo_{0.30}$（M），观察到很高的 I_G/I_D，这表明形成了良好的石墨化碳，同时观察到在 Mo 的存在下，拉曼光谱在 $133\sim248cm^{-1}$ 处的低波数处显示出强谱带，这与单壁碳纳米管（SWCNT）的形成有关。所有 Fe（M)/VMT 和 FeMo(M)/VMT 样品在 CVD 后的 TGA 分析都显示，从 $150\sim550℃$，质量增加［图 13-20(b)］，这种增加与 VMT 中的 Fe、Mo 等金属在 CVD 过程中被 H_2 还原有关。通过 XRD（图 13-21）观察到，CVD 过程对 VMT 晶体没有影响。通过除油对比实验，复合材料 FeMo（M）表现出高的吸油率，这与复合材料中存在的碳纳米结构有关，其碳结构具有很强的疏水性，与油相互作用的 BET 增加，同时缠结纳米纤维和纳米管产生有利于毛细现象的"海绵"效应。

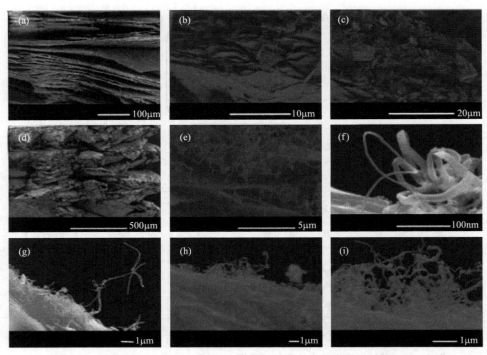

图 13-19　疏水化前（a）、CVD 后在 900℃下与 CH$_4$ 反应 1h Fe$_1$（W）（b）（c）、
Fe$_2$Mo$_{0.30}$（M）（d）～（g）和 Fe$_2$（M）VMT 的 SEM 图（h）（i）

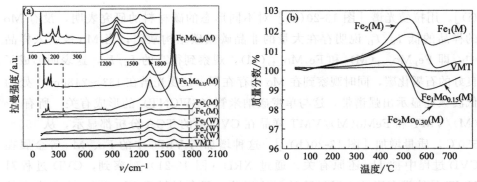

图 13-20　复合 VMT/纳米碳材料的拉曼光谱（a）、复合 VMT/纳米碳材料在
空气中的 TGA 曲线（b）

　　Zhao 等[22] 以蛭石作为催化剂载体，与 Fe（NO$_3$）$_3$·9H$_2$O 和（NH$_4$）$_6$
Mo$_7$O$_{24}$·4H$_2$O 溶液在一定条件下搅拌均匀混合，再煅烧制备 Fe/Mo/蛭石催

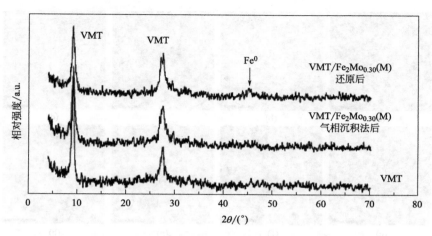

图 13-21　纯 VMT、还原后的 VMT/Fe$_2$Mo$_{0.30}$(M) 和 CVD
后的 VMT/Fe$_2$Mo$_{0.30}$(M) XRD 图

化剂，并利用层状 Fe/Mo/蛭石催化剂，通过简单的流化床化学气相沉积 (CVD) 法，在乙烯剥离蛭石层间插层生长短排列碳纳米管，实现流化床 CVD 法批量生产短排列碳纳米管。如图 13-22(a) 和 (b) 所示，所得的 Fe/Mo/蛭石催化剂为层状结构，两层之间的距离为几十纳米到几微米，层状催化剂的最小流化速度 (u_{mf}) 约为 1.5cm/s，在最小流化速度后表现出浓相膨胀。如图 13-22(c) 和 (d) 所示为生长产物的典型形态，碳纳米管生长后，催化剂颗粒颜色由金黄色变为黑色，而颗粒的大小和体积密度并没有发生很大的变化，所得产物的 u_{mf} 仍在 1.5cm/s 左右，反应器内的气速固定在 9.0cm/s 左右，在整个反应过程中保持良好的鼓泡流态化。由图 13-22(d) 可知，短碳纳米管插层生长在催化剂层的间隙中。由图 13-22(e) ～ (g) 可知，排列良好的碳纳米管垂直生长在蛭石层的平面上。由图 13-22(h) 可知，排列的碳纳米管生长在蛭石层的两侧。由 TEM 图 [图 13-23(a)] 可知，所有碳纳米管均为中空结构，碳纳米管中未包裹催化剂颗粒。由图 13-23(b) 所示的 HRTEM 图表明，碳纳米管具有清晰的石墨条纹。如图 13-23 (c) 所示，碳纳米管的外径呈 4～9nm 的窄分布，而碳纳米管的内径为 2～5nm，所合成的 CNT 具有良好的排列性和较小的直径，其平均外径和内径分别为 6.7nm 和 3.7nm。如图 13-24(a) 所示，I_D/I_G 为 1.54。如图 13-24(b) 所示，碳纳米管的质量分数约为 18%，点火温度为 580℃，这表明在流化床反应器中生长 5min 后，碳纳米管的产率为 0.22g/g。

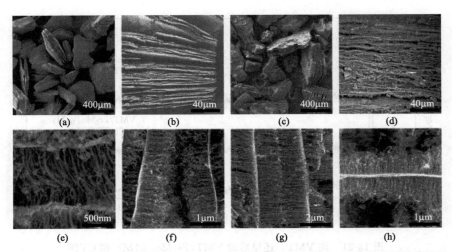

图 13-22　Fe/Mo/蛭石催化剂的形貌（a）（b）、插入催化层之间的短取向碳纳米管的
形貌（c）（d）、在两层蛭石间生长碳纳米管的 SEM 图（e）～（g）、在一层蛭石层
两侧生长碳纳米管的 SEM 图（h）

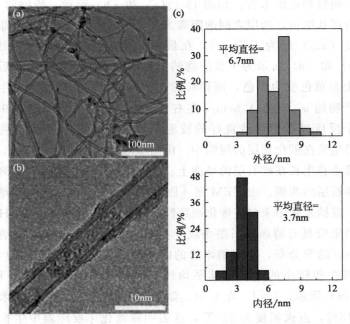

图 13-23　所获得的碳纳米管的 TEM 图（a）（b）、碳纳米管的外径和内径分布（c）

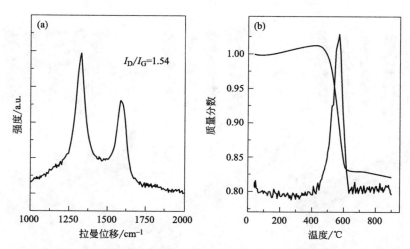

图 13-24　短排列碳纳米管的拉曼光谱（a）、生长的短排列碳纳米管的热重分析曲线（b）

Tian 等[23] 以双氰胺（DCDA）为碳源和氮源，以热膨胀原矿蛭石为模板，生长出取向良好的掺氮长碳纳米管。Co_3O_4/Fe_3O_4 NPs 高度分散在定向排列的 L-NCNTs 上，用于催化短碳纳米管的生长，同时也证明了 CoFe 合金纳米粒子是电催化的活性中心，并在预合成的定向 L-NCNTs 束上生长 S-NCNTs，制备氮掺杂的三维分层 NCNTs/石墨烯/过渡金属杂化物（h-NCNTs/Gr/TM），并在其互连部位原位形成石墨烯，其合成过程如图 13-25 所示。由图 13-26 可知，L-NCNTs 在蛭石模板上成功合成，尺寸为 20～40nm 的金属氧化物纳米粒子被还原为 CoFe 合金纳米粒子，直径约 10nm 的 S-NCNTs 源于 CoFe 催化剂纳米粒子，过渡金属纳米颗粒可用于催化 S-NCNTs 的生长，也可用于提供催化活性位点，S-NCNTs 和 L-NCNTs 之间的石墨烯是原位互连的。这种分层结构表现出优异的 OER 和 ORR 性能，使其成为锌-空气电池的高效双功能催化剂。在 $5mA/cm^2$ 下循环 110 次后，过电位降低了 0.69V，制备的 h-NCNTs/Gr/TM 增强了氧化反应（ORR）和析氧反应（OER）的活性，进一步证明了它们作为锌-空气电池中 ORR 和 OER 的电催化剂的活性及应用的可行性。与基于 20%Pt/C＋10%Ru/C 的市售贵金属催化剂锌-空气电池相比，具有相同的速率匹配能力和稳定的循环性，可广泛应用于锂离子电池、超级电容器、传感器、燃料电池催化剂和清洁储能等领域。

Zhao 等[24] 研究了海绵状原矿蛭石-碳纳米管复合材料，研究发现单纯地以蛭石作为吸附剂来吸附废水中有机物效果不太好，通常需要进行改性以改善蛭石性质，碳纳米管插层是目前最常用的工艺之一。他们进一步研究发现，蛭

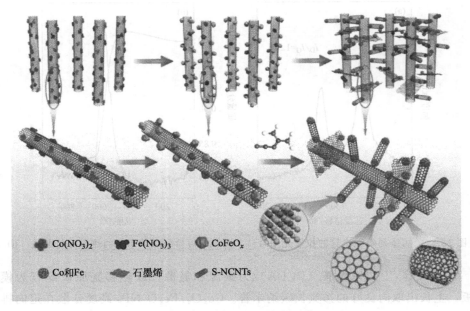

图 13-25 h-NCNTs/Gr/TM 杂化物合成示意图

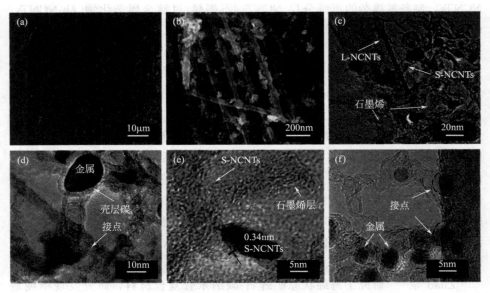

图 13-26 不同电催化剂的形貌和微观结构

石层之间的碳纳米管阵列导致了交替碳纳米管和无机层的杂化材料形成，这些杂化材料具有优异的能量吸附性能，且可对大型碳纳米管阵列进行规模化生产。他们采用直接化学气相沉积法（CVD）制备了具有一定 3D 结构的原矿蛭石与定向碳纳米管（CNT）复合的海绵状 VMT/CNT 吸附材料（图 13-27）。

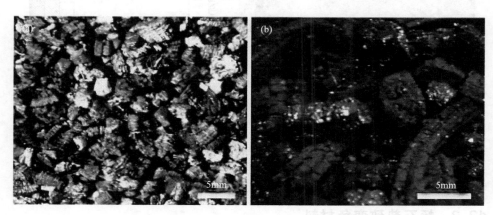

图 13-27　原矿蛭石（a）和蛭石/碳纳米管复合材料（b）

通过改变碳纳米管的含量，可以对杂化材料的孔结构进行精细的调控，而碳纳米管阵列与原矿蛭石的结合使其对石油的吸附性能得到了显著的改善。结果表明，由于碳纳米管插层生长产生的大量孔隙，所得的 VMT/CNT 杂化材料的吸油性能较原始 VMT 粒子有明显提高（图 13-28）。当碳纳米管含量达到 91.0％时，VMT/CNT 杂化剂对柴油的最高吸附量为 26.7g/g，表现出良好的循环利用性能。此外，通过高速剪切将 VMT/CNT 杂化材料转化为蓬松的 VMT/CNT 棉，可以进一步提高柴油的吸附容量。

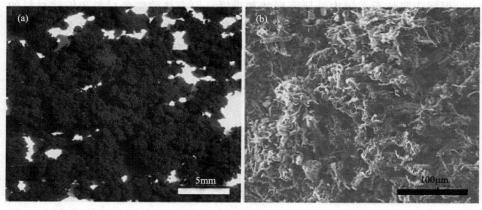

图 13-28

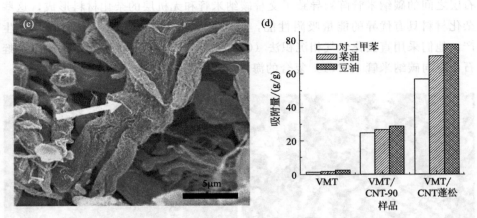

图 13-28　VMT/CNT 蓬松图 （a）；VMT/CNT 蓬松中的 CNT 束的 SEM 图 （b）（c）；
VMT、VMT/CNT-90 和 VMT/CNT 蓬松的油吸附能力比较 （d）

13.3　蛭石热致变色材料

热致变色材料是指一些化合物或混合物在受热或冷却时所发生的颜色变化，具有热致变色特性[25]，发生颜色变化时的温度叫变色温度。传感材料是指一些化合物或混合物在周围环境或物质浓度改变时，具有传感特性的物质[26]。目前研究和开发热致变色材料较为广泛[27,28]，复合材料的热致变色性能和传感性能的应用领域很多，已在航空航天、石油化工、机械、能源、化学防伪、日用品装饰等方面获得广泛应用，特别是在特殊场合的使用，是其他方法所不能比拟的。

根据膨胀蛭石在国内外研究现状和进展，原有热致变色材料和传感材料的应用面会不断扩大；新的热致变色材料和传感材料也会不断研制出来。膨胀蛭石是中国重要的特有资源，据统计国内外对于膨胀蛭石的研究利用和开发已逐渐增多。可对膨胀蛭石采用有机改性，并与 DA 聚合形成蛭石/PDA 复合材料，利用 DA 的变色机理来探究聚合后蛭石/PDA 复合材料和 PDA 复合材料的颜色变化与温度、浓度的关系。

蛭石作为层状材料，具有天然的多级结构，通过与乙炔酸组装可构建多级结构的热致变色材料。由文献 [29] 可知，完全可逆热致变色 PDA 需要同时具备以下几点：①DMA 需通过分子间相互作用形成一个基质，且该基质在PDA 最高变色温度下仍可以保持骨架结构，不能发生任何变形；②必须制备双层的 DA 晶体层插入两个 MA 基质的层状结构，且在层状结构中所有 PDA

侧链端基以氢键形式连接到 MA 基质上；③这种"绑定"作用为外界刺激去除后 PDA 构象恢复提供了恢复力，PDA/MA 层状结构中不能包含任何缺陷，因为缺陷的存在将导致 PDA 构象的不可逆转变。图 13-29 是热致变色和 VOCs 气体传感效果与结构图，基于蛭石是层状片，可以通过堆叠构建不同厚度的涂层，图 13-30 是不同量蛭石在表面上的涂层图，实验结果表明，构建蛭石涂层是可以完成的。

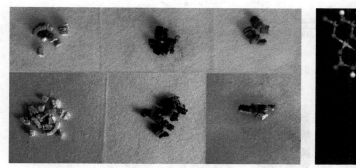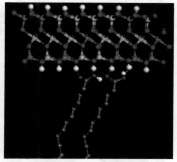

图 13-29 蛭石超分子组装热致变色性能和结构组装图

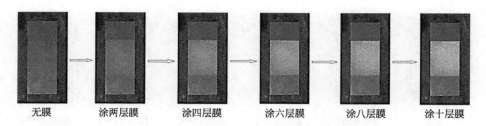

| 无膜 | 涂两层膜 | 涂四层膜 | 涂六层膜 | 涂八层膜 | 涂十层膜 |

图 13-30 不同量蛭石在表面上的涂层图

由图 13-31 可知：由于蛭石膜层数的增加，在紫外分光光度计下测出波长范围 $250\sim700$nm 时的吸光度值也随之增大，其相应的透光率在不断地减小。在波长为 400nm、450nm 下，蛭石膜层数（n）与吸光度值（A）成正比例关系，拟合系数达到 98%。因此，当吸光度值随着层数的增加而增加时，其透光率则从 92% 降到 72%，说明蛭石膜的性质可以很好地用紫外分光光度计来测定；蛭石膜层数（n）与吸光度值（A）呈线性关系，拟合系数达到 98%，说明该蛭石膜比较均匀，能达到很好的实验效果，证明了实验的可行性。

从图 13-32 可以看出，通过在 254nm 紫外光照射 1min 后颜色由无色变成蓝色，说明 DA 薄膜中的 DA 晶体发生光照聚合反应得到 PDA，在高温下进行性能检测，实验结果表明添加蛭石后材料的性能明显优于 PDA 自身。

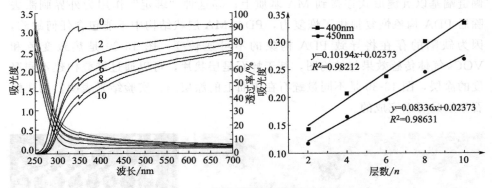

图 13-31　紫外光谱检测涂膜厚度图

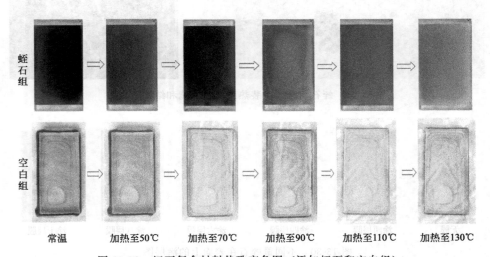

图 13-32　蛭石复合材料热致变色图（添加蛭石和空白组）

　　通过控制温度变化，用紫外可见光光谱仪（UV-Vis）研究了以下一系列 PDA 薄膜的热致变色行为。

　　① 如图 13-32 所示，温度从 25℃（室温）升高到 110℃ 的过程中，蛭石组和空白组薄膜材料的颜色都发生了蓝色到红色的转变。

　　② 如图 13-33 所示，加热温度在 70℃ 之前，空白对照 PDA 薄膜的最大吸收峰位于 650nm 附近，说明该空白对照在紫外灯聚合后 PDA 薄膜是蓝色的。随着温度的升高，吸收峰逐渐蓝移，并且伴随着 650nm 的吸收峰强度不断地降低。当温度升高到 110℃ 时，650nm 吸收峰完全消失，PDA 红相的吸收峰547nm 的强度上升到最大值，此刻的空白对照 PDA 薄膜是红色的。冷却到25℃（室温）时，归属于蓝相 PDA 的 650nm 吸收峰没有任何恢复。

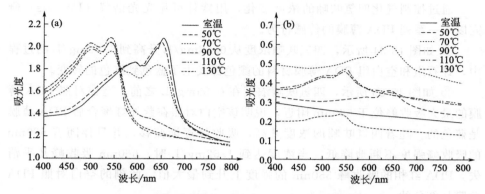

图 13-33 蛭石复合材料热致变色性能图：添加蛭石和空白组

③ 如图 13-33 所示，温度加热到 70℃ 之前，蛭石/PDA 复合材料 PDA 薄膜的最大吸收峰位于 650nm 附近，说明该复合材料颜色是蓝色的。当温度达到 70℃，PDA 薄膜的颜色由蓝相开始向红相移动，出现在 650nm 的吸收峰强度也逐渐下降，而在 547nm 左右出现新的吸收峰。温度超过 70℃ 后，650nm 吸收峰完全消失，PDA 红相的吸收峰 547nm 的强度上升到最大值。冷却到 25℃（室温）时，归属于蓝相 PDA 的 650nm 吸收峰没有任何恢复。因此，蛭石/PDA 复合材料薄膜受温度的影响颜色变化比较明显，所有的 PDA 薄膜材料颜色转变温度大概在 70℃，极限温度在 110℃（颜色几乎不再改变）；冷却到 25℃（室温）时，归属于蓝相 PDA 的 650nm 吸收峰没有任何恢复，说明蛭石/PDA 薄膜材料具有完全不可逆的热致变色行为。

由图 13-34 可以看出，通过在 254nm 紫外光照射 1min 后颜色由无色变成蓝色，说明 DA 薄膜中的 DA 晶体发生光照聚合反应得到 PDA，再通过四氢呋喃传感变色，结果表明添加蛭石的性能明显优于 PDA 自身的。

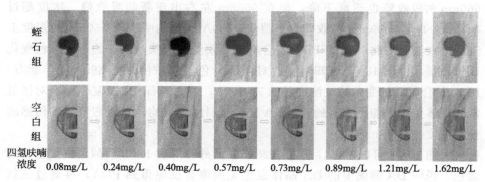

图 13-34 蛭石复合材料四氢呋喃传感变色图（添加蛭石和空白组）

通过控制气化四氢呋喃的浓度变化，用紫外可见光光谱仪（UV-Vis）研究以下一系列 PDA 薄膜的传感行为。

① 如图 13-34 所示，四氢呋喃浓度从 0.08mg/L 升高到 1.62mg/L 的过程中，蛭石组和空白组 PDA 薄膜材料的颜色都发生了蓝色到红色的转变。

② 如图 13-35 所示，四氢呋喃浓度在 0.89mg/L 之前，空白对照 PDA 薄膜的最大吸收峰位于 660nm 附近，说明该空白对照在紫外灯聚合后 PDA 薄膜是蓝色的。随着四氢呋喃的浓度升高，吸收峰逐渐蓝移，并且伴随着 660nm 的吸收峰强度不断地降低。当浓度达到 1.62mg/L 时，660nm 吸收峰几乎消失，PDA 红相的吸收峰 550nm 的强度上升到最大值，此刻的空白对照 PDA 薄膜是红色的。

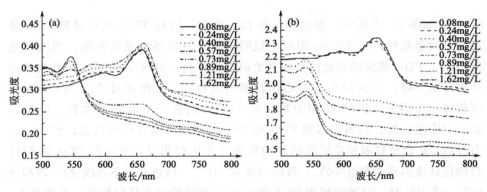

图 13-35　蛭石复合材料四氢呋喃传感变色性能图（添加蛭石和空白组）

③ 如图 13-35 所示，四氢呋喃浓度在 0.73mg/L 之前，蛭石/PDA 复合材料 PDA 薄膜的最大吸收峰位于 660nm 附近，说明该复合材料颜色是蓝色的。当浓度达到 0.73mg/L 时，PDA 薄膜的颜色由蓝相开始向红相移动，出现在 660nm 的吸收峰也逐渐下降，而在 550nm 左右出现新的吸收峰。浓度超过 0.73mg/L 后，660nm 吸收峰完全消失，PDA 红相的吸收峰 550nm 的强度上升到最大值。因此，蛭石/PDA 复合材料薄膜受四氢呋喃浓度的影响颜色变化比较明显。由图 13-35 可知，空白对照的变色感应浓度是 0.89mg/L，蛭石/PDA 复合材料的变色感应浓度是 0.73mg/L，说明蛭石/PDA 复合材料对四氢呋喃气体传感性能更强，蛭石/PDA 复合材料膜更加均匀，对四氢呋喃传感的最佳浓度是 0.73mg/L。

由图 13-36 可以看出，通过在 254nm 紫外光照射 1min 后颜色由无色变成蓝色，说明 DA 薄膜中的 DA 晶体发生光照聚合反应得到 PDA，再通过三氯甲烷传感变色，结果表明添加蛭石的性能明显优于 PDA 自身。

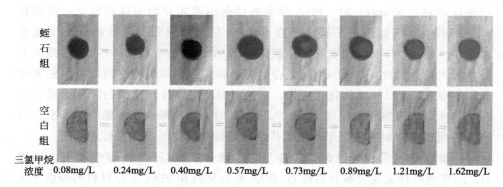

图 13-36　蛭石复合材料三氯甲烷传感变色图（添加蛭石和空白组）

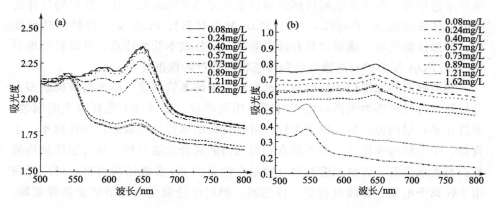

图 13-37　蛭石复合材料三氯甲烷传感变色性能图（添加蛭石和空白组）

通过控制气化三氯甲烷的浓度变化，用紫外可见光光谱仪（UV-Vis）研究以下一系列 PDA 薄膜的传感行为。

① 如图 13-36 所示，三氯甲烷浓度从 0.08mg/L 升高到 1.62mg/L 的过程中，蛭石组和空白组薄膜材料的颜色都发生了蓝色到红色的转变。

② 如图 13-37 所示，三氯甲烷浓度在 0.57mg/L 之前，空白对照 PDA 薄膜的最大吸收峰位于 650nm 附近，说明该空白对照在紫外灯聚合后 PDA 薄膜是蓝色的。随着三氯甲烷的浓度升高，吸收峰逐渐蓝移，并且伴随着 650nm 的吸收峰强度不断地降低。当浓度达到 1.62mg/L 时，650nm 吸收峰完全消失，PDA 红相的吸收峰 540nm 的强度上升到最大值，此刻的空白对照 PDA 薄膜是红色的。

③ 如图 13-37 所示，三氯甲烷浓度在 0.57mg/L 之前，蛭石/PDA 复合材料 PDA 薄膜的最大吸收峰位于 650nm 附近，说明该复合材料颜色是蓝色的。

当浓度达到 0.57mg/L 时，PDA 薄膜的颜色由蓝相开始向红相移动，出现在 650nm 的吸收峰也逐渐下降，而在 547nm 左右出现新的吸收峰。浓度超过 0.57mg/L 后，650nm 吸收峰完全消失，PDA 红相的吸收峰 547nm 的强度上升到最大值。因此，蛭石/PDA 复合材料薄膜受三氯甲烷浓度的影响颜色变化比较明显；由图 13-37 作比较可知，蛭石/PDA 复合材料比空白对照在成膜时均匀，所以当三氯甲烷浓度达到 0.57mg/L 时，波峰峰值在不断增加，空白组和蛭石组复合材料对三氯甲烷气体传感的最佳浓度是 0.57mg/L。

对膨胀蛭石采用有机改性，并与 DA 聚合成蛭石/PDA 复合材料，利用 DA 的变色机理来探究聚合后蛭石/PDA 复合材料和 PDA 复合材料的颜色变化与温度、浓度的关系。实验结果表明：蛭石/PDA 复合材料具有完全不可逆的热致变色行为，对四氢呋喃传感的最佳浓度是 0.73mg/L，对三氯甲烷气体传感的最佳浓度是 0.57mg/L，蛭石/PDA 复合材料比 PDA 复合材料的热致变色、传感性能更好。该研究具有操作简单、运行成本低的特点，可以很好地利用蛭石/PDA 复合材料热致变色和传感特性进行防伪报警。

利用蛭石的二维层状结构与类水滑石、碳纳米管构建三维多级结构新型复合材料，可以解决类水滑石应用时颗粒团聚严重、难以分离循环再生的问题。通过在蛭石层间原位生长碳纳米管，可结合碳纳米管大比表面积和孔隙率、小直径、中空结构等优点，制备具有多级结构的复合功能材料。具有层状结构的蛭石与类水滑石、碳纳米管和聚合物结合制备的 3D 多级结构材料，可广泛应用于锂离子电池、超级电容器、传感器、燃料电池催化剂和清洁储能等领域。因此，蛭石具有独特结构和特性，可与其他材料构建新型复合功能材料，研究其机理，扩大蛭石的应用范围。

参考文献

[1] Liu X H, Tian W L, Kong X G, et al. Selective removal of thiosulfate from thiocyanate-containing water by a three-dimensional structured adsorbent: a calcined NiAl-layered double hydroxide film [J]. Rsc Advances, 2015, 5 (107): 87948-87955.

[2] 田维亮. 蛭石复合功能材料设计合成与性能研究 [D]. 北京：北京化工大学，2017.

[3] Wojciech S, Agnieszka W, Grzegorz M, et al. Sustainable adsorbents formed from by-product of acid activation of vermiculite and leached-vermiculite-LDH hybrids for removal of industrial dyes and metal cations [J]. Applied Clay Science, 2018, 161: 6-14.

[4] Zhao S F, Meng Z L, Fan X, et al. Removal of heavy metals from soil by vermiculite supported layered double hydroxides with three-dimensional hierarchical structure [J].

Chemical Engineering Journal, 2020, 390: 1-11.

[5] Guo X, Wei Z, Wu Q, et al. Effect of soil washing with only chelators or combining with ferric chloride on soil heavy metal removal and phytoavailability: field experiments [J]. Chemistry, 2016, 147: 412-419.

[6] Liao X, Li Y, Yan X. Removal of heavy metals and arsenic from a co-contaminated soil by sieving combined with washing process [J]. Journal of Environmental Sciences-China, 2016, 41: 202-210.

[7] Zhao T, Zhang K, Chen J, et al. Changes in heavy metal mobility and availability in contaminated wet-land soil remediated using lignin-based poly (acrylic acid) [J]. Journal of Hazardous Materials, 2019, 368: 459-467.

[8] Tian W, Kong X, Jiang M, et al. Hierarchical layered double hydroxideepitaxially grown on vermiculite for Cr (Ⅵ) removal [J]. Materials Letters, 2016, 175: 110-113.

[9] Xia S J, Liu F X, Ni Z M, et al. Ti-based layered double hydroxides: Efficient photocatalysts for azo dyes degradation under visible light [J]. Applied Catalysis B-Environmental, 2014, 144: 570-579.

[10] Antaris A L, Robinson J T, Yaghi O K, et al. Ultra-low doses of chirality sorted (6, 5) carbon nanotubes for simultaneous tumor imaging and photothermal therapy [J]. Acs Nano, 2013, 7 (4): 3644-3652.

[11] Bernholc J, Brenner D, Nardelli M B, et al. Mechanical and electrical properties of nanotubes [J]. Annual Review of Materials Research, 2002, 32: 347-375.

[12] Liang Y, Li Y, Wang H, et al. Strongly coupled inorganic/nanocarbon hybrid materials for advanced electrocatalysis [J]. Journal of the American Chemical Society, 2013, 135 (6): 2013-2036.

[13] Hong G S, Diao S, Chang J L, et al. Through-skull fluorescence imaging of the brain in a new near-infrared window [J]. Nature Photonics, 2014, 8 (9): 723-730.

[14] Liu Z, Robinson J T, Tabakman S M, et al. Carbon materials for drug delivery & cancer therapy [J]. Materials Today, 2011, 14 (7-8): 316-323.

[15] Liu Z, Tabakman S, Welsher K, et al. Carbon nanotubes in biology and medicine: in vitro and in vivo detection, imaging and drug delivery [J]. Nano Research, 2009, 2 (2): 85-120.

[16] Wang H L, Dai H J. Strongly coupled inorganic-nano-carbon hybrid materials for energy storage [J]. Chemical Society Reviews, 2013, 42 (7): 3088-3113.

[17] Kumar S, Rani R, Dilbaghi N, et al. Carbon nanotubes: a novel material for multifaceted applications in human healthcare [J]. Chemical Society Reviews, 2017, 46 (1): 158-196.

[18] Tian W L, Li H, Qin B, et al. Tuning the wettability of carbon nanotube arrays for efficient bifunctional catalysts and Zn-air batteries [J]. Journal of Materials Chemistry A, 2017, 5 (15): 7103-7110.

[19] Yadav R M, Wu J J, Kochandra R, et al. Carbon nitrogen nanotubes as efficient bifunctional electrocatalysts for oxygen reduction and evolution reactions [J]. Acs Applied Materials & Interfaces, 2015, 7 (22): 11991-12000.

[20] Harl J, Kresse G. Accurate bulk properties from approximate many-body techniques [J].

Physical Review Letters, 2009, 103（5）: 056401.

[21] Flávia C C M, Rochel M L. Catalytic growth of carbon nanotubes and nanofibers on vermiculite to produce floatable hydrophobic "nanosponges" for oil spill remediation [J]. Applied Catalysis B-Environmental, 2009, 90（3）: 436-440.

[22] Zhao M Q, Zhang Q, Huang J Q, et al. Large scale intercalated growth of short aligned carbon nanotubes among vermiculite layers in a fluidized bed reactor [J]. Journal of Physics and Chemistry of Solids, 2009, 71（4）: 624-626.

[23] Tian W L, Wang C, Chen R D, et al. Aligned N-doped carbon nanotube bundles with inter-connected hierarchical structure as an efficient bi-functional oxygen electrocatalyst [J]. RSC Advances, 2018, 8（46）: 26004-26010.

[24] Zhao M Q, Huang J Q, Zhang Q. Improvement of oil adsorption performance by a sponge-like natural vermiculite-carbon nanotube hybrid [J]. Applied Clay Science, 2011, 53: 1-7.

[25] 宫永宽, 陈拴虎. 热致变色材料及其应用 [J]. 西北大学学报: 自然科学版, 1995, 05: 537-541.

[26] 卞侃, 熊克, 朱程燕, 等. 银型离子聚合物金属复合材料传感性能 [J]. 复合材料学报, 2012, 06: 113-119.

[27] 李天文, 刘鸿生. 变色材料的研究与应用 [J]. 现代化工, 2004, 02: 62-64, 70.

[28] 陈晓丽, 林福华, 文春燕, 等. TiO_2-Cu [HgI_4] 纳米复合材料的制备及其热致变色性能 [J]. 新能源进展, 2014, 04: 310-314.

[29] 郭娟. 聚二炔酸的结构性能调控和基于聚二炔酸的应用研究 [D]. 上海: 复旦大学, 2012.